住房城乡建设部土建类学科专业"十三五"规划教材
高等学校城乡规划学科专业指导委员会规划推荐教材

详细规划

东南大学　阳建强　主编

吴明伟　主审

中国建筑工业出版社

图书在版编目（CIP）数据

详细规划/东南大学　阳建强主编. —北京：中国建筑工业出
版社，2016.1
住房城乡建设部土建类学科专业"十三五"规划教材
高等学校城乡规划学科专业指导委员会规划推荐教材
ISBN 978-7-112-19035-5

Ⅰ.①详…　Ⅱ.①东…　②阳…　Ⅲ.①城乡规划–高等学校–
教材　Ⅳ.①TU984

中国版本图书馆CIP数据核字（2016）第011985号

　　教材基于让学生全面了解城市详细规划的基本概念、原理方法与知识技能
点，熟悉掌握城市详细规划的目标原则、编制方法和内容成果要求，综合培养
学生的思维分析、空间设计能力与实际操作能力的目的编写而成。教材适用于
高等学校城乡规划专业，也可作为建筑学、风景园林、城市管理、城市地理等
相关专业的教学参考书。

　　为更好地支持本课程的教学，我们向使用本书的教师免费提供教学课件，
有需要者请与出版社联系，邮箱：jgcabpbeijing@163.com。

责任编辑：杨　虹
责任校对：陈晶晶　张　颖

住房城乡建设部土建类学科专业"十三五"规划教材
高等学校城乡规划学科专业指导委员会规划推荐教材

详细规划

东南大学　阳建强　主编
吴明伟　主审
*
中国建筑工业出版社出版、发行（北京海淀三里河路9号）
各地新华书店、建筑书店经销
北京嘉泰利德公司制版
北京建筑工业印刷厂印刷
*
开本：787×1092毫米　1/16　印张：21　字数：464千字
2019年5月第一版　2019年5月第一次印刷
定价：49.00元（赠课件）
ISBN 978-7-112-19035-5
　　　　（28267）

前　言

　　详细规划是我国城市规划体系的重要组成部分，对指导城市物质空间环境建设和提升城市空间品质具有重要作用。详细规划课程作为城市规划教学的专业主干核心课程，是城市规划教学组织的主线与骨干，对城市规划专业建设和人才培养具有举足轻重的关键性作用。

　　本教材编写的主要目的是让学生全面了解详细规划的基本概念、原理方法与知识技能点，熟悉掌握详细规划的目标原则、编制方法和内容成果要求，综合培养学生的思维分析、空间设计能力与实际操作能力。具体编写原则为：①基于现代城市规划学科综合性发展趋向，突破就"设计谈设计"的局限，强调详细规划在空间美学、工程技术与人文学科的高度融合；②立足城市规划专业本科生整体培养目标设定详细规划讲授内容，突出基本原理讲授，合理安排原理、方法和案例分析的内容；③除介绍详细规划的一般工作方法、编制过程和技术标准外，还增加了详细规划教程与学生作业介绍，力求为教学提供简明示范。

　　本教材适用于高等学校城乡规划专业，也可作为建筑学、风景园林、城市管理、城市地理等相关专业的教学参考书。

　　本教材编写工作前后历时四年多，书稿结构、内容安排、全书统稿等经反复讨论确定。初稿形成后敬请吴明伟先生审稿，最后根据审稿意见改定付梓。

　　本书由东南大学阳建强主编，王承慧、孙世界、熊国平、陈晓东、徐春宁参编，全书由吴明伟先生审稿。

　　本书是集体合作的教学成果，参加《详细规划》教材编写的各章分工执笔教师如下：

　　1　详细规划与详细规划教学　阳建强

　　2　控制性详细规划的内容与方法　熊国平

　　3　修建性详细规划的内容与方法　陈晓东

4 住区规划设计 王承慧

5 城市中心区规划设计 孙世界

6 历史街区保护规划与设计 阳建强

7 道路交通与市政规划设计 徐春宁

8 详细规划教程与学生作业 王承慧、熊国平、孙世界、阳建强

　　由于编写人员水平有限，时间仓促，书中仍存在诸多不足，殷切希望读者对本教材多提宝贵意见，以便今后进一步修改完善。

目 录

—Contents—

1 详细规划与详细规划教学

导读：详细规划与总体规划是我国城市规划编制的两个重要阶段，共同构成城市规划编制的完整过程，它们同时作为规划管理的依据，在城乡规划体系中具有举足轻重的作用。在计划经济时代，详细规划大多侧重修建设计，作为城市局部地区在总体规划要求下的深化和具体化，直接指导城市近期的建设与实施。1980年代的改革开放，促使单一的计划经济向着有计划的市场经济转变，使得政府对城市建设的控制，由行政、计划为主的直接控制转变为运用经济规律和法规手段的管理调节，以往城市建设计划、规划、建筑、实施的单向执行方式被打破，要求强化城市规划的控制功能，加强城市规划与规划管理的衔接，从而有力推动了详细规划技术与方法的重大改革。因此，在本书的开篇了解详细规划的发展历程、地位作用、工作内容、技术方法特点以及教学体系框架十分必要。

1 详细规划与详细规划教学

1.1 详细规划发展的简要回顾

1.1.1 早期的详细规划（1950～1978年）（图1-1～图1-4）

1. 详细规划的缘起（1950～1957年）

1950～1957年，是中国城市规划的起步阶段。当时中国选择了"原苏联模式"的规划模式，主要特征是以安排项目的空间布局为主导，城市建设和住宅建设实行同步配套进行。为了配合以"一五"期间156项重点工程为中心的大规模工业建设，及时地对西安、兰州、包头、太原、成都、武汉、长春、洛阳等8大城市，进行了总体规划和近期工业区的详细规划。"原苏联模式"是一种理想蓝图式的规划，作为国家经济建设的调控管理，具有"国民经济计划延续"实施的保证作用，为中国的城市规划事业奠定了开创性的基础❶。

当时对城市规划的定义是，城市规划是国民经济的具体化和延续，城市规划从属于国民经济计划，是经济计划的附属品，即所谓的三段式：国民经济计划—区域规划—城市规划。城市规划编制体系由城市总体规划、详细规划和修建设计构成，形成各阶段分工明确、上下衔接、比较完整的工作系统，使我国的城市规划工作初步有了一定的章法，新时期城市规划的体系也由此诞生。

1958年之前，我国的城市规划编制体系由城市总体规划、详细规划和修建设计构成。总体规划主要把握城市发展的性质、目标、规模和指标等，以城市各组成要素的土地使用方式表达。工作深度表现为1:5000～1:20000比例的图纸。

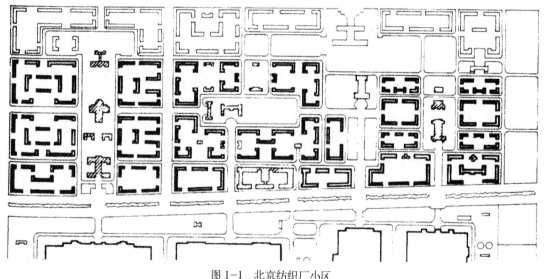

图1-1 北京纺织厂小区

（资料来源：华揽洪.重建中国——城市规划三十年[M].李颖译.北京：三联书店，2006：53）

---

❶ 徐巨洲.中国当代城市规划进入了一个大转折时期[J].城市规划,1999(10).

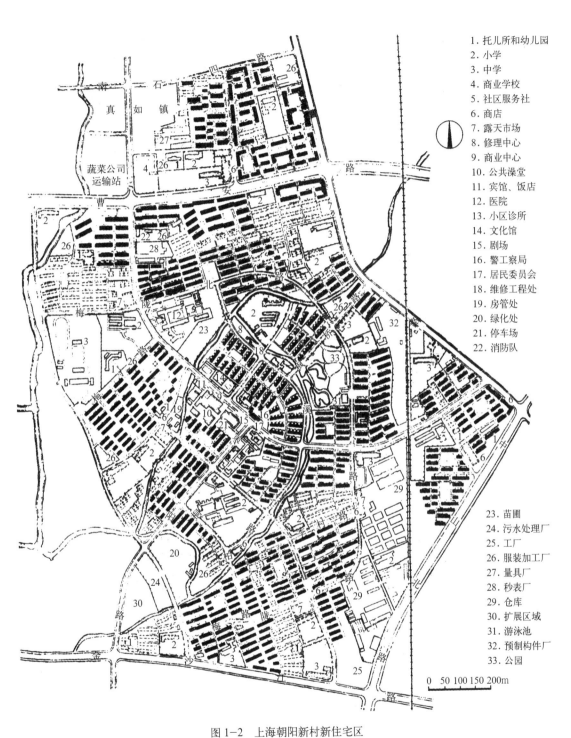

1. 托儿所和幼儿园
2. 小学
3. 中学
4. 商业学校
5. 社区服务社
6. 商店
7. 露天市场
8. 修理中心
9. 商业中心
10. 公共澡堂
11. 宾馆、饭店
12. 医院
13. 小区诊所
14. 文化馆
15. 剧场
16. 警工察局
17. 居民委员会
18. 维修工程处
19. 房管处
20. 绿化处
21. 停车场
22. 消防队

23. 苗圃
24. 污水处理厂
25. 工厂
26. 服装加工厂
27. 量具厂
28. 秒表厂
29. 仓库
30. 扩展区域
31. 游泳池
32. 预制构件厂
33. 公园

0 50 100 150 200m

图1-2　上海朝阳新村新住宅区

（资料来源：华揽洪.重建中国——城市规划三十年[M].李颖译.北京：三联书店，2006.：171）

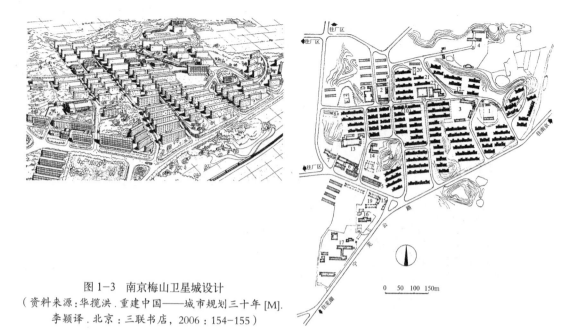

图1-3 南京梅山卫星城设计

（资料来源：华揽洪.重建中国——城市规划三十年 [M].
李颖译.北京：三联书店，2006：154-155）

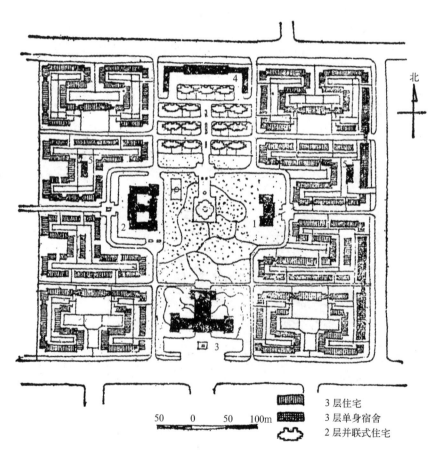

▦	3 层住宅
▩	3 层单身宿舍
▨	2 层并联式住宅

图1-4 北京百万庄小区规划平面（总面积 22.4hm²）

1—小学校；2—综合性商店；3—文化宫；4—服务性建筑；5—锅炉房

（资料来源："城乡规划"教材选编小组选编.城乡规划 [M].第二版.北京：中国建筑工业出版社，2012：325）

详细规划最早出现在《中华人民共和国编制城市规划设计程序（初稿）》（1952年）中，此后一直为城乡规划体系所沿用。详细规划作为城市局部地区在总体规划要求下的深化和具体化，侧重于土地利用和各种指标控制，作为上承总体规划的意图，对下指导近期建设发展和修建设计的依据。这时的详细规划并没有进行建筑物的平面布置，建筑物的平面布置只是粗略地作为校核容量分配与平衡的手段过程，而不是作为规划的成果提出来。工作深度表现为1：2000～1：5000比例的图纸。

修建设计完全是为城市近期的建设实施需要而作，直接面向项目实施的详细设计，内容包括了建筑物的空间布置、建筑和道路的定位、绿地、开放空间的位置和工程管线等，且都按施工放样的要求综合性地表达出来。它一般是在建设计划和资金落实的情况下进行的。工作深度表现为1：500～1：1000比例的图纸。

2. 详细规划与修建设计合并（1958～1976年）

1958年，"大跃进"开始，国家要求加快规划速度，为了简化规划程序，合并了规划内容，其结果造成详细规划和修建设计两阶段合二为一，并且合并后的规划阶段仍称为详细规划，而内容却大多侧重修建设计，工作深度为1：1000的比例。这就是我国两层次城市规划体系的最初由来，当时实际上是总体规划和修建设计。

我国在1950年代建立的城市规划模式在"一五"期间起到了积极作用，156个项目在统一规划、统一计划下得以实施，取得了很好的效果，城市发展和建设按照城市规划进行，我国生产力及城市的分布较过去集中于东部沿海的状况有所改善，中西部地区经济的发展有了一定的基础，这些成绩的取得均与城市规划紧紧相关。

进入1960年代和1970年代，受到政治运动的影响，中国的城市规划进入低潮期，整个城市规划处于停滞状态。1960年11月18日，国家计委召开的第九次全国计划会议，宣布"三年不搞城市规划"。随后，机构撤并，人员下放，城市规划大为削弱。1967年国家建设主管部门指令停止执行北京城市总体规划，提倡"见缝插针"和"干打垒精神"搞建设，波及全国。1968年许多城市规划机构被撤销，人员下放，资料散失，致使城市规划工作基本停顿。

1.1.2 详细规划的拓展与创新（1980～1990年）

1. 传统详细规划的拓展

1980～1990年，中国城市进入迅速发展阶段，如同中国城镇的巨大变化一样，这一时期详细规划的发展也十分显著，在内容、深度和编制方法等方面取得了很大的拓展，其中卓有成效的主要体现在住宅小区详细规划设计、传统商业步行街详细规划设计、旧居住区更新改造、城市重要道路改建规划以及城市中心综合改建规划等规划类型（图1-5～图1-10）。

1980年代中期，城市住宅小区试点工作作为国家级示范性项目开始启动❶，这一行动大力促进了住宅小区详细规划设计理论与方法的发展，出现了一批优秀的设计作品，如天津川府新村、无锡沁园新村、昆明春苑小区、常州

---

❶ 吕俊华，邵磊.1978-2000年城市住宅的政策与规划设计思潮[J].建筑学报,2003(9).

天津川府新村总平面

无锡沁园新村总平面

昆明春苑小区总平面

图1-5　天津川府新村、无锡沁园新村、昆明春苑小区

（资料来源：吕俊华，邵磊.1978-2000年城市住宅的政策与规划设计思潮 [J].建筑学报，2003（9）：9）

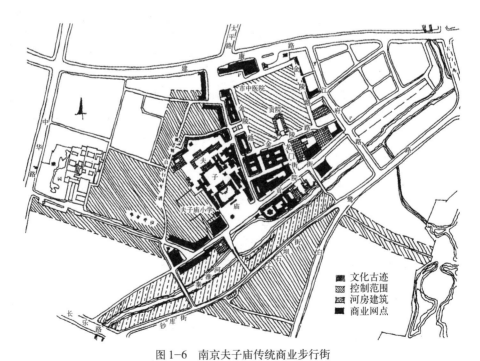

图1-6　南京夫子庙传统商业步行街

（资料来源：北京市规划设计研究院主编.城市公共活动中心 [M].北京：中国建筑工业出版社，2003：151）

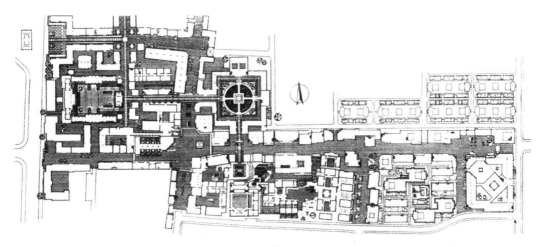

图 1-7　曲阜五马祠商业街

（资料来源：吴明伟.认识探索与实践——曲阜五马祠规划设计浅析 [J].建筑学报，1988（9）：9）

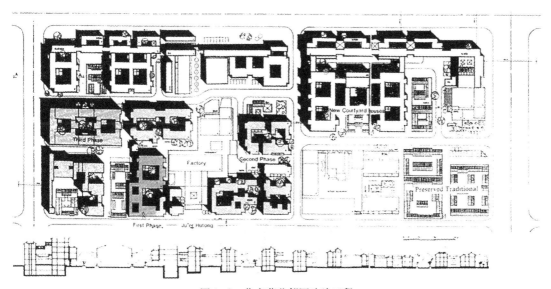

图 1-8　北京菊儿胡同改建工程

（资料来源：清华大学建筑学院.城市历史保护与更新 [M].北京：中国建筑工业出版社，2007：251）

图 1-9 绍兴城市中心综合改建规划

（资料来源：吴明伟，柯建民．试论城市中心综合改建规划 [J].建筑学报，1985（9）:47）

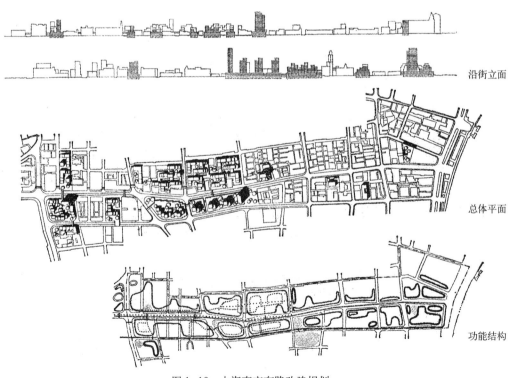

沿街立面

总体平面

功能结构

图 1-10 上海南京东路改建规划

（资料来源:殷铭，何善权，徐景猷，黄富厢.上海南京东路综合整建规划设想（续）[J].城市规划，1984（2）:44）

红梅小区等。传统商业步行街详细规划设计也是这一时期的建设热点，成功的实践有南京夫子庙传统商业步行街、天津古文化街、合肥步行商业街、曲阜五马祠商业街等，这些设计尊重了历史环境，通过整体布局的恰当处理和旅游路线的有机组织，很好地保持了原有城市格局，使游人在购物及娱乐活动中，能够多层次地领略传统及地方文化的风采。在旧居住区更新改造方面也出现了不少优秀设计，其中最为杰出的是获得"世界人居奖"的北京菊儿胡同改建工程，该设计针对北京城市特色，从历史传统、城市肌理、邻里交往、院落空间等邻域进行创作，以"类四合院"体系和"有机更新"思想进行旧居住区改造，保护了北京旧城的肌理和有机秩序，与北京历史文化风貌取得了很好的协调。此外，为了适应城市第三产业的发展，解决城市的交通拥挤问题，以及创造具有特色的城市中心环境，在上海、南京、杭州、绍兴等城市开展了城市中心综合改建规划和城市重要道路改建规划，代表性的规划设计有南京市中心综合改建规划、上海南京东路改建规划、绍兴市中心综合改建规划等。

2. 控制性详细规划的兴起

这一时期详细规划最大的发展体现在控制性详细规划的兴起。中国的改革开放促使单一的计划经济向着有计划的市场经济转变，使得政府对城市建设的控制，由行政、计划为主的直接控制转变为运用经济规律和法规手段的管理调节，以往城市建设计划、规划、建筑、实施的单向执行方式被打破。与此同时，土地有偿使用和房地产事业的发展，也已构成形成城市环境的强大力量。这一系列的现实问题，都促使改变固有的传统规划观念和方法，即由过去那种"我规划你适应"转变为如何使规划适应城市发展需求。这种条件背景，有力地推动了规划技术与方法的重大改革。

当时的总体规划和详细规划之间存在很大的距离，上下难以承接的矛盾十分突出。城市总体规划主要解决城市的性质、规模、发展方向和城市布局等问题，带有战略性，其内容和深度难以为详细规划提供外部条件和技术经济制约条件，也难以直接指导建设管理，为拨地、选址、定向确定建设次序提供依据，只能对城市建设管理进行宏观控制。后来在总体规划与详细规划之间加入了分区规划，它是在战略控制的基础上，从内容和阶段上进一步深化整个层次的衔接，这一做法，弥合了脱节与空缺，理顺了规划程序，对后来的规划编制工作和建设管理起了重要作用，但多年的实践证明，它们不能为规划管理提供充分的和直接的依据，仍属于总体规划的阶段。而传统的详细规划一般都很具体，工作重点实际上就是过去的修建设计，基本上停留在形体设计。正如吴良镛先生指出的："一提到详细规划，就想到放项目、摆房子……反倒忽略了详细规划中关于土地使用控制的重点。"他还指出："现行的城市规划编制办法中，有关详细规划的部分叙述较为笼统，规划与设计的内容放在一起，而使人误解。"（城市规划，1987（6））十分敏锐地揭示了传统详细规划的问题所在。究其具体的弱点，主要存在两方面问题：一方面是规划的科学性不够，缺乏对城市现状、环境、发展、功能及建设配套等问题的深入研究，依据不足，脱离实际，这是"粗糙"的一面；另一方面又规定得太具体，把每一栋房子都排出来，缺乏弹性，这是"过细"的一面。这就造成了需要控制的反而因缺乏依据控制不了，而不

该规划过死的又过于具体，反而比没有规划更糟，使规划管理陷入僵局。

因此，如何强化城市规划的控制功能，加强城市规划与规划管理的衔接，有效控制引导城市开发建设，就成为当时城市规划改革的必然，1980年代后期控制性详细规划在我国许多城市兴起，正是应验了这一趋势。在这一实践与理论探索中，上海、广州、桂林、温州、苏州、南京等地结合各城市具体情况进行了大胆的创新，为我国控制性详细规划理论与方法的形成作出了突出贡献（图1-11～图1-13）。

1982年，上海虹桥开发区规划为了使领事馆区与国际接轨，适应外资建设的国际惯例要求，率先借鉴美国的区划技术，改变传统详细规划原有"摆房子"的做法，对划定的每一规划地块提出用地性质、用地面积、容积率、建筑密度、建筑后退、建筑高度、车辆出入口方位及小汽车停车库位等八项控制指标，编制土地出让规划，这一方法在规划设计和实施管理中取得了较好的效果。

1986年8月，城乡建设环境保护部向上海市城市规划局下达了"上海市土地使用区划管理法规的研究"课题，针对我国国情，上海市城市规划设计研究院提出了城市采取的土地使用管理模式应是规划与区划融合型，即分区规划、控制性详细规划图则、区划法规结合的匹配模式。课题组通过研究编制了《城市土地使用区划管理法规编制办法》和《上海土地使用区划管理法规》，制定了适合上海市的城市土地分类及建筑用途分类标准，并对综合指标体系中的名词解释作了详尽的阐述和规定。1990年建设部组织专家对该课题进行评审，

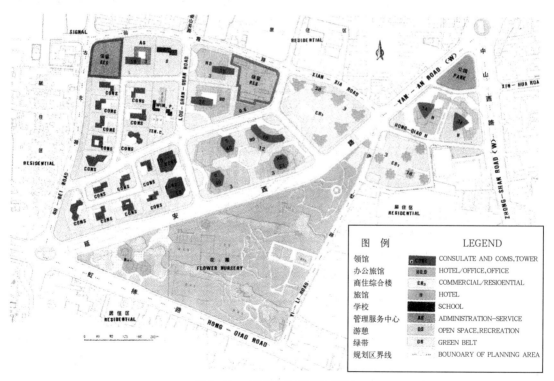

图1-11 上海虹桥新区详细规划

（资料来源：江苏省城乡规划设计研究院主编.控制性详细规划[M].北京：中国建筑工业出版社，2012：125）

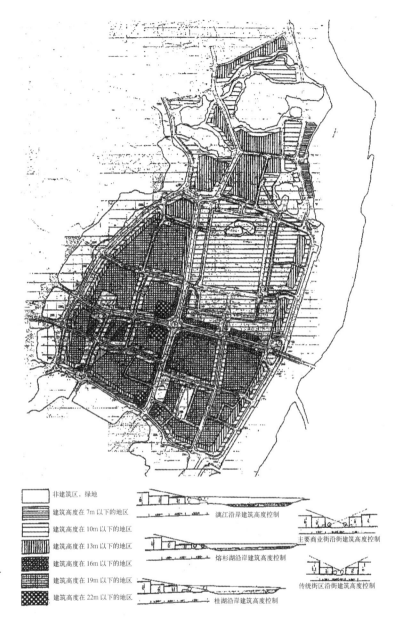

图 1-12 桂林中心区详细规划
（资料来源：清华大学建筑学院
主编．城市历史保护与更新 [M].
北京：中国建筑工业出版社，
2007：251）

	非建筑区，绿地
	建筑高度在 7m 以下的地区
	建筑高度在 10m 以下的地区
	建筑高度在 13m 以下的地区
	建筑高度在 16m 以下的地区
	建筑高度在 19m 以下的地区
	建筑高度在 22m 以下的地区

漓江沿岸建筑高度控制

主要商业街沿街建筑高度控制

熔杉湖沿岸建筑高度控制

传统街区沿街建筑高度控制

桂湖沿岸建筑高度控制

图 1-13 苏州古城桐芳巷居住街坊改造规划
（资料来源：孙骅声，龚秋霞，罗赤．旧城改造详细规划中的土地区划初探 [J]．城市规划，1989（3）:10-15）

肯定了区划技术对土地有偿使用和规划管理走向立法控制的重大作用。

温州编制的旧城控制性详细规划，按现状—规划—管理进行三次分区，拓展了综合指标体系，区分了可开发用地和公共设施用地，制定了《旧城区改造规划管理试行办法》和《旧城土地使用建设管理技术规定》。广州以老城的行政街区为规划单位，开展了覆盖面达 70km² 的街区规划，颁布执行了《广州市城市规划管理办法》和《广州市城市规划管理办法实施细则》这两个地方性的城市建设管理法规，使得城市规划通过立法程序与城市规划管理更好地衔接起来。

清华大学在桂林中心区详细规划中，提出"综合指标体系控制引导法"，采用控制性和引导性两类指标对规划地块的建设进行控制引导。更为突出的是，为了保护好桂林的自然山水景观和城市特色，桂林中心区详细规划将城市设计成果融入规划控制，提出了城市设计的控制引导要求。

中国城市规划设计研究院在"苏州古城桐芳巷居住街坊改造规划"中对街坊用地进行三个层次的区划，即街坊现状综合评价性区划、街坊改造开发经营意向性区划和街坊改造开发控制管理性区划，将物质空间规划与改造实施的经营管理控制性规划结合起来，对旧街坊改造作了投入产出的经济分析，为旧街坊的改造开发提供了规划依据。

江苏省城乡规划设计研究院结合"苏州市古城街坊控制性详细规划研究"课题，对控制性详细规划中的规划地块划分、综合指标确立、新技术运用以及它同分区规划的关系等方面作了研究，并据此编写了《控制性详细规划编制办法》（建议稿）。

东南大学与南京市规划局共同完成"南京控制性规划理论方法研究"课题，课题对国外土地使用控制与区划以及国内控制性规划的开展情况进行了总结，基于现代城市规划管理理论，对控制性规划的性质特点、用地分类与地块划分、控制体系、调控机制以及成果编制等方面作了研究，成果在南京、苏州、泉州等重要城市中得到推广应用。

1.1.3 详细规划编制逐步走向成熟（1991 年至今）

1991 年，建设部颁布《城市规划编制办法》，首次将详细规划划分为控制性详细规划与修建性详细规划，并对控制性详细规划的内容、文件和图纸构成进行了相应的规定，从而对原有的城市规划编制程序和内容进行了发展和补充。1992 年，建设部颁布实施了《城市国有土地出让转让规划管理办法》（第 22 号部长令），明确规定城市国有土地使用权出让前应当制定控制性详细规划。1995 年，建设部制定了《城市规划编制办法实施细则》，进一步明确了控制性详细规划的地位、内容与要求，使其逐步走上了规范化的轨道。

2006 年 4 月，建设部颁发了新的《城市规划编制办法》，提出城市规划分为总体规划和详细规划两个阶段。大、中城市根据需要，可以依法在总体规划的基础上组织编制分区规划。城市详细规划分为控制性详细规划和修建性详细规划。进一步修改和完善了控制性详细规划的编制内容和要求，明确了规划的强制性内容。

2008 年 1 月，《中华人民共和国城乡规划法》的颁布与实施，标志着我国的城乡建设开始进入一个新的时期。《城乡规划法》第二条规定"制定和实施城乡规划，在规划区内进行建设活动，必须遵守本法。本法所称城乡规划，包括城镇体系规划、城市规划、镇规划、乡规划和村庄规划。城市规划、镇规划分为总体规划和详细规划。详细规划分为控制性详细规划和修建性详细规划"。相对于《城市规划法》的"管理"赋权立法取向，《城乡规划法》更多体现了"控权"的立法精神及实质性安排，《城乡规划法》条件下的控制性详细规划从政府内部的"技术参考文件"变成规划行政管理的"法定羁束性依据"，从而赋予控制性详细规划法定地位。

1.2 详细规划的概念、类型与特征

1.2.1 详细规划的地位与作用

1. 城市规划编制体系概述

城市规划编制的完整过程由两个阶段、五个层次组成：即总体规划阶段和详细规划阶段；市（县）域城镇体系规划、城市总体规划（含城市总体规划纲要）、分区规划、控制性详细规划、修建性详细规划。

（1）城镇体系规划。用以指导城市规划的编制。

（2）城市总体规划。内容包括拟定城市规划区范围，确定城市性质、规模，确定城市用地空间布局和功能分区，编制各项专业规划和近期建设规划等，指导城市合理发展。城市总体规划纲要，其目的为确定城市总体规划的重大原则，并作为编制城市总体规划的依据。

（3）分区规划。大城市、中等城市为进一步控制和确定不同地段的土地用途、范围和容量，进一步安排人口分布，协调各项基础设施和公共设施的建设，在总体规划的基础上编制分区规划，以便与详细规划更好地衔接。

（4）控制性详细规划。各城市根据不同的需要、任务、目标要求，依据总体规划或分区规划编制控制性详细规划，控制建设用地性质、使用强度、空间环境，作为城市规划管理的依据，并指导修建性详细规划的编制。

（5）修建性详细规划。对于当前建设地区，编制修建性详细规划，用以满足指导各项建筑和工程设施的需要。

2. 详细规划在城乡规划体系中的地位与作用

城乡规划是指导和调控城市发展建设的重要公共政策之一，总体规划属于战略性宏观层面，详细规划则属于实施性可操作层面，两者同时作为规划管理的依据，在城乡规划体系中具有举足轻重的作用。城市总体规划是政策的表述、是城市空间发展的战略性安排，总体规划在城市发展建设中更多地起到宏观调控、综合协调和提供依据的作用。城市详细规划作为实施性规划，处于城市总体规划与规划管理、建设实施之间，向上衔接总体规划和分区规划，向下衔接具体的开发建设行为，是规划与管理、规划与实施之间衔接的重要环节，是具有承上启下作用的关键性层次（图1-14）。详细规划的编制是为了实现总体规划的战略意图，将城市总体规划的宏观管理要求转化为具体的地块建设管理指标和具象的建设蓝图，使规划编制与规划管理、土地开发建设相衔接，对具体的建设实施行为起指导作用，并成为城市规划主管部门依法行政的依据。

1.2.2 详细规划的类型与特征

详细规划是我国城乡规划体系中的重要组成部分，它与城市总体规划作为

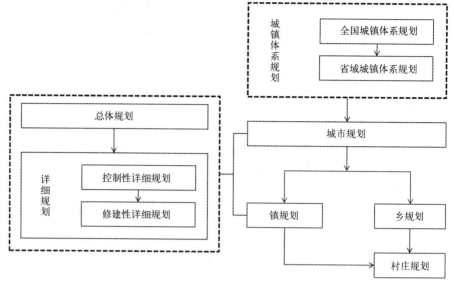

图 1-14 详细规划在城乡规划体系框架中的位置

宏观层次的规划相对应，主要针对城市中某一地区、街区等局部范围中的未来发展建设，从土地使用、建筑建造、设施配套、行为活动和空间环境等方面作出统一的安排，包括控制性详细规划和修建性详细规划两种类型，承担着对具体地段的土地利用和建设的具体控制引导，是城市规划操作管理层面的重要依据，对高品质城市物质空间环境的营造起着十分重要的作用。

1. 控制性详细规划

1) 内涵与定义

控制性详细规划是《城市规划编制办法》(2006 年) 中确定的规划层次之一，从规划控制的层面对规划区内的建设行为进行科学管控。《城乡规划法》(2008 年) 的颁布实施，进一步明确了控制性详细规划的法定地位。

控制性详细规划是以城市总体规划或分区规划为依据，考虑相关专项规划的要求，以土地使用控制为重点，详细规定城市建设用地性质、使用强度、建筑建造、道路交通、设施配套以及空间环境等各项具体控制指标和相关规划管理要求，它是引导和控制城市建设发展最直接的法定依据，是具体落实城市总体规划各项战略部署、原则要求和规划内容的关键环节，为城乡规划主管部门作出建设项目规划行政许可和实施规划管理提供依据，并指导下一步的修建性详细规划编制和建筑工程设计。

2) 基本特征

与修建性详细规划不同，控制性详细规划并不对规划范围内的任何建筑物作出具体设计，而是对规划范围的土地使用设定详细的用途和容量控制，以此作为该地区建设管理的主要依据，属于开发建设控制性的详细规划。

(1) 具有一定的法律地位和效应。控制性详细规划是城市总体规划法律效应的延伸和体现，是总体规划宏观法律效应向微观法律效益的拓展，可以说，法律效应是控制性详细规划的基本特征。与此同时，由于控制性详细规划存在于市场经济环境下的法治社会中，它往往成为协调与城市开发建设相关的利益矛盾的有力工具，通常被赋予较强的法律地位。

（2）通过多种控制方式落实规划意图。控制性详细规划借鉴了国外的区划技术，通过一系列指标、图表、图则等表达方式将城市总体规划的宏观、平面、定性的内容具体为微观、立体、定量的内容。该内容是一种设计控制和开发建设指导，为具体的设计与实施提供深化、细化的个性空间，而非取代具体的个性设计内容。

（3）体现规划控制与管理的综合性。控制性详细规划规划控制方式上具有较强的综合性，在规划实施管理中往往横向综合和相互协调城市建设或规划管理中的各纵向系统和各专项规划内容，如土地利用规划、公共设施与市政设施规划、道路交通规划、保护规划、景观规划、城市设计以及其他必要的非法定规划等。

（4）刚性与弹性融合的控制方式。控制性详细规划的控制内容分为规定性和引导性两部分：规定性内容一般为刚性内容，主要规定"不许做什么"、"必须做什么"、"至少应该做什么"等，通过土地利用性质、开发规模与强度、公共设施与工程设施的定位等规定性指标，来实行对土地开发的控制；引导性内容一般为弹性内容，主要规定"可以做什么"、"最好做什么"、"怎么做更好"等，通过人口容量、建筑形式与风貌，以及景观特色等指标来引导城市建设，具有一定的适应性与灵活性。刚性与弹性相结合的控制方式适应我国开发申请的审批方式为"通则式"与"判例式"相结合的特点。

2. 修建性详细规划

1）内涵与定义

修建性详细规划是城市总体规划、控制性详细规划与建设管理、工程设计的中间环节，它以城市总体规划或控制性详细规划为依据，研究和确定建筑、道路以及环境之间的相互关系，用直观、具体、形象的表达方式来落实和反映各个建筑项目所包含内容的落地安排，从实施建设的层面对规划区内的当前或近期需要实施开发的各类用地、建筑空间、绿化配置、公共服务设施以及市政、道路等工程设计等作出具体安排和指导。

2）基本特征

相对于控制性详细规划侧重于对城市开发建设活动的管理与控制，修建性详细规划则侧重于具体开发建设项目的安排和直观表达，同时也受控制性详细规划的控制和指导。相对于城市设计强调方法的运用和创新，修建性详细规划则更注重实施的技术经济条件及其具体的工程施工设计。具体而言，修建性详细规划具有以下几个特点：

（1）以具体、详细的建设项目为对象，实施性较强。修建性详细规划通常以具体、详细的开发建设项目策划以及可行性研究为依据，对不同功能的建筑、道路、绿化、工程管线以及场地的坐标、标高等进行精确定位，按照拟定的各种建筑物的功能和面积要求，将其落实至具体的城市空间中。

（2）通过形象的方式表达城市空间与环境。修建性详细规划一般采用模型、透视图等形象的表达手段将规划范围内的道路、广场、绿地、建筑物、小品等物质空间构成要素综合地表现出来，具有直观、形象的特点。

（3）多元化的编制主体。修建性详细规划的编制主体不仅限于城市政府，根据开发建设项目主体的不同而异，也可以是开发商或者是拥有土地使用权的业主。

1.3 详细规划教学与改革

1.3.1 详细规划教学的作用和特征

在城市规划专业教学体系中，详细规划设计课程作为专业主干核心课程，是城市规划教学组织的主线与骨干之一，对城市规划专业建设和人才培养具有举足轻重的关键性作用。详细规划课程教学既是专业教学的起点，也是专业教学成果的综合体现。作为专业教学的起点，学生需要从规划设计实践的过程中了解并明确其他相关课程的意义和作用；作为专业教学成果的综合体现，学生必须通过规划设计教学过程将其他课程中学习到的知识创造性地运用于城市规划与设计实践。

在以建筑学和工程技术为基础的规划院校的课程设置中，详细规划设计课程跨越三、四两个年级，是以建筑学科为依托的城市规划专业教学转型的关键时段，在教学体系中处于从建筑学基础教育向城市规划专业教育转换和深化的重要阶段，是建立专业知识构架、培育综合思辨能力、训练多维复合能力的关键环节。其教学特点融课程设计教学与理论教学于一体，强调学生城市规划设计实际能力与综合能力的培养，贯穿整个城市规划专业教学的全过程，具有教师多、时段长、综合性和实践性强等鲜明而突出的城市规划专业特色。

1.3.2 当前详细规划教学存在的不足

随着中国城市的快速发展和城市化进程的不断加快，城市规划面临的问题变得日益复杂，需要研究的新课题也不断涌现，这无疑也对详细规划设计提出了更高的要求和新的挑战：一方面，城市建设的高品质已不仅仅意味着艺术性的空间美学塑造，还必须强调以人为本，重视社会经济可持续发展、自然生态环境保护和历史文化遗产保护，需要真实了解城市系统的复杂性，仅仅依靠以建筑学和工程技术学科为核心的传统物质空间规划设计理论，已无法解决城市发展过程中出现的日益复杂的城市问题。另一方面，城市规划设计的类型也变得更为丰富，不仅涉及小区规划设计、城市街道规划设计、城市中心与广场规划设计以及城市园林绿地规划设计等，而且还涉及规模更大和问题更为复杂的旧城更新改造规划、历史街区保护与整治规划、城市中心区规划设计、城市交通枢纽规划设计、产业园区规划设计等内容；并且实施项目涉及的利益主体也更为复杂，从原来由政府主导单一的"自上而下"方式，转向多个利益群体联动的"自上而下"和"自下而上"相结合的多元方式，专业性、综合性和政策性变得更强。这些巨大的变化，均迫切要求学校的详细规划教学尽快摆脱过去长期以来依据单一的建筑学学科领域的传统教学模式，融入更为广泛的社会人文、系统工程和公共管理学科领域，在传统城市规划学科强调艺术性、工程性和实践性的基础上，实现学生在知识结构、能力结构和综合素质等方面的突破与拓展。

但就目前的详细规划教学状况来看，由于许多学校的城市规划教育起源于建筑学和土木工程，仍大多沿袭过去传统建筑学的教学模式，尽管培养的学生体现出扎实的空间设计能力和良好的艺术修养，但与城市建设的实际要求仍存在较大差距，显现出诸多的不足：

（1）部分学生仍热衷于空间形态设计，对复杂的城市系统缺乏认识，规划意识不强；

（2）教学选题单一，无法体现真实和丰富的城市规划实践，使教学停留于一般的形式；

（3）重视学生空间设计基本技能的训练，忽视更为综合的规划设计专业能力、思维能力、研究能力、实践能力、创新能力以及协调能力的培养；

（4）教学方法上大多仍然沿用过去学院派的"师带徒"的方式，主要是通过手把手的"改图"，缺乏由不同专业特长教师开展的系统的规划设计理论与方法教学训练，难以反映城市规划设计多专业配合的突出特点。

因此，如何在有限学时上既能继承和巩固物质空间形态规划设计的传统优势，同时又能向宏观方面作进一步拓展，使学生既有较强的空间规划设计能力，又具有较为开阔的视野和较强的研究分析能力，以适应现代城市规划要求，成为课程教学中亟待解决的重要问题。

1.3.3 课程教学改革的基本思路

1. 加强详细规划设计能力的综合培养

详细规划设计课程教学应突破形而上的空间艺术设计训练，通过规划设计与规划理论教学的互动加强专业课程的系统整合，引导学生更多地关注物质空间后面的社会经济动因和人的活动需求，在强调学生基本功与设计动手能力的同时，促进学生价值观意识培养、思维分析能力提升和设计技能训练的整体融合，使学生具有更为宽阔的专业视野，掌握更为先进的空间分析技术，具备更为综合的实践与研究能力。

2. 处理好建筑基础向城市规划的转型

围绕详细规划设计课程作为城市规划专业教育的转型关键环节的要求，理顺课程体系，在承继建筑学基础学习所获得的形象思维、逻辑思维和微观空间思维的基础上，进一步培养学生具有城市规划专业所必需的理性思维、综合思维和中宏观尺度的空间思维，促使在一年级和二年级接受建筑学基础教学的学生顺利向城市规划专业转型。具体措施主要可以结合以建筑学科为背景的城市规划专业学生的知识结构特点，遵循教学认知规律，精心选择教学任务载体，实现从建筑单体到城市空间环境的过渡，从小规模地块到大规模地段的转换，以及从简单功能布置到复杂功能布局的递进。

3. 突出学生在课程教学中的主体地位

以经验方法为基础的规划设计教学强调"悟性"而轻视认知，要求学生经过长期的"熏陶"而达到豁然开朗的境界，这种教育模式往往取决于教师专业水准的简单传递和拷贝，难以造就超越前人的专业英才，也难以适应社会对城市规划设计人才的大量需求。因此，在课程教学中需要处理好教与学的关系，明确教师的引领作用和学生的学习主体地位，转变现有的教学方式，通过更为开放和灵活的教学，突出学生的自主学习，强调学生用自己的眼睛观察问题，

用自己的大脑思考问题，以培养学生的独立工作能力，使其在走上工作岗位后具有不断充实自我、适应社会需求的能力。

1.4 课程教学体系与方法

详细规划课程教学作为从建筑学基础教学向城市规划专业教学转型的关键环节，应突破基于建筑学的传统空间设计教学模式，加强物质空间形态与社会经济、历史文化、政策法规等综合因素的关联性，建立"规划设计教学"与"规划理论教学"有机互动的教学体系，构建由"教学任务载体"、"专题课系列"和"规划设计训练"组成的多维教学模块，开展面向实际并灵活开放的多元化教学，突出学生对社会问题、经济问题和工程技术问题的高度关注和意识培养，实现学生知识结构、能力结构和综合素质的整体拓展，全面提高学生学以致用的详细规划复合设计能力。

1.4.1 课程教学体系与知识模块的构建

1. 加强规划设计与理论课程的互动

以详细规划设计能力培养为主线，按照详细规划设计所需的知识模块，基于"规划设计"与"规划理论"交叉互动的教学框架，建立规划设计课程组群（图1-15），突破以单一教学任务载体为核心的设计辅导型教学。在继承传统详细规划设计教学中的空间艺术设计基本技能培养的同时，还特别要重视建构理论联系实践的教学情境，结合国家和地方急需研究的重要规划课题设置设计课题，同时根据教学的需要加入城市交通规划、城市保护与更新、城市中心区规划以及城市规划管理与法规等专题教学。在具体的每一个课程设计作业中，既要求学生完成给定的任务书要求，还要求学生进行相关城市系统的延伸学习，突出学生对社会问题、经济问题和工程技术问题的高度关注和意识培养，树立学生正确的规划设计观念和系统的规划设计思维，整体提高学生学以致用的详细规划设计能力。

2. 建立循序渐进的复合能力培养阶梯

详细规划设计是一项以城市规划师为主体，系统性、工程性和综合性极强的创造思维活动，这就需要在详细规划教学过程中，以详细规划设计能力培养目标为导向，根据学生认知学习和设计教学的一般规律，从一年级至四年级按照循序渐进的要求，纵向制定复合能力培养阶梯（图1-15）。在各阶段对设计所需的调研、分析、表达、合作、交流等基本能力要按各个年级的要求反复锤炼，同时后一阶段在前一阶段基础上不断提出更高的教学要求，包括基本能力的提升以及详细规划设计所需的研究能力、策划能力、创新能力以及协调能力的拓展，并且在教学过程中，按照教学的整体培养目标，始终强调多维能力的综合协调和统一，逐级实现从空间环境认知到城市物质空间规划设计的提升。

3. 建构综合系统的教学知识模块

在教学环节的落实中，明确课程群在各阶段对能力培养的教学重点，构建由"教学任务载体"、"专题课系列"和"设计训练重点"组成的多维教学模块，并且在教学时段安排、教学内容组织上加强不同时段教学的衔接、整合和互动。如针对三年级学生在建筑学科背景条件下的知识结构与心理特点，重点突出"转型教学"，加强学生知识结构、能力培养和思维方式的转型（表1-1）；四年级

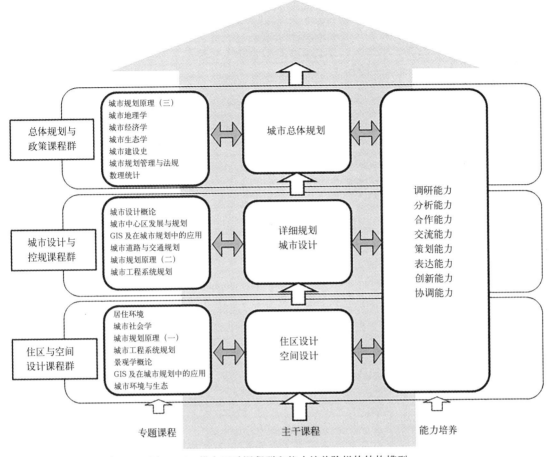

图1-15　横向互动课程群和能力培养阶梯的结构模型

详细规划设计突出"研究型教学"，强调技术、人文与实践并重，重点培养学生的理性分析能力、综合策划能力、创新设计能力、合作协调能力和综合表达能力（表1-2）。

三年级详细规划课程知识模块　　　　　　　　　　表1-1

设计课	教学任务载体	能力培养重点		专题课提供方法支撑	课程群提供理论支撑
三年级转型教学模式	景园规划设计 城市广场 ·历史城区的城市广场 ·居住小区的公园	调研	·基地调研 ·城市公共开放系统调研 ·行为活动调研	·详细规划设计方法 ·城市—景园—广场：城市公共开放空间系统与景园规划设计方法 ·景园规划调研方法 ·景园规划案例分析	·居住环境 ·城市社会学 ·城市规划原理 ·城市工程系统规划 ·景观学概论
		分析	·物理环境分析 ·自然与人文环境分析 ·空间环境分析（区位、尺度、视线等）		
		设计	·功能综合布局 ·空间整体组织 ·景观特色营造 ·精细数字建模		

19

设计课	教学任务载体	能力培养重点		专题课提供方法支撑	课程群提供理论支撑
三年级 转型教学模式	住区综合规划	城市住区 ·处于新区中心地段的住区 ·处于山水环境的住区	调研	·基地调研 ·社区综合环境调研（功能、人口、配套、资源等） ·住房制度调研 ·住房市场调研 ·住区案例调研与评价	·住区规划设计原理与新思路 ·住区规划调研与策划 ·住区案例分析 ·住区作品介绍 ·日照分析、投资效益分析 ·住区规划成果表现	·居住环境 ·城市社会学 ·城市规划原理 ·城市工程系统规划 ·景观学概论
			分析	·自然条件分析 ·人文环境分析 ·景观资源分析 ·居住需求分析		
			策划	·住宅产品 ·住区风格 ·公建配套 ·景观特色		
			设计	·综合性的系统建构（住宅布局、交通系统、绿地系统、公建布局、空间景观、管线综合） ·重视方案特色和设计重点 ·继续强化物质空间形态规划能力 ·强调分析图绘制以提升表达的理性推演 ·精细数字建模与辅助手工模型的结合		

四年级详细规划课程知识模块 表 1—2

设计课	教学任务载体	能力培养重点		专题课提供方法支撑	课程群提供理论支撑
四年级 研究型教学模式	城市设计	城市综合功能片区 ·中心区 ·历史地段 ·产业地段 ·滨水区 ·步行街	调研	·场地综合调研(功能、交通、建筑、开放空间等) ·社会综合环境调研(经济、人口、配套、产业等) ·相关资料解读（上位规划、相关规划设计、历史沿革等）	·城市设计导论 ·城市设计新思路 ·城市设计深度调研方法 ·城市设计经典案例借鉴 ·城市设计成果表现	·城市设计概论 ·城市中心区发展与规划 ·GIS 及在城市规划中的应用 ·城市道路与交通规划 ·城市规划管理与法规 ·城市规划原理 ·城市社会学
			问题解析	·自然条件分析　·人文环境分析 ·经济社会分析　·交通组织分析 ·功能定位分析　·空间布局分析 基于综合分析形成对问题的判断		
			理念	·以问题为导向的经典设计借鉴 ·要素汇总与融合 ·要素取舍与理念形成		
			创新与设计	·强调创新的系统构建 ·设计媒介多样化 ·提升设计深度 ·综合表达		

续表

设计课	教学任务载体	能力培养重点		专题课提供 方法支撑	课程群提供 理论支撑
四年级研究型教学模式	控制性详细规划	调研	·场地综合调研（经济、人口、用地、公共设施、环境景观、建筑等） ·交通与市政调研（道路、基础设施等） ·相关资料	·控制性详细规划导论 ·国外类似控制性详细规划的理论、方法、实践 ·我国控制性详细规划的控制内容、技术深度 ·土地使用强度的确定方法 ·控制性详细规划与规划管理和土地拍卖	·城市设计概论 ·城市中心区发展与规划 ·GIS及在城市规划中的应用 ·城市道路与交通规划 ·城市规划管理与法规 ·城市规划原理 ·城市社会学
		专题研究与协调	分组进行专题研究： ·开发潜力 ·功能分析 ·空间分析 ·经济分析 专题间进行交流、协调		
	城市综合功能片区 ·旧城区 ·新城区 ·历史地区 ·风景区等	规划	·用地布局 ·地块划分 ·控制内容 ·交通市政		
		表达	法定规划的规范表达： ·文本 ·图件 ·附件		

1.4.2 教学方法与模式的改进提高

1. 形成整体关联的理性过程教学

过去的教学方法常常是沿袭学院派的"师带徒"的方式，这种方式缺乏系统的规划设计理论与方法教学，难以培养学生的复合规划设计能力。因此，在详细规划的教学中，十分有必要改变传统的经验教授型和知识教授型的单一教学，打破过去长期以来"就规划设计教规划设计"的单一教学模式，基于"规划设计"与"规划理论"交叉互动的教学框架，建立研究型教学和研讨性规划有机结合的教学培养模式，建立起理性的过程式教学。具体而言，可将详细规划的综合训练分为"基地认知分析—规划概念建构—专项系统规划—空间形态设计"四个阶段展开课程设计教学，并按照不同阶段的教学重点统一安排详细规划设计教学内容和时段，建构由即时互动的课堂辅导教学、同步接入的设计专题课系列和相应理论课程群所构成的多维知识模块，形成重点突出并有机关联的总体教学组织框架（图1-16）。这一过程性的教学程序既有各自明确的概念和目标，又有合理的相互连接关系。学生能在分阶段明确地研究特定问题，又同时为下一阶段提供基础，逐步将不同的规划设计问题融合到练习之中。从而使学生可以循序渐进地、由被动到自主地掌握各种相关规划知识和规划设计程序，逐步提高详细规划设计能力。

2. 建立灵活开放的多元化教学模式

详细规划设计教学是以教师和学生为主体的关于规划设计知识和技能的传输和转化的有机过程，详细规划设计教学的目的不能仅仅着眼于最终的设计

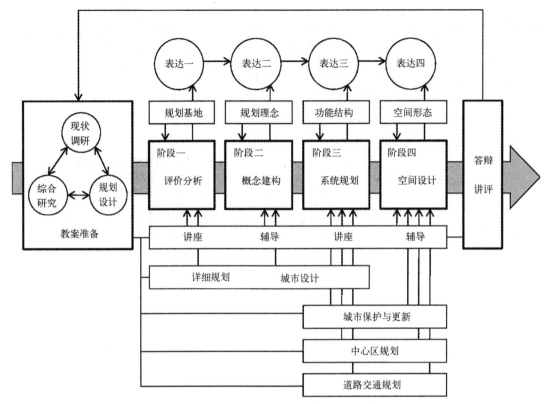

图 1-16　详细规划设计教学组织与安排

成果,更为重要的是,应在设计教学过程中着意培养学生的规划设计意识、观念、思维、技能和方法。在教学过程中,需要注重理论性与实践性、思维能力与操作能力、分析能力与综合能力、自主能力与合作能力的有机融合,推动多种教学方法,活跃教学场景,促进学生思考,突出学生自主研习、合作交流和求实创新能力的培养,实现学生由被动学习向主动学习的转变。如在教学过程中,根据不同阶段灵活运用教学小组内讨论、班级集体讨论以及组织校外专家参与评图等多种互动式讨论教学方式,激发学生能动性,培养学生理性思维,并提高学生的辨别能力;以教学任务载体为基础,充分利用有限时间穿插城市宏观认知和案例调研分析,培养学生的分析和研究能力;紧密结合国家、部省级重要科研和规划项目,选择城市公共中心地区、城市重点地段、历史地段、产业区、滨水地区、步行街等真实教学场景,以问题为导向,将规划设计课程与工程技术、规划理论及相关知识等课程结合起来,引导学生积极思考,激发学生的创新意识和学习兴趣,培养学生发现问题、分析问题和解决问题的综合能力。

3. 组建结构合理的设计教学团队

要实现新的详细规划教学目标和模式,必须打破原来由 1 位老师负责 1 组学生的"1 对 1"的简单教学组织模式,组建结构合理和灵活开放的教学团队。从教学要求出发,需要综合考虑具有不同研究方向和专业特长的教师,采取"课程负责人 + 主讲教师 + 顾问 + 技术支撑教师 + 后备主讲教师"的配置方式形成教学团队，课程负责人主要进行教学安排，系列专题主讲人负责不同的专题讲座，同时还可外请规划管理部门、规划设计研究院以及其他院校专家等参与教学环节，以此促进和加强课程教学与规划实践的紧密结合。

■ 思考题

1. 请简述详细规划的发展历程，并结合具体案例谈谈你对详细规划的理解。

2. 详细规划有哪几种类型，它们的规划特征是什么？

3. 请谈谈详细规划与分区规划、城市设计的联系与区别。

4. 请简述详细规划在城乡规划体系中的地位与作用。

5. 在详细规划教学中应注意处理什么问题？又如何培养详细规划的设计能力？

■ 主要参考书目

[1] 华揽洪. 重建中国——城市规划三十年 [M]. 李颖译. 北京：三联书店，2006.

[2] 曹洪涛. 当代中国的城市建设 [M]. 北京：中国社会科学出版社，1990.

[3] "城乡规划"教材选编小组选编. 城乡规划 [M].2 版. 北京：中国建筑工业出版社，2012.

[4] 吴志强,李德华. 城市规划原理 [M].4 版. 北京：中国建筑工业出版社，2010.

[5] 中国城市规划设计研究院，江苏省城市规划设计研究院. 城市规划资料集第四分册——控制性详细规划 [M]. 北京：中国建筑工业出版社，2002.

[6] 全国城市规划执业制度管理委员会. 城市规划原理（2011 年版）[M]. 北京：中国计划出版社，2011.

[7] 徐巨洲. 中国当代城市规划进入了一个大转折时期 [J]. 城市规划，1999（10）.

[8] 吕俊华, 邵磊.1978—2000 年城市住宅的政策与规划设计思潮 [J]. 建筑学报，2003（9）.

[9] 黄鹭新,谢鹏飞,荆锋,况秀琴. 中国城市规划三十年（1978—2008 年）纵览 [J]. 国际城市规划，2009.

2　控制性详细规划的内容与方法

　　导读：控制性详细规划是依据已经依法批准的城市总体规划或分区规划，考虑相关专项规划的要求，对具体地块的土地利用和建设提出控制指标，作为城乡规划主管部门作出建设项目规划许可的依据，主要表现在对城市建设项目具体的定性、定量、定界的控制和引导。在本章学习中，需要学习了解控制性详细规划的控制指标体系，土地使用、开发强度、建筑建造、绿色生态以及空间景观等到底包括哪些指标？它们在城市规划管理中起什么作用？又如何来控制？在此基础上，需要熟悉掌握控制性详细规划编制技术与方法，地块如何划定？如何确定控制指标？以及如何制定控制图则？最后，对控制性详细规划编制与实施的要求应有基本了解。

2 控制性详细规划的内容与方法

2.1 控制性详细规划概述

2.1.1 控制性详细规划产生背景

控制性详细规划是我国城市规划编制工作在长期的实践过程中，不断总结、不断吸取国内外有益经验和不断适应新形势，使之不断充实和完善的结果，也是城市规划适应我国经济运行机制重大变革的产物，其产生背景有以下几个方面。

1. 城市建设出现的新问题

1) 土地使用制度改革

改国有土地的无期无偿使用为有期有偿使用，使城市土地变无价为有价。这就提出了在城市建设中，必须运用商品经济的价值规律和市场机制来调节城市土地的供需关系。利用土地级差，合理配置土地，优化城市用地结构，充分发挥土地的使用效率。同时,提出了应如何利用城市土地资源为财政提供积累，为城市基础设施建设资金开辟新的财源和筹资途径。

2) 建设方式与投资渠道变化

改自行分散建设为房地产综合开发，改国家包建的单一投资渠道为多家投资的多渠道，促使房地产经营机制转换，其综合开发产品均可作为商品进入市场交换，这不但推动了房地产业的迅速振兴，也使各类开发公司蓬勃发展。同时提出在城市建设中，必须对土地开发实行控制，以引导房地产业按城市规划意图，有序、健康地进行开发与建设。

3) 城市经济、产业、社会等结构调整

从 1990 年代开始,经济全球化,生产服务业快速发展,促使城市经济结构、产业结构和社会结构调整，对城市用地需求的重大变化，要求合理调整城市用地结构与布局。

2. 规划管理工作的新变化

城市建设机制的变化使服务于城市建设的规划管理和规划设计工作的观念、构思与方法等产生许多新变化。

1) 土地使用方式改变

城市土地的无期无偿使用转变为有期有偿使用，土地无收益转变为有收益、零星、分散拨地转变为成片拨地、综合开发及对土地进行出让转让，无计划批地转变为根据供求关系分期分批投放土地。

2) 房地产开发管理方式改变

改批地、审图、支持开发的管理方式为主要采用对土地实行招标议标、中标开发经营的管理方式和对房地产实行支持、引导、制约并用的管理方式，改国家对土地单一投资开发管理，为多渠道多投资的开发管理，要求以城市规划为手段，对土地实行全面、系统、微观、具体的控制和管理。

3. 规划设计工作的新需求

1) 规划具有弹性的需求

城市建设是一个漫长的过程，在此过程中，城市建设的条件与要求，将

随城市经济发展的不同阶段、国家相关政策的不断完善而发展变化。为此，要求指导和服务于城市建设的城市规划，必须具有适度弹性，以满足城市建设可变性、多样性的发展要求，并适应城市建设逐步实施、分期到位，不断充实、完善的滚动性推进的建设特点。

2）要求体现城市设计意图

城市设计是城市规划中不可缺少的重要方面，它贯穿于城市规划编制工作的全过程。为此，应随规划编制工作的不断深化由浅入深，从粗到细，由宏观到微观，从原则到具体，不断将城市设计构想融入城市规划编制的各阶段、各层次之中，才能达到创造各具特色的、丰富的城市景观和提高城市综合环境质量的目的。

在总结实践经验和吸取国外有益经验的基础上，在总体规划、分区规划与实施性规划之间，产生和补充了一个"既能深化、完善总体规划宏观意图，又能进行全面、微观的具体控制；既能满足规划编制要求，又能适应规划管理工作需要；既能硬控，也可变通；既有三个效益的统一，又能对土地开发进行控制"的控制性详细规划编制层次。

2.1.2 控制性详细规划的含义与作用

1. 控制性详细规划的含义

城市控制性详细规划是依据已经依法批准的城市总体规划或分区规划，考虑相关专项规划的要求，对具体地块的土地利用和建设提出控制指标，作为城乡规划主管部门作出建设项目规划许可的依据。

控制性详细规划的控制引导性主要表现在对城市建设项目具体的定性、定量、定界的控制和引导。控制性详细规划的操作灵活性一方面通过将抽象的规划原理和复杂的规划要素进行简化和图解，从中提炼出控制城市土地功能的基本要素，从而实现城市快速发展条件下规划管理的简化操作，提高了规划的可操作性，缩短了开发周期，提高了城市开发建设效率；另一方面，控制性详细规划在确定必须遵循的控制指标和原则外，还留有一定的"弹性"，如某些指标可在一定范围内浮动，同时一些涉及人口、建筑形式、风貌及景观特色等的指标可根据实际情况参照执行，以更好地适应城市发展变化的要求。

2. 控制性详细规划的作用

1）控制性详细规划是连接总体规划与修建性详细规划的、承上启下的关键性编制层次

控制性详细规划是详细规划编制阶段的第一层次，是城市规划编制工作中，将宏观控制转向微观控制的转折性编制层次。因而具有宏观与微观、整体与局部的双重属性，即既有整体控制，又有局部要求；既能继承、深化、落实总体规划意图，又可对城市每片、块建设用地提出指导修建性详细规划编制的准则。因此，它是完善城市规划编制工作，使总体规划与修建性详细规划联为有机整体的、关键性的规划编制层次。

2）控制性详细规划是规划与管理、规划与实施衔接的重要环节，更是规划管理的依据

总体规划、分区规划与传统的详细规划，均难以满足规划管理既要宏观又要微观，既要整体又要局部，既要对规划设计又要对开发建设提出规划管理需

求。控制性详细规划弥补了这一不足:它既能承上启下，又能将规划控制要点，用简练、明确的方式表达出来，利于规划管理条例化、规范化、法制化和规划、管理与开发建设三者的有机衔接。因此,它是规划管理的必要手段和重要依据。

3）控制性详细规划是体现城市设计构想的关键

控制性详细规划编制阶段，可将城市总体规划、分区规划的宏观的城市设计构想，以微观、具体的控制要求进行体现，并直接引导修建性详细规划及环境景观规划等的编制。

4）控制性详细规划是城市政策的载体

控制性详细规划作为管理城市空间资源、土地资源和房地产市场的一种公共政策，在编制和实施过程中，通过表达城市产业结构、城市用地结构、城市人口空间分布、城市环境保护、鼓励开发建设等城市政策方面的信息，能够引导城市社会、经济、环境协调地发展。

2.2 控制性详细规划的控制体系

2.2.1 土地使用

1.用地面积与用地边界

1）用地面积

用地面积即建设用地面积，地块的用地面积确定一般有如下原则:

与用地边界的四至范围有关，包括道路、河流、行政边界、各种规划控制线等;与用地性质有关，应结合实际使用情况，不应盲目划定，避免浪费;与城市开发模式有关，采用小规模渐进式开发时，地块用地面积往往较小;大规模整体式开发时，地块用地面积通常较大。与城市区位有关，城市中心区地块往往划分的面积相对郊区用地面积较小。

2）用地边界

用地边界是规划用地与其他规划用地之间的分界线，地块的用地边界划分一般有如下原则:根据用地部门、单位划分地块;以单一性质划定地块，即一般一个地块只有一种使用性质;结合自然边界、行政界线划分地块;地块大小应和土地开发的性质、规模相协调，以利于统一开发;对于文物古迹风貌保护建筑及现状质量较好、规划给予保留的地段，可单独划块;规划地块划分应尊重地块现有的土地使用权和产权边界。

2.土地使用性质控制

用地性质是对城市规划区内的各类用地所规定的使用用途，具体的确定原则如下:根据城市总体规划、分区规划等上位规划的用地功能定位，确定具体地块的用地性质;当上位规划中确定的地块较大，需要进一步细分用地性质时，应当首先依据主要用地性质的需要，合理配置和调整局部地块的用地性质;相邻地块的用地性质不应当冲突，消除用地的外部不经济性，提高土地的经济效益（图2-1）。

3.土地使用兼容性

1）土地使用兼容性的概念

土地使用兼容性有两层含义:一是指不同土地使用性质在同一土地中共处

图 2-1　南京市铁路南站土地利用规划图

（资料来源：东南大学城市规划设计研究院.南京市铁路南站地区控制性详细规划 [Z]，2009）

的可能性；二是指同一土地使用性质的多种选择与置换的可能性，即建设的可能性和选择的多样性。

2）土地使用兼容性的意义

面对多样化的土地开发模式，多元化的开发主体，为规范土地开发，应对城市发展的变化和市场的不确定性，需要设置用地性质兼容性，为城市土地开发预留空间和弹性，适应市场经济的需求。

面对使用性质不适合混合布置的用地（如工业用地和居住用地相邻会带来污染和噪声，大型的市政设施和其他用地混合布置时会有辐射或者布线的问题），需要设置用地性质兼容性限制要求，以应对城市用地负外部性。

3）土地使用兼容的原则

与总体规划用地布局一致；与用地的开发强度相符合；与公共设施和市政设施的负荷能力相适应；满足城市空间形态和景观的要求；促进相关功能建筑的集中布置；消除或降低外部不经济性，提高土地经济效益；减少环境干扰；确保非营利性设施、市政设施用地不被占用；保持土地使用的有限灵活性，允许部分建筑、设施混合布置；设置土地使用兼容性时应注意，其宽容度和灵活性应该以提高应变能力、同时又不和总体规划相违背为准则。就具体兼容性而言，各地应从实际情况出发，具体对待，不强求一致。

2.2.2 开发强度

1. 容积率

1) 容积率的概念

容积率又称建筑面积密度，是衡量土地使用强度的一项指标，是地块内所有建筑物的总建筑面积之和与地块面积的比值。

2) 容积率的确定

合理容积率的确定，要考虑以下因素：

地块的使用性质。不同性质的用地，有不同的使用要求和特点，从建筑单体到群体组合、从空间环境到整体风貌，均呈现出差异，因而开发强度亦不相同，如商业、旅店和办公楼等的容积率一般应高于住宅、学校、医院和剧院等。

地块的区位。由于各建设用地所处区位不同，其交通条件、基础设施条件、环境条件出现差距，从而产生土地级差。如中心区、旧城区、商业区和沿街地块的地价与居住区、工业区的地价相差很大，对建设用地的使用性质、地块划分大小、容积率高低、投入产出的实际效益等产生直接影响。这就决定地块的土地使用强度，应根据其区位和级差地租区别确定。

地块的基础设施条件。一般来说，较高的容积率需要较好的基础设施条件和自然条件作为支撑。

人口容量。人口容量和容积率是紧密相关的，人口容量高会造成环境拥挤、交通混乱、容量失控等问题，需要以城市交通与基础设施容量指标来控制地块的开发建设强度，既要避免过度开发，也要防止利用不充分。一般来说，较高的容积率能容纳更多的人口，则需要较好的基础设施条件和自然条件，如香港的太古广场高密度开发就配以高强度的基础设施容量。其他的例子有东京的涩谷、上海的国际金融中心地区、英国的道克兰地区等。

地块的空间环境条件。与周边空间环境上的制约关系，如建筑物高度、建筑间距、建筑形体、绿化控制和联系通道等。

地块的土地出让价格条件。一般情况下，容积率与出让价格成正比，关键在于获得使社会、经济、生态环境协调持续发展的最佳容积率。

城市设计要求。将规划对城市整体面貌、重点地段、文物古迹和视线走廊等的宏观城市设计构想，通过其具体的控制原则、控制指标与控制要求等来体现，应该落实到控制性详细规划的多种控制性要求和土地使用强度指标上。

建造方式和形体规划设计。不同建造方式和形体规划设计能得出多种开发强度的方案，如低层低密度、低层高密度、多层行列式、多层围合式、自由式、高层低密度和高层高密度，这些均对容积率的确定产生重大影响。

2. 建筑密度

1) 建筑密度的概念

建筑密度是指规划地块内各类建筑基底面积占该块用地面积的比例，城市的建筑应保持适当的密度，它能确保城市的每一个部分都能在一定条件下得到最多的日照、空气和防火安全，以及最佳的土地利用强度。建筑过密造成街廓消失、空间紧缺，有的甚至损害历史保护建筑。

2）建筑密度的影响因素

建筑层数。在居住区规划中，通常在多层住宅为主的居住区里，住宅层数低，则建筑密度相应增大。

地理纬度和建筑气候区。例如，北方居住区的建筑密度要小于南方居住区的建筑密度。

居住区环境和建造形式。别墅区的建筑密度要小于普通居住区的建筑密度，以高层住宅为主的居住建筑密度则低于多层居住区的建筑密度。

地块面积及使用性质。城市中心以商业开发为主的独立小地块的建筑密度往往要高于郊区同样性质用地的建筑密度。

周边环境。当用地周边为河流和较宽的道路环绕，建筑不需要退让过多的日照间距时，也可以适当提高用地的建筑密度。

3．人口密度

1）人口密度的概念

居住人口密度指单位建设用地上容纳的居住人口数。

2）人口密度的确定

应根据总体规划或者城市分区规划，合理确定人口容量，再进一步确定具体地块的人口密度。

2.2.3 建筑建造

1．建筑限高

1）建筑限高的概念

建筑高度一般指建筑物室外地面到其檐口（平屋顶）或屋面面层（坡屋顶）的高度。

2）影响建筑高度的因素

经济因素。开发商在一个具体地块上建造建筑，其成本由地价和建筑造价两部分组成。在一定的层数范围内，建筑建造的单位成本基本不变，开发商开发的建筑层数越高，面积就越大，单位面积上的土地成本就越少。在楼市价格基本确定的情况下，开发商在单位土地面积上开发的建筑面积越多越有利可图。因此，在利益驱动下，开发商希望楼盖得越高越好。但超过一定层数之后，建筑物的基础和结构都需要发生大的改变，建筑成本会大大增加，此时建造成本成为开发成本的决定因素。因此，不能简单地说建筑层数越高单位土地面积成本越低。

社会环境因素。新老建筑交汇，高低错落，形成每个城市特有的天际线，若是千篇一律的高楼或平屋，城市也就失去了活力，对于建筑的高度，需要从城市整体风貌的和谐统一入手，考虑不同地段的不同要求，考虑和周边建筑特别是历史文化建筑的协调关系，营造丰富的城市天际轮廓线。

基础设施条件限制。如机场周边建筑，由于飞机起飞降落的安全需要，有专门的净空限制要求，其高度限制范围半径可达 20km 以上（图 2-2）。

3）建筑物高度的确定原则

符合建筑日照、卫生、消防和防震抗灾等要求；符合用地的使用性质和建（构）筑物的用途要求；考虑用地的地质基础限制和当地的建筑技术水平；符

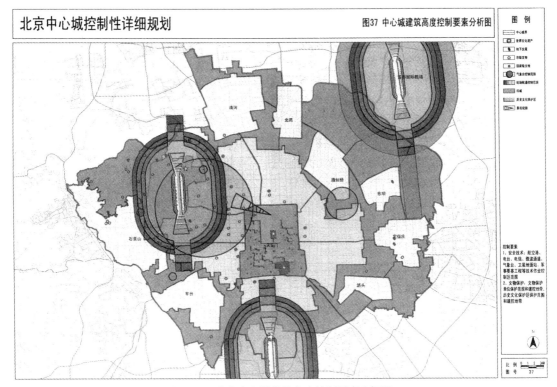

图 2-2 北京中心城建筑高度控制要素分析图
（资料来源：北京城市规划设计研究院.北京中心城控制性详细规划 [Z]，2006）

合城市整体景观和街道景观的要求；符合文物保护建筑、文物保护单位和历史文化保护区周围建筑高度的控制要求；符合机场净空、高压线及无线通信通道（含微波通道）等建筑高度控制要求；考虑在坡度较大地区，不同坡向对建筑高度的影响。

2. 建筑后退

1）建筑后退的概念

建筑后退是指建筑物相对于规划地块边界和各种规划控制线的后退距离，主要包括退线距离和退界距离两种。退线距离是指建筑物后退各种规划控制线（包括：规划道路、绿化隔离带、铁路隔离带、河湖隔离带、高压走廊隔离带）的距离；退界距离是指建筑物后退相邻单位建设用地边界线的距离。

2）保证建筑后退距离的意义

避免城市建设过程中产生混乱。如果两块相邻地块的建筑均紧邻用地红线建造，建筑物之间的日照采光和通风要求将不能保证，必然造成城市建设的混乱，因此建筑物的建造必须后退用地红线一定距离。

保证必要的安全距离。沿城市道路、公路、河道、铁路、轨道交通两侧以及电力线路保护区范围内的建筑物，应保证必要的建筑退让，以满足消防、环保、防汛和交通安全等方面的要求。

保证良好的城市景现。在城市公共绿地、公共水面等景观值较高的地区，

周边地块大多为高层建筑的情况下,会对公共景观产生较大的负面影响。因此,不仅规定其建筑基底轮廓的退让,还要规定在不同高度范围内建筑必须后退的距离,从而最大限度地保证城市景观的开敞。

　　3)建筑后退距离的确定

　　退界距离的确定。建筑退界距离是指建筑沿用地边界建造时,建筑物后退相邻单位建设用地边界线的距离,主要考虑的因素包括防火间距、消防通道、开发权益平衡、日照、通风、视觉干扰等。

　　建筑退界距离涉及用地的性质、建筑的高度、建筑的布局形式、防火要求、道路交通、市政设施敷设要求,用地权属等多种因素,很难以一个统一标准界定建筑的退界距离。在实际的规划编制和管理中,规划编制单位和规划行政管理部门应当根据不同地块的具体情况,确定合理的建筑退界距离。

　　3.建筑间距

　　建筑间距是指两栋建筑物或构筑物外墙之间的水平距离。建筑间距的控制是使建筑物之间保持必要的距离,以满足防火、防震、日照、通风、采光、视线干扰、防噪、绿化、卫生、管线敷设、建筑间距、布局形式以及节约用地等方面的基本要求。

　　相关间距的概念有:

　　日照间距:指前后两排房屋之间,为保证后排房屋在规定的时日获得所需日照量而保持的一定间隔距离。

　　侧向间距:即山墙间距,是指建筑山墙之间为满足道路、消防通道、市政管线敷设、采光、通风等要求而留出的建筑间距。建筑间距具有多种综合功能,根据间距的主体功能可以分为消防间距、通风间距、生活私密性间距、城市防灾疏散间距等。

　　消防间距:即防火间距,是指相邻两栋建筑物之间,保持适应火灾扑救、人员安全疏散和降低火灾时热辐射的必要间距。

　　生活私密性间距:为避免出现对居室的视线干扰情况所需保持的最小距离,一般最小为18m。

　　4.地下公共空间

　　地下空间的开发内容主要包括商业、文化、娱乐等公共活动功能设施和人防设施、地下交通、停车设施、市政公用设施等配套设施。

　　地下空间公共活动结合地铁站点、高铁站点和公共服务中心建设;地下交通系统主要分为地下轨道系统、地下步行系统、地下车行系统,轨道是地下空间开发的先导,应充分考虑轨道站点与其他地下空间的联系通道,方便乘客进入地下步行系统;地下车行系统主要是地下停车场,为有效地提高停车空间的使用效率,减少停车出入口对地面交通的影响,应对地下停车空间及其车行流线进行系统设计,建立停车诱导系统,促成各单位地下停车场库公共化,真正有效缓解地面交通压力;地下市政设施系统包括地下市政设施布局以及地下管线的统一布线,与其他地下空间互不干扰,有条件时应推进地下管线共同沟的建设;地下防灾系统指在满足相关规范的基础上形成一个相互贯通的地下防护体系;同时还要加强内部灾害的防御系统,包括防火、防烟分区、疏散出口、

图2-3　南京市铁路南站核心区地下空间规划图
（资料来源：东南大学城市规划设计研究院.南京市铁路南站地区控制性详细规划 [Z]，2009）

疏散通道、消防设施布置、临时避难区等，增强内部灾害发生的防御能力。每
个地块地下空间应同周边地块地下空间连成整体，每幢建筑在设计地下室时，
均应预留与系统连接的通道口（图2-3）。

2.2.4　绿色生态

1. 绿地率

1）绿地率的定义

绿地率指规划地块内各类绿化用地总和占该地块用地面积的比例。

2）绿地率的计算

对于宅旁（宅间）绿地，绿地边界对宅间路、组团路和小区路算到路边，
当道路设有人行道时算到人行道边，沿小区主道、城市道路则算到红线；距房
屋墙脚1.5m；对其他围墙、院墙算到墙脚；对于道路绿地，以道路红线内规
划的绿地面积为准进行计算；对于院落式组团绿地，绿地边界距宅间路、组团
路和小区路路边1m；当小区路有人行道时，算到人行道边。

2. 绿色建筑规划控制

1）绿色建筑规划控制的作用

为实现低碳生态的发展要求，控规中引入绿色建筑规划控制，旨在满足建
筑功能的前提下最大限度地节约资源，保护环境和减少污染，协调好建筑与场
地、建筑与环境的平衡关系。

2）绿色建筑场地规划控制要求

从科学、合理的生态原则出发，利用复层绿化植被、水体等降低场地的热岛效应，改善室外微气候；场地竖向设计注重与城市道路的衔接，场地标高顺应雨水径流走向，避免造成场地内雨水倒灌，带来洪涝灾害；水景宜结合场地雨水的调蓄功能合理确定规模，设计成生态水景，从驳岸、自然水底、水生植物、水生动物等角度综合考虑；保持场地绿化的连续性，利用水平向连贯的绿化生态走廊和乔木、灌木、藤本、地被复层绿化，使场地景观形成一个有机的绿化体系；场地及道路铺装材料宜选择透水性铺装材料及透水铺装构造，如多孔的嵌草砖、碎石地面、透水砖、透水性混凝土路面等。透水地面的设置有利于场地中的雨水迅速渗入地下，从而减少地面雨水的净流量，减小市政管网在降雨时的压力过大，增加透水地面率。

3. 屋顶绿化控制

1）屋顶绿化的类型

屋顶绿化通常有三种类型：花园式屋顶绿化、组合式屋顶绿化和草坪式屋顶绿化。花园式屋顶绿化，是在建筑屋面种植小乔木、灌木、地被、草坪等植物并进行造景，适当配置亭、廊、水池等小品设施供人们休憩娱乐的屋顶绿化形式；组合式屋顶绿化，是在屋顶承重墙、梁、柱或钢筋加密等部位布置花坛、绿带、小型景点，大部分区域以草坪为主，局部配置小乔木和小灌木，辅以简单的休闲设施供人活动的屋顶绿化形式；草坪式屋顶绿化，是种植低矮地被和草坪，布置简单的维修和养护通道，以隔热保温、改善局部生态环境为目的的屋顶绿化形式。

2）屋顶绿化的控制要求

应遵循"防、排、蓄、植并重，安全、环保、节能、经济、因地制宜"的原则；屋面防水应设计两道或两道以上防水层，最上一层必须采用耐穿刺防水材料；草坪式屋顶绿化面积宜占屋顶总面积的80%以上；组合式屋顶绿化和花园式屋顶绿化面积宜占屋顶总面积的60%以上；设置独立出入口和安全通道，满足消防安全要求。

2.2.5 空间景观

1. 界面

1）街道界面

对街道的功能、交通、文化等特点进行综合研究，注重强调街道空间环境秩序的连续性，对沿街的建筑尺度、风格、色彩，特别是建筑沿街面的布局作出引导性规定，保证有良好的街道空间尺度、街道特色和沿街界面韵律。贯彻步行优先原则，确定步行道、绿带隔离岛、人行过街通道、无障碍通道等的位置关系。重视沿街绿化植物的品种、成熟高度和季相等与沿街建（构）筑物的搭配，提出街道小品和沿街广告的设计要求。

2）滨水界面

应充分研究水体与岸线、滨水建筑、道路、绿化的相互关系，考虑人的行为活动方式，提出城市滨水界面的规划设计要点。保护岸线的自然形态和生态特征，控制滨水建筑的体量、高度和天际轮廓线，保证滨水区空间的开敞、通透以及良好的景观视廊，形成城市滨水界面的特征性景观节点。航道两岸应控制足够宽的防护林带，满足安全、卫生、景观等要求；城市中心区、居住区内的滨水界面，应突出水体沿岸用地的开放性、公共性和可达性，提出亲水的具体控制措施，如植物配置、公共活动场所和设施的安排等；风景旅游区内的滨水界面，应严格控制沿岸用地的建设开发强度，适当控制机动车道路的建设，并留有足够的步行亲水岸线，保持自然生态特征。

2. 开敞空间

开敞空间是改善城市环境、营造城市特色的重点地区。

1）广场

广场分类。根据广场的主要功能、用途及在城市交通系统中所处的位置，确定广场的性质，可分为市政广场、纪念性广场、市民广场（包括文化广场、游憩广场等）、交通广场、商业广场等。

广场选址。广场选址以满足人们的生活需求为主，同时满足开放性、易达性、大众性的要求，均衡分布，形成体系。

广场用地规模与布局。根据广场的不同功能和区位，确定相应的用地规模、空间尺度和布局形式。广场的用地规模还应考虑确定的附属设施用地要求，如停车场、绿化种植、公用设施等，并能保证人们在广场上对周边主要景观有良好的视线、视距。

广场的经济性。广场的规划设计应充分体现其经济价值，应综合考虑广场的选址、功能、周边用地和建设时序等因素。

其他控制要求。综合解决广场内外部的交通衔接，确定广场的主次出入口位置，合理安排广场活动所需的各类停车设施，鼓励设置地下停车场（库）。对广场设施配套提出控制要求，对广场及其周边商业服务设施作出合理安排，完善市政公用设施，并对无障碍设施提出控制要求。

2）绿地

对公园绿地、防护绿地、单位附属绿地等分别提出相应的控制要求。

公园绿地的分布宜均衡，综合考虑服务半径以及与城市公共服务设施、公共交通站点等设施的结合，社会停车场可结合绿地的地下空间建设；城市沿交通干道、沿河两侧应构建防护绿带，强化其公益性，同时起到城市生态廊道的作用；植物配置注重生态功能与观赏性相结合，对硬质铺地的覆盖比例应提出控制要求。

3. 城市天际轮廓线

1）建筑高度控制

建筑高度除必须满足日照、通风、安全等要求外，还应根据建筑物所在地段的实际情况考虑下述要素：保护城市传统空间格局和具有特色的街道建筑轮廓线；保护并形成城市景观视廊和通风走廊；设置城市标志性建筑，创造丰富有致的城市整体空间形象；满足航空及无线电微波通信等特殊要求。

2）高层建筑布局与形态控制

研究影响高层建筑布局的主要相关因子，包括城市景观风貌、土地价格、交通影响、人口密度、建设潜力等，确定高层建筑的空间布局。高层建筑应适当集中布局，以利于合理配套基础设施和营造城市整体空间秩序。

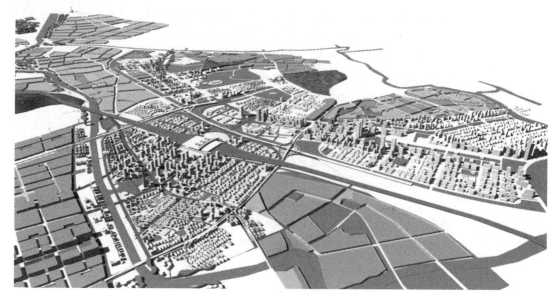

图 2-4 南京市铁路南站城市设计引导图
（资料来源：东南大学城市规划设计研究院.南京市铁路南站地区控制性详细规划 [Z]，2009）

图 2-5 中国软件谷东片公共服务设施规划图
（资料来源：东南大学城市规划设计研究院.中国软件谷东
片控制性详细规划 [Z]，2013）

规定标志性高层建筑的高宽比要求，特殊情况下对高层建筑的屋顶形式等影响城市天际轮廓线的因素提出城市设计引导（图 2-4）。

2.2.6 配套设施

1. 公共设施配套控制

公共设施配套一般包括文化、教育、体育、公共卫生等公用设施和商业、服务业等生活服务设施，主要有两大分类：

（1）城市总体层面上的公共服务设施的落实，主要指市级的行政办公、大型医疗保健、音乐、餐饮、会展等设施。

（2）社区公共服务设施的配套，如居住区内的公共服务设施、工业区内的公共服务设施、仓储用地上的公共服务设施等（图 2-5）。

2. 公用设施配套控制

控制性详细规划的市政设施控制分为公用设施用地控制和管线控制。

1）公用设施用地控制

既要划定工程设施的用地界限，还需引导性规定各项公用工程在地面上的构筑物的位置、体量和数量。如环卫设施（垃圾转运站、公共厕所、污水泵站）、电力设施（变电站、配电所、变配电箱）、电信设施（电话局、邮政局）、燃气设施（煤气调气站）、供热设施（供热调压装置）等，便于各街坊及道路两侧统一规划设计。

2）管线控制

控制性详细规划应和城市工程管线规划同步，确定工程管线的走向、管径、管底标高、沟径、管井、检查井、地下、地面构筑物等，明确各条管线所占空间位置及相互的空间关系，减少建设中的矛盾，使之安全、顺畅运行。

2.2.7 六线控制

"六线"即道路红线、绿地绿线、河道保护蓝线、文物保护紫线、高压走廊黑线和轨道交通橙线。

1. 红线

红线是指规划中用于界定城市道路、广场用地和对外交通用地的控制线。红线导控的核心是控制道路用地范围、限定各类道路沿线建（构）筑物的建设条件，城市道路分为高快速路、主干道、次干道和支路等四类（图2-6）。

2. 绿线

绿线是指城市各类绿地范围的控制线，绿线控制包括城市公共绿地、防护绿地。控制性详细规划应当提出不同类型绿化用地的界线、规定绿化率控制指标和绿化用地界线的具体坐标（图2-7）。

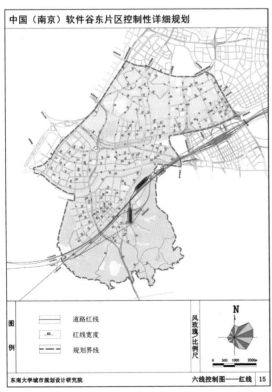

图2-6 中国软件谷东片红线规划图

（资料来源：东南大学城市规划设计研究院.中国软件谷东片控制性详细规划[Z]，2013）

图2-7 中国软件谷东片绿线规划图

（资料来源：东南大学城市规划设计研究院.中国软件谷东片控制性详细规划[Z]，2013）

图 2-8　中国软件谷东片蓝线规划图
（资料来源：东南大学城市规划设计研究院．中国软件
谷东片控制性详细规划 [Z]，2013)

图 2-9　中国软件谷东片紫线规划图
（资料来源：东南大学城市规划设计研究院．中国软件
谷东片控制性详细规划 [Z]，2013)

3. 蓝线

蓝线是指城市规划确定的江、河、湖、库、渠和湿地等城市地表水体保护和控制的地域界线。控制性详细规划阶段应当依据城市总体规划划定的城市蓝线，规定城市蓝线范围内的保护要求和控制指标，并附有明确的城市蓝线坐标和相应的界址地形图（图 2-8)。

4. 紫线

紫线是指国家历史文化名城内的历史文化街区和省、自治区、直辖市人民政府公布的历史文化街区的保护范围界线，以及历史文化街区外经县级以上人民政府公布保护的历史建筑的保护范围界线。划定保护历史文化街区和历史建筑的紫线应当遵循下列原则：历史文化街区的保护范围应当包括历史建筑物、构筑物和其风貌环境所组成的核心地段，以及为确保该地段的风貌、特色完整性而必须进行建设控制的地区；历史建筑的保护范围应当包括历史建筑本身和必要的风貌协调区；控制范围清晰，附有明确的地理坐标及相应的界址地形图（图 2-9)。

5. 黄线

黄线是指对城市发展全局有影响的、城市规划中确定的、必须控制的城市基础设施用地的控制界线。城市基础设施包括：城市公共汽车首末站、出租汽车停车场、大型公共停车场；城市轨道交通线、站、场、车辆段、保养维修基地；

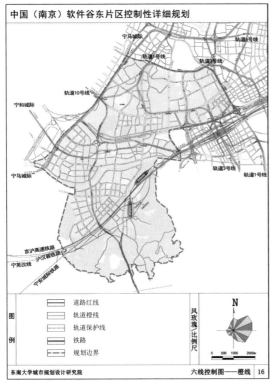

图 2-10 中国软件谷东片橙线规划图

（资料来源：东南大学城市规划设计研究院. 中国软件谷东片控制性详细规划 [Z]，2013）

城市水运码头；机场；城市交通综合换乘枢纽；城市交通广场等城市公共交通设施；取水工程设施（取水点、取水构筑物及一级泵站）和水处理工程设施等城市供水设施；排水设施；污水处理设施；垃圾转运站、垃圾码头、垃圾堆肥厂、垃圾焚烧厂、卫生填埋场（厂）；环境卫生车辆停车场和修造厂；环境质量监测站等城市环境卫生设施；城市气源和燃气储配站等城市供燃气设施；城市热源、区域性热力站、热力线走廊等城市供热设施；城市发电厂、区域变电所（站）、市区变电所（站）、高压线走廊等城市供电设施；邮政局、邮政通信枢纽、邮政支局；电信局、电信支局；卫星接收站、微波站；广播电台、电视台等城市通信设施；消防指挥调度中心、消防站等城市消防设施；防洪堤墙、排洪沟与截洪沟、防洪闸等城市防洪设施；避震疏散场地、气象预警中心等城市抗震防灾设施。控制性详细规划应当依据城市总体规划，落实城市总体规划确定的城市基础设施的用地位置和面积，划定城市基础设施用地界线，规定城市黄线范围内的控制指标和要求，并明确城市黄线的地理坐标。

6. 橙线

轨道交通橙线是指轨道交通用地的中心线及其设施用地的保护线。轨道控制保护区范围一般为地下车站和隧道结构外边线外侧 50m 内；地面车站和地面线路、高架车站和高架线路结构外边线外侧 30m 内；出入口、通风亭、冷却塔、主变电所、残疾人直升电梯等建构物、构筑物外边线和车辆基地用地范围外侧 10m 内。轨道交通特别保护区范围一般为地下车站和隧道结构外边线外侧 5m 内；地面车站和地面线路、高架车站和高架线路结构外边线外侧 3m 内；出入口、通风亭、冷却塔、主变电所、残疾人直升电梯等建构物、构筑物外边线和车辆基地用地范围外侧 5m 内；轨道交通过江、过河隧道结构外边线外侧 50m 内（图 2-10）。

2.3 控制性详细规划的控制内容

2.3.1 用地策划

1. 目的

用地策划是通过对用地的开发建设策略和利用方式进行深入研究，使得制定的规划控制要素更加科学合理、切实可行，综合效益或指定效益达到最优。

2. 用地策划的基本要素

1）开发潜力

通过对地块周边自然条件、区位条件（产业、功能）、交通条件、文化背

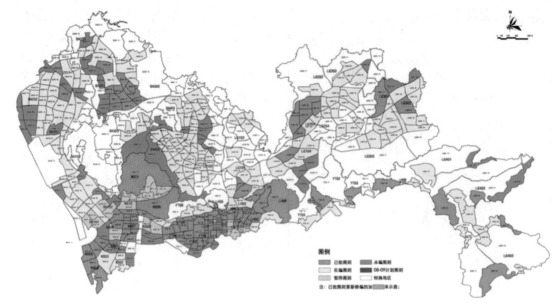

图 2-11　深圳市法定图则标准分区图

(资料来源：深圳市城市规划设计研究院.深圳市控制性详细规划 [Z]，1999)

景等发展条件的研究，比较该地块在不同使用条件下可能发挥的潜力和作用。

2）用地布局

充分利用该地块的区位优势和设施配套条件，以提高地段活力和环境质量为目标，综合考虑经济、功能、景观、设施配套等多种因素，有利于配套设施利用、城市景观组织和地块价值的体现，对各类功能用地进行合理布局。

3）开发强度

通过成本－收益分析，估算合理的容积率指标，确定开发强度应兼顾地块的环境效益和经济效益。

4）实施时序

综合考虑开发时序和配套时序对地价的影响作用，对城市功能和空间发展的意义，以及旧区改造的迫切性和投资的可行性等，确定规划实施时序。

5）设施配套

根据相关规划要求，按照该地块发展目标，综合考虑地价、环境质量影响等要素，明确相应的公共设施、市政公用设施和公益性设施的配置标准和用地布局，保障其必需的用地，合理确定规划控制指标。

2.3.2　地块划分

1.地块划分目的

地块划分应满足规划管理和分期、分块建设的要求（图 2-11）。

2.地块划分依据

土地使用调整原则、规划建设控制引导的总体要求。

地块的土地使用权属边界，以及基层行政管辖界线；近期内已落实招标拍卖的地块应单独划块；规划予以保留的机关团体、部队院校及用地相对完整独立的企业事业单位宜单独划块。

用地性质应单纯，以城市用地分类小类为主、中类为辅；独立设置的公益性设施以及市政公用设施宜划分至最小类别。

满足城市"六线"规划（注：城市"六线"指红线、绿线、蓝线、紫线、黄线、橙线）等上层次规划要求。城市绿地、文物保护单位和重要基础设施用地按专项规划要求单独划块。

地块划分规模应与区位和用地类型相适宜，并有利于分期实施（表2-1）。

各类地块划分面积推荐表　　　　　　　　　　　　　表2-1

用地类别	地块面积（hm²）		地块最小面积（hm²）	备注
	新区	旧城区		
居住用地	10.0~30.0	3.0~20.0	2.0	—
商业用地	1.0~2.0	0.5~1.5	0.5	特殊控制时地块可划分至0.5hm²
工业用地	>2.0	—	1.0	最小控制面积以产业门类生产需要为依据；小于1hm²的或能进入标准厂房的工业企业不应单独供地；旧城区原则上不增加工业用地
绿地	—	—	0.04	公园面积参照专项规划确定，居住区绿地不小于城市居住区规划设计规范中关于绿地设置的要求
其他用地	—	—	—	依据规划要求及专业要求确定

2.3.3　指标体系确定

1. 形体布局模拟

这种方法是目前采用较多的方法。通过试做形体布局的规划设计，研究出空间布局及容量上大体合适的方案，然后加入社会、经济等因素的评价，反算成明确的控制指标。此种方法其优点是形象性、直观性强，对研究环境空间结构布局有利，便于掌握，但缺陷在于工作量大并有较大的局限性和主观性。

2. 经验归纳统计

将已规划的和已付诸实施的各种规划布局形式的技术经济指标进行统计分析，总结得出经验指标数据，并将它推广运用。这种方法的优点是较为准确、可靠，缺点是这些得出的经验指标只可运用到与原有总结情况相类似的地方，如有新的情况出现则难以准确把握。另外，经验指标的科学性和合理性往往依赖于统计数据的普遍性和真实性。

3. 调查分析对比法

这种方法是通过对现状情况作深入、广泛的调查，以了解现状中一些指标的情况和这些指标在不同区位的差别，得出一些可供参考的指标数据，然后与规划目标进行对比，依据现有的规划条件和城市发展水平，定出较合理的控制指标，如上海确定区划容量控制指标，是通过调查了解现状建筑类型的容量特征，及其在城市中不同区位的容量差别，确定出容量控制指标。这种方法较为现实可靠，得出的指标也较为科学合理，但它需要作大量、广泛的调查；另外，它只是参照现状指标数据，难以考虑到其他的影响因素，因而也难免存在一定的局限性。

不管采取哪种确定控制指标数值的方法，最关键的仍是作认真的基础研

图 2-12　上海市中心城开发强度分区图
（资料来源：上海市城市规划设计研究院.上海市控制性详细规划 [Z]，2001）

究。另外，也不应只采用一种方法，可采取多种方法的综合（图 2-12）。

2.3.4　规划单元图则与地块图则

单元图则划定为便于规划管理，对每个图则单元规定了用地面积、主导属性、配套设施、红线、绿线、蓝线及黑线等控制的强制性内容，同时结合相关政策要求，增加了城市设计方面的控制与引导（图 2-13）。地块控制指标体系分为规定性控制指标和指导性控制指标两大类。规定性指标包括：容积率、建筑密度、绿地率、交通出入口方位、停车泊位以及特定的配套设施等。使用强度控制指标主要有容积率、建筑密度和绿地率。用地地块容积率、建筑密度不得高于分图则中的规定值、绿地率不得低于分图则中的规定值。地块指标的确定综合考虑了生态景观、用地集约性、市场运作、城市设计等各种因素，力求合理可行，便于操作，为地区建设和发展留有弹性（图 2-14）。

2.3.5　技术深度

不同类型用地以及不同区域位置的控规在控制的指标体系上有所不同，在研究的技术深度上应该具体问题具体分析，根据地方特色和特殊区位环境因素作出特殊控制。

1. 新发展地区

新发展地区的指标控制体系既要有刚性要求，也应具有灵活性和包容性，以适应市场变化。其主要控制指标跟常规指标相近，不同点在于建筑形态和城市设计的规定性指标应增加空间界面这一控制要素，使控规和城市设计有效结

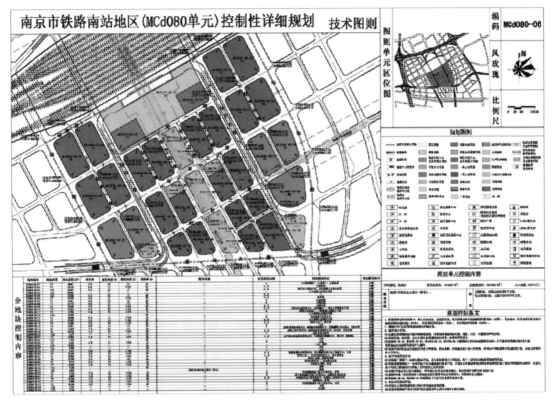

图 2-13　南京市铁路南站技术图则

（资料来源：东南大学城市规划设计研究院.南京市铁路南站地区控制性详细规划 [Z]，2009）

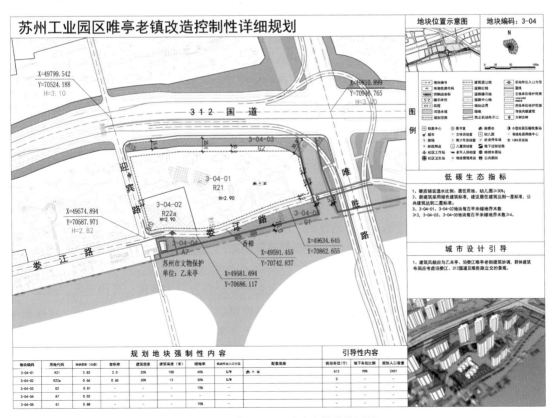

图 2-14　苏州工业园唯亭老镇地块图则

（资料来源：东南大学城市规划设计研究院.苏州工业园唯亭老镇改造控制性详细规划 [Z]，2012）

合，严格控制重要城市空间，如中心广场等，更能真实反映规划控制意图。

2．基本建成区

对于依法建设的基本建成区，其控制指标与《城市规划编制办法实施细则》中规定的类似，但因为基本建成区是现状已有的，在建筑形态和城市设计的规定性指标中要增加建筑层数和建筑体量的控制，以防止现状合法的控制指标遭到突破，如容积率、建筑密度、总建筑面积等。

3．旧城更新区

为了应对旧城区在城市建设过程中出现的"特色街巷空间遭到破坏，城市特色消失，历史文脉断裂"等问题，在控制性详细规划中，旧城更新的主要控制指标体系应增加对建筑形态和城市设计的控制，包括建筑层数、建筑体量和重要空间界面等规定性指标，以保护原有风貌和空间特色，不破坏社区结构和邻里关系，延续旧城区文化底蕴。

4．城中村改造区

对于成熟的城中村，由于规模庞大，难以推倒重建，应基本维持建设现状，控制近期建设开发量和人口规模，编制远期合理规划，待条件成熟再作统一全面改造。在过程中应严格控制现有建筑高度和层数，一般不考虑新建民宅，并严格控制建筑间距以及对城市形象有重大影响的地段，并增加重要空间界面指标控制，保持城市景观的整体性和延续性。

5．历史文化保护区

在充分调查现状建筑年代、建筑风貌、建筑质量和建筑环境等因素的基础上，对历史街区的每一栋建筑进行定性与定位，提出保护与更新措施，建立合适的指标控制体系。为保护街区内的传统肌理和传统街巷空间尺度及连续性，在环境容量与土地使用强度内容中应增加街巷尺度和街区环境等规定性指标。在建筑形态和城市设计内容中建议增加建筑层数、建筑风格、建筑形式、建筑体量、建筑色彩和重要空间界面等规定性指标。

6．风景名胜区

风景名胜区的建设行为一般是政府的投资行为，在允许建设区，在保护风景名胜、自然资源的基础上，控规编制应该将下列因子作为控制性指标：用地性质以及容积率，建筑密度，建筑高度的上限指标，绿化率的下限指标，同时建筑风格也应是强制性的，以保证新的建（构）筑物能有地方特色或能与周边环境和谐统一。此外，生态型建筑的推广也应该作为此类控规的引导性要求。

7．工业、仓储类用地

这类用地控规的核心问题是如何鼓励提高开发强度，节约土地。因此，在控规编制时，应规定容积率，建筑密度的下限，不得低于某一数值，对绿地率则应规定上限指标，如规定不得大于20%，以尽可能避免工厂的"圈地运动"，而其他指标，如建筑高度等一般情况下均可作为指导性指标。

2.4 控制性详细规划的编制与实施

2.4.1 编制内容

控制性详细规划应当包括下列内容：

（1）确定规划范围内不同性质用地的界线，确定各类用地内适建、不适建或者有条件地允许建设的建筑类型。

（2）确定各地块建筑高度、建筑密度、容积率、绿地率等控制指标；确定公共设施配套要求、交通出入口方位、停车泊位、建筑后退红线距离等要求。

（3）提出各地块的建筑体量、体形、色彩等城市设计指导原则。

（4）根据交通需求分析，确定地块出入口位置、停车泊位、公共交通场站用地范围和站点位置、步行交通以及其他交通设施。规定各级道路的红线、断面、交叉口形式及渠化措施、控制点坐标和标高。

（5）根据规划建设容量，确定市政工程管线位置、管径和工程设施的用地界线，进行管线综合。确定地下空间开发利用具体要求。

（6）制定相应的土地使用与建筑管理规定。

控制性详细规划确定的各地块的主要用途、建筑密度、建筑高度、容积率、绿地率、基础设施和公共服务设施配套规定应当作为强制性内容。

2.4.2　编制程序

1. 编制任务书

1）任务书的提出

为进一步贯彻城市总体规划和分区规划的要求，满足城市近、中期建设发展和规划实施管理的需要，要求编制控制性详细规划。在程序上，首先必须由控制性详细规划组织编制主体（包括城市人民政府城乡规划主管部门、县人民政府城乡规划主管部门及镇人民政府）制定控制性详细规划编制任务书。

2）任务书的编制

控制性详细规划的编制任务书，通常由城市人民政府的规划行政主管部门负责组织技术力量，通过起草、审核、审批等程序，制定规划项目任务书，一般包括以下内容：受编制方的技术力量要求，资格审查要求；规划项目相关背景情况，项目的规划依据、规划意图要求、规划时限要求；评审方式及参与规划设计项目单位所获设计费用等事项。

2. 编制工作阶段划分

控制性详细规划的编制工作按常规委托项目来看，一般分为五个阶段：项目准备阶段；现场踏勘与资料收集阶段；方案设计阶段；成果编制阶段；上报审批阶段。

3. 各阶段工作要求

1）项目准备阶段

熟悉合同文本，了解项目委托方的情况，明确合同中双方各自的权利与义务（项目编制时间安排、要完成的事项、技术情报和保密资料、验收评价方式、报酬支付方式等）。

了解进行项目所具备的条件（基础资料完善与否，是否需要补测；上轮规划完成年份，是否具有法律效益，是否符合社会经济发展需要，是否符合上一层次规划要求等）。

编制工作计划和技术路线（根据项目规模、难易程度等划分工作阶段并进行各阶段的时间安排）。

安排项目所需的专业技术人员（根据不同规划项目的具体特点和委托方要求侧重点、规划项目难易程度安排技术人员）。

确定与委托方的协作关系（委托方在规划资料收集工作中应如约提供帮助；规划编制方应如约提供现场踏勘义务；编制方进行现场踏勘和调查研究时，委托方应履行提供帮助协作的义务等）。

2）现场踏勘与资料收集阶段

现场踏勘的基本要求：

实地考察规划区自然条件、现状土地使用情况、土地权属占有情况，按要求绘制现状图。

实地考察现状基础设施状况（道路交通、市政公用设施等）、建筑情况（建筑性质、建筑质量、建筑高度等）；考察规划区周围环境，尽可能俯视规划区全貌；实地考察规划区内文物保护单位和拟保留的重点地区、地段与构筑物的现状及周围情况；走访有关部门；考察规划区所在城市概貌。

资料收集的基本要求：

总体规划、分区规划对本地段规划区的要求，相邻地段的规划资料；土地利用现状、使用权属及边界、用地性质、水文、地貌、气象等资料，用地性质应按小类统计；现状人口规模、分布、年龄、职业构成等；建筑物现状，包括房屋用途、产权、布局、建筑面积、层数、建筑质量、保留价值等；公共设施种类、规模、分布状态、类型；工程设施及管网现状；土地经济分析资料，包括地价等级类型，土地级差效益，有偿使用状况，地价变化，开发方式等；所在城市及地区历史文化传统、建筑特色、环境风貌特征等资料。

资料的整理与分析：

一般可以从用地结构、道路交通、基础设施、建筑质量、景观风貌和建筑管理等方面进行整理与分析，找出现状存在的主要问题，明确规划目标，对城市功能、建筑空间、景观环境、地下空间开发利用、六线控制等方面的规划控制进行研究。

3）方案设计阶段

控制性详细规划的方案设计阶段一般要经过构思、协调、修改、反馈的过程，一般要反复 2～3 次。此阶段应初步确定地块细化与规划控制指标。

方案比较：方案编制初期要有至少两个以上方案进行比较和技术经济论证。

方案交流：与委托方交流方案构思，听取相关意见，并就一些原则问题进行深入沟通，在此过程中，应当公示方案，听取公众意见。

方案修改：根据多方达成的一致意见进行方案修改，必要时补充调研。

意见反馈：修改后的方案提交委托方再次听取意见，对方案进行修改，直至双方达成共识，转入成果编制阶段。

4）成果编制阶段

控制性详细规划应以用地控制管理为重点，以实施总体规划意图为目的，其成果内容重点在于规划控制指标的制定。其中，规划成果文件中的文本是城市规划主管部门制定地方城市规划管理法规的基础，应在编制时征询城市规划主管部门的意见反复修改完成。

5）规划审批阶段

成果审查。控制性详细规划项目在提交成果时一般要先开成果汇报会后再上报审批，重要的控制性详细规划项目要经过专家评审会审查和城市规划委员会审议后再上报审批。成果汇报会和专家评审等其他相关审查会议由委托方负责组织。

上报审批。已编制并批准分区规划的城市控制性详细规划，除重要的控制性详细规划由城市人民政府审批外，可由城市人民政府授权城市规划管理部门审批。一般上报审批工作由委托方负责，规划编制单位负责提供规划技术文件，重大修改，由双方协商解决。

成果修改。已批准的城市控制性详细规划若需要进行修改，组织编制机关应当对修改的必要性进行论证，征求规划地段内利害关系人的意见，严格执行城乡规划法，方可编制修改方案。修改后的控制性详细规划，应当依照原审批程序审批。控制性详细规划修改涉及城市总体规划、镇总体规划的强制性内容的，应当先修改总体规划。

2.4.3 编制成果

1. 图纸内容要求

1）区位图（比例不限）

标明规划用地在城市中的地理位置，与周边主要功能区的关系，以及规划用地周边重要的道路交通设施、线路及地区可达性情况。

2）规划用地现状图（比例 1：1000 ~ 1：2000）

标明土地利用现状、建筑物现状、人口分布现状、公共服务设施现状、市政公用设施现状。土地利用现状包括标明规划区域内各类现状用地的范围界限、权属、性质等，用地分至小类；人口现状指标包括标明规划区域内各行政辖区边界人口数量、密度、分布及构成情况等；建筑物现状包括标明规划区域内各类现状建筑的分布、性质、质量、高度等；公共服务设施、市政公用设施现状标明规划区内及对规划区域有重大影响的周边地区现有公共服务设施（包括行政办公、商业金融、科学教育、体育卫生、文化娱乐等建筑）类型、位置、等级、规模等，道路交通网络、给水电力等市政工程设施、管线的分布情况等。

3）土地使用规划图（比例 1：1000 ~ 1：2000）

规划各类用地的界线，规划用地的分类和性质、道路网络布局，公共设施位置；须在现状地形图上标明各类规划用地的性质分类、界线和地块编号；道路用地的规划布局结构，标明市政设施、公用设施的位置、等级、规模，以及主要规划控制指标。

4）道路交通及竖向规划图（比例 1：1000 ~ 1：2000）

确定道路走向、线型、横断面、各支路交叉口坐标、标高、停车场和其他交通设施位置及用地界线，各地块室外地坪规划标高；道路交通规划图。在现状地形图上标明规划区内道路系统与区外道路系统的衔接关系，确定区内各级道路红线宽度、道路线型、走向，标明道路控制点坐标和标高、坡度、缘石半径、曲线半径、重要交叉口渠化设计；轨道交通、铁路走向和控制范围；道路交通设施（包括社会停车场、公共交通及轨道交通站场等）的位置、规模与用

地范围。

竖向规划图。在现状地形图上标明规划区域内各级道路围合地块的排水方向，各级道路交叉点、转折点的标高、坡度、坡长，标明各地块规划控制标高。

5）公共服务设施规划图（比例 1 ∶ 1000 ～ 1 ∶ 2000）

标明公共服务设施位置、类别、等级、规模、分布、服务半径，以及相应建设要求。

6）工程管线规划图（比例 1 ∶ 1000 ～ 1 ∶ 2000）

标明各类工程管网平面位置、管径、控制点坐标和标高，具体分为给水排水、电力电信、热力燃气、管网综合等。必要时，可分别绘制。

给水规划图。标明规划区供水来源、水厂、加压泵站等供水设施的容量，平面的位置及供水标高，供水管线走向和管径。

排水规划图。标明规划区雨水泵站的规模和平面位置、雨水管渠的走向、管径及控制标高和出水口位置；标明污水处理厂、污水泵站的规模和平面位置，污水管线的走向、管径、控制标高和出水口位置。

电力规划图。标明规划区电源来源，各级变电站、变电所、开闭所平面位置和容量规模，高压走廊平面位置和控制宽度。

电信规划图。标明规划区电信来源，电信局、所的平面位置和容量，电信管道走向、管孔数，确定微波通道的走向、宽度和起始点限高要求。

燃气规划图。标明规划区气源来源，储配气站的平面位置、容量规模，燃气管道等级、走向、管径。

供热规划图。标明规划区热源来源，供热及转换设施的平面位置，规模容量，供热管网等级、走向、管径。

7）环卫、环保规划图（比例 1 ∶ 1000 ～ 1 ∶ 2000）

标明各种卫生设施的位置、服务半径、用地、防护隔离设施等。

8）地下空间利用规划图（比例 1 ∶ 1000 ～ 1 ∶ 2000）

规划各类地下空间在规划用地范围内的平面位置与界线（特殊情况下还应划定地下空间的竖向位置与界线），标明地下空间用地的分类和性质，标明市政设施、公用设施的位置、等级、规模，以及主要规划控制指标。

9）六线规划图（比例 1 ∶ 1000 ～ 1 ∶ 2000）

标明城市六线：市政设施用地及点位控制线（黄线）、绿化控制线（绿线）、水域用地控制线（蓝线）、文物用地控制线（紫线）、城市道路用地控制线（红线）、城市轨道控制线（橙线）等的具体位置和控制范围。

10）空间形态示意图（比例不限，平面一般比例为 1 ∶ 1000 ～ 1 ∶ 2000）

表达城市设计构思与设想，协调建筑、环境与公共空间的关系，突出规划区空间三维形态特色风貌，包括规划区整体空间鸟瞰图，重点地段、主要节点立面图和空间效果透视图及其他用以表达城市设计构思的示意图纸等。

11）城市设计示意图（空间景观规划、特色与保护规划）（比例 1 ∶ 1000 ～ 1 ∶ 2000）

表达城市设计构思，控制建筑、环境与空间形态，检验与调整地块规划指标、落实重要公共设施布局。须标明景观轴线、景观节点、景观界面、开放空间、视觉走廊等空间构成元素的布局和边界及建筑高度分区设想，标明特色景观和需要保护的文物保护单位、历史街区、地段景观位置边界。

12）地块划分编号图（比例 1：5000）

标明地块划分的具体界线和地块编号，作为分地块图则索引。

13）控制图则（比例 1：1000 ～ 1：2000）

表示规划道路的红线位置、地块划分界线、地块面积、用地性质、建筑密度、建筑高度、容积率等控制指标，并标明地块编号，一般分为单元图则和分图图则两种。图则中应表达以下内容：

地块的区位；各地块的用地界线、地块编号；规划用地性质、用地兼容性及主要控制指标；公共配套设施、绿化区位置及范围，文物保护单位，历史街区的位置及保护范围；道路红线、建筑后退线、建筑贴线率，道路的交叉点控制坐标、标高、转弯半径、公交站场、停车场、禁止开口路段、人行过街地道和天桥等；大型市政通道的地下及地上空间的控制要求，如高压线走廊、微波通道、地铁、飞行净空限制等；其他对环境有特殊影响设施的卫生与安全防护距离和范围；城市设计要点。

分图图则是控制性详细规划成果的具体体现，绘制图纸时需要具备以下方面内容：控制图纸、控制表格、控制导则，此外还包括风玫瑰、指北针、比例尺、图例、图号和项目说明。图则包括一些基本的组成要素，如各种"控制线"，坐标标注、其他标注和地块编号等。此外，控制性详细规划图纸视具体项目编制需要，可增加规划结构图、绿化结构图、总平面示意图等。

2. 文本内容与要求

控制性详细规划文本的一般格式与基本内容如下。

1）总则（说明编制规划的目的、依据、原则及适用范围，主管部门和管理权限）

规划背景、目标。简要说明规划编制的社会经济背景与规划目标，一般是就规划地区与周边环境的目前经济发展情况与未来变动态势，由此带来的相应社会结构变化和城市土地资源、空间环境面临的重大调整，以及城市开发需求与规划管理应对等情况予以说明，突出在新形势下进行规划编制的必要性，明确规划的经济、社会、环境目标。

规划依据、原则。简要说明与规划区相关联并编制生效使用的上级规划、各级法律法规行政规章及政府文件和技术规定，这些都是规划内容条款制定必须或应当遵照参考的依据。规划原则是对规划内容编制具体行为在规划指导思想和重大问题价值取向上的明确和限定。

规划范围、概况。简要说明规划区自然地理边界，说明规划区位条件，现状用地的地形地貌、工程地质、水文水系等对规划产生重大影响的情况。

主管部门，解释权。规划文本的技术性和概括性较强，所以需要明确规划实施过程中，由谁来对各种问题的协调进行处理和解释，明确规划实施主管部门和规划解释主体及权限。

2）规划目标、功能定位、规划结构

落实城市总体规划或分区规划确定的规划区在一定区域环境中的功能定位，确定规划期内的人口控制规模和建设用地控制规模，提出规划发展目标，确定本规划区用地结构与功能布局，明确主要用地的分布、规模。

3）土地使用

明确细分后各类用地的布局与规模，对土地使用的规划要点进行说明，特别要对用地性质细分和土地使用兼容性控制的原则和措施加以说明，确定各地块的规划控制指标。

4）道路交通

明确对规划道路及交通组织方式、道路性质、红线宽度、断面形式的规定，以及对交叉口形式、路网密度、道路坡度限制、规划停车场、出入口、桥梁形式等及其他各类交通设施设置的控制规定。

5）绿化与水系

标明规划区绿地系统的布局结构、分类以及公共绿地的位置，确定各级绿地的范围、界限、规模和建设要求；标明规划区内河流水域的来源，河流水域的系统分布状况和用地比重，提出城市河道"蓝线"的控制原则和具体要求。

6）公共服务设施规划

明确各类配套公共服务设施的等级结构、布局、用地规模、服务半径，对配套设施的建设方式规定进行说明。此外，严格控制公益性公共服务设施的等级结构、用地规模，如中小学、老年活动中心、青少年活动中心等。

7）六线规划

对城市六线——市政设施用地及点位控制线（黄线）、绿化控制线（绿线）、水域用地控制线（蓝线）、文物用地控制线（紫线）、城市道路用地控制线（红线）、城市轨道控制线（橙线）的控制原则和具体要求。

8）市政工程管线

给水工程规划：预测总用水量，提出水质／水压的要求；选择供水引入方向；确定加压泵站、调节水池等给水设施的位置及规模；布局给水管网，计算输配水管管径，校核配水管网水量及水压；选择管材。

排水工程规划：明确排水体制；预测雨、污水排放量；确定雨、污水泵站、污水处理厂等相关设施位置、规模和卫生防护距离；确定雨、污水系统布局、管线走向、管径复核，确定管线平面位置、主要控制点标高、出水口位置；对污水处理工艺提出初步方案。

供电规划：预测总用电负荷；选择电源引入方向；确定供电设施（如变电站、开闭所）的位置和容量；规划布置10kV电网及低压电网；明确线路敷设方式及高压走廊保护范围。

电信工程规划：预测通信总需求量；选择通信接入方向；确定电信局、所位置及容量；确定通信线路位置、敷设方式、管孔数、管道埋深等；确定规划区电台、微波站、卫星通信设施控制保护措施及重要通信干线（含微波、军事通信等）保护原则。

　　燃气工程规划：预测总用气量；选择气源引入方向；确定储配气站位置、容量及用地保护范围；布局燃气输配管网，计算管径。

　　供热工程规划：预测总热负荷；选择热源引入方向；布局供热设施和供热管网；计算管径；明确环卫、环保、防灾等控制要求。

　　环境卫生规划：估算规划区内固体废弃物产生量；提出规划区的环境卫生控制要求；确定垃圾收运方式；布局各种卫生设施，确定其位置、服务半径、用地、防护隔离措施等。

　　9）防灾规划

　　确定各种消防设施的布局及消防通道间距等；确定地下防空建筑的规模、数量、配套内容、抗力等级、位置布局，以及平战结合的用途；确定防洪堤标高、排涝泵站位置等；确定抗震疏散通道及疏散场地布局；确定生命线系统的布局以及维护措施；提出综合防灾要求及措施。

　　10）地下空间利用规划

　　确定地下空间的开发功能、开发强度、深度以及规定不宜开发区等，并对地下空间环境设计提出指导性要求。

　　11）城市设计引导

　　在上一层次规划提出的城市设计要求基础上，提出城市设计总体构思和整体结构框架，补充、完善和深化上一层次城市设计要求。根据规划区环境特征、历史文化背景和空间景观特点，对城市广场、绿地、水体、商业、办公和居住等功能空间，城市轮廓线、标志性建筑、街道、夜间景观、标识及无障碍系统等环境要素方面，重点地段建筑物高度、体量、风格、色彩、建筑群体组合空间关系，以及历史文化遗产保护提出控制、引导的原则和措施。

　　12）土地使用、建筑建造通则

　　一般包括：土地使用规划、建筑容量规划、建筑建造规划等三方面控制内容。

　　土地使用规划控制：对土地使用规划的规定；对规划用地细分的管理规定（规划单元、地块划分）；对土地使用兼容性和备种用地适建性的规定。

　　建筑容量规划控制：对规划单元、地块建筑容量的控制规定；对规划单元、地块建筑密度的控制规定；对规划单元人口容量和密度的规定；对规划单元、地块容量和密度变更调整的规定。

　　建筑建造规划控制：对建筑高度的控制规定。对规划单元、地块建筑限高的一般规定；对主要道路交叉口周边和沿路建筑高度的控制规定；对涉及优秀历史建筑、文物及历史文化风貌保护区域内建筑高度的控制规定；对涉及城市主要景观视线走廊、微波通道、机场净空等地区的建筑高度的控制规定；对其他特定地区的建筑高度的控制规定；对建筑后退的控制规定。对建筑后退道路红线的控制规定；对建筑后退地块边界的控制规定；对建筑单体面宽的控制规定；对建筑间距的控制规定。

　　13）其他

　　包括公众参与意见采纳情况及理由，说明规划成果的组成附图、附表与附录（名词解释与技术规定，图则索引查询）等。

3．说明书内容与要求

规划说明书是编制规划文本的技术支撑，主要内容是分析现状、论证规划意图、解释规划文本等，为修建性详细规划的编制以及规划审批和管理实施，提供全面的技术依据。规划说明书的基本内容可分为以下方面。

1）前言

阐明规划编制的背景及主要过程。包括任务的接受委托、编制的整个过程，方案论证、公开展示、修改和审批的全过程等。

2）概况

通过分析论证，阐明规划区位环境状况的优劣和建设规模的大小，对规划区建设条件进行分析。需要对用地坡度、高程、地质、水文以及风向、植被、土壤等现状因素进行分析，在各类分析的基础上，对用地的适应性（从土地利用、环境条件、防灾、社会经济、文化历史等方面）进行综合评价。

3）背景、依据

阐明规划编制的社会、经济、环境等背景条件，阐明规划编制的主要法律、法规依据和技术依据。对文本相关规定进行具体阐述和解说。

4）目标、指导思想、功能定位、规划结构

对规划区发展前景作出分析、预测，在此基础上提出近、中期发展目标；阐明规划的指导思想与原则；阐明规划区在区域环境中的功能定位与发展方向，深化落实总体规划和分区规划的规定；阐明规划区用地结构与功能布局，明确主要用地的分布、规模。

5）土地使用规划

在分析论证的基础上，对土地分类和土地使用兼容性控制的原则和措施进行说明，合理确定各地块的规划控制指标。

6）公共服务设施规划

阐明各类配套公共服务设施的等级、布局、用地规模、服务半径，对配套设施的建设方式规定进行说明。此外，还应根据规划用地所处区位不同，说明对配套建设的公建项目在配建要求上的区别，如老城与新区、居住区与工业区、商业区与一般地区的不同要求。

7）道路交通规划

对外交通。说明铁路、公路、航空、港口与城市道路的关系及保护控制要求。

城市交通。阐明现状道路、准现状道路红线、坐标、标高、断面及交通设施的分布与用地面积等；调查旧区交通流量，在城市专项交通规划指导下对新区交通流量进行预测；确定规划道路功能构成及等级划分，明确道路技术标准、红线位置、断面、控制点坐标与标高等（工作图精度采用1∶1000地形图）；道路竖向及重要交叉口意向性规划及渠化设计；布置公共停车场（库）、公交站场；明确规划管理中道路的调整原则。

8）绿地、水系规划

详细说明规划区绿地系统的布局结构以及公共绿地的位置、规模，说明各级绿地的范围、界限、规模和建设要求；分析规划区内河流水域基本条件，结合相关工程规划要求，确定河流水域的系统分布，说明城市河道"蓝线"控制原则和具体要求。

9）市政工程规划

给水规划。说明现状用水情况，调查周边水厂、调节池、加压站、水压和管网情况；选取用水标准，预测总用水量；分析选择供水引入方向；确定加压泵站、调节水池等给水设施的位置及规模；布局给水管网，计算输配水管管径，校核配水管网水量及水压，选择管材。

排水规划。现状存在问题分析。包括现状汇水面积、防洪情况及管网情况；明确排水体制，计算汇水面积，确定防洪标准、污水量；确定雨、污水泵站、污水处理厂等相关设施位置、规模和卫生防护距离；确定雨、污水系统布局、管线走向、管径复核，确定管线平面位置、主要控制点标高、出水口位置；拟定雨水利用措施，对污水处理工艺提出初步方案。

供电规划。说明现状电力情况，分析存在问题（包括现状用电情况、周边变电站、开闭所和现状电力线路情况）；选取用电标准，预测总用电负荷；分析选择电源引入方向；确定供电设施（如变电站、开闭所）的位置和容量；规划设计 10kV 电网及低压电网；明确线路敷设方式及高压走廊保护范围。

电信规划。说明现状电信情况（包括电信线路、周边电信局设置的情况等），分析存在的问题；选取电信预测标准，预测通信总需求量；分析选择通信接入方向；分析确定电信局（所）位置及容量，阐明通信线路位置、敷设方式、管孔数、管道埋深等；明确微波通道走向、宽度和对构筑物的控制保护措施、高度限制要求。

燃气规划。说明现状管网、储配气站的情况，分析存在的问题；选取用气标准，预测总用气量；分析选择气源引入方向；确定储配气站位置、容量及用地保护范围；布局燃气输配管网，计算管径。

供热规划。说明现状管网、供热设施的情况，分析存在的问题；选取供热标准，预测总热负荷；分析选择热源引入方向；布局供热设施和供热管网，计算管径。

10）环保、环卫、防灾等

环境卫生规划。选择适当预测方法，估算规划区内固体废弃物产量；分析确定垃圾收运方式、固体废弃物处理处置方式及其他环境卫生控制要求；分析废物箱、垃圾箱、垃圾收集点、垃圾转运站点、公厕、环卫管理机构等布局规模要求，提出防护隔离措施等。

防灾规划。分析城市消防对策和标准，确定各种消防设施通道的布局要求等；分析防空工程建设原则和标准，确定地下防空建筑设施规划，以及平战结合的用途；分析城市防洪标准，确定防洪堤标高、排涝泵站位置等；分析城市抗震指标，确定抗震疏散通道、疏散场地布局；论证城市综合防灾救护建设运营机制，确定生命线系统规划布局。

11）地下空间规划

确定地下空间的开发功能、开发强度、深度以及规定不宜开发地区等，并对地下空间环境设计提出指导性要求。

12）城市六线控制规划

明确对城市六线——市政设施用地及点位控制线（黄线）、绿化控制线（绿

线)、水域用地控制线（蓝线）、文物用地控制线（紫线）、城市道路用地控制线（红线）、城市轨道控制线（橙线）的控制规定。

13）地块开发

对规划范围内的资金投入与产出进行客观分析评价，目的是为确定科学合理的开发模式提供依据，同时验证控制性详细规划方案建筑总量、各类建筑量分配的合理性。核心是确保控制性详细规划在满足社会、环境、历史文化保护等要求的同时，具备实际开发建设的可行性。

2.4.4　控制性详细规划的实施与管理

1．控制性详细规划的制定

（1）制定城市控制性详细规划应当贯彻落实科学发展观，符合城市、县城总体规划，与土地利用、环境保护、文物保护等有关规划相衔接，优先安排交通市政设施、公共服务设施和公共安全设施，改善生态环境，保护自然资源和历史文化遗产，体现提高环境质量、生活质量和景观艺术水平的总体要求。

（2）城市控制性详细规划应当覆盖城市和县城规划建设用地的全部范围。城市控制性详细规划由城市、县人民政府城乡规划主管部门组织编制。

（3）城市、县人民政府城乡规划主管部门应当依据城市、县城总体规划确定的功能分区和空间布局，结合城市管理行政区划，将规划建设用地划分为若干控制单元作为编制城市控制性详细规划的基本单位。

划分控制单元时应当依据城市总体规划确定的城市空间形态和景观意向，将城市中心区、历史文化街区、滨水地区等确定为重点风貌区。

（4）控制性详细规划应当包括下列基本内容：

控制单元的主导功能和用地布局，人口和建设容量的控制要求；

各级道路红线、断面及控制点坐标和标高，城市公交场站、社会停车场、加油站等位置和规模，城市公共绿地位置和规模，各类市政工程管线位置、管径和工程设施的用地位置和界线，重大市政设施廊道走向及其安全防护距离；

教育、文化、体育、医疗、社会福利、社区服务等城市公共服务设施的位置和建设规模；

消防、人防、防震、防洪、避难场所等城市公共安全设施的布局和用地规模，各类危险源的安全防护要求；

居住、商业、工业等开发用地的主要用途和用地兼容性，以及建筑容积率、建筑密度等开发强度和配套设施的建设要求；

城市地下空间开发利用的控制要求；

重点风貌区的空间布局和建筑高度、体量、形式、色彩等城市设计要求。

（5）编制大城市和特大城市的控制性详细规划，可以根据本地实际情况，结合城市空间布局、规划管理要求，以及社区边界、城乡建设要求等，将建设地区划分为若干规划控制单元，组织编制单元规划。

（6）控制性详细规划草案编制完成后，控制性详细规划组织编制机关应当依法将控制性详细规划草案予以公告，并采取论证会、听证会或者其他方式征求专家和公众的意见。

公告的时间不得少于30日。公告的时间、地点及公众提交意见的期限、方式，应当在政府信息网站以及当地主要新闻媒体上公布。

（7）控制性详细规划组织编制机关应当制订控制性详细规划编制工作计划，分期、分批地编制控制性详细规划。

中心区、旧城改造地区、近期建设地区，以及拟进行土地储备或者土地出让的地区，应当优先编制控制性详细规划。

（8）控制性详细规划编制成果由文本、图表、说明书以及各种必要的技术研究资料构成。文本和图表的内容应当一致，并作为规划管理的法定依据。

2．控制性详细规划的实施

（1）城市控制性详细规划应当作为城市和县城规划建设管理的法定依据。在城市和县城规划区内进行土地利用和开发建设，必须符合城市控制性详细规划的要求。

（2）城市、县人民政府城乡规划主管部门应当依据城市控制性详细规划和国家、省有关技术规范、标准，制定城市土地使用和建筑管理技术规定，作为实施城市控制性详细规划的技术依据。

城市土地使用和建筑管理技术规定应当按城市控制性详细规划的审批程序报批，并向社会公布。

（3）城市、县人民政府城乡规划主管部门应当依据城市控制性详细规划，对城市开发建设项目及时提出规划条件。

以出让方式提供国有土地使用权的，应当将规划条件作为国有土地使用权出让合同的组成部分；以划拨方式提供国有土地使用权的，应当在核发建设用地规划许可证时提出规划条件。

违反规划条件的，土地主管部门不得办理土地使用权出让手续，城乡规划主管部门不得办理建设工程规划许可。

（4）任何单位和个人不得擅自变更规划条件。确需变更的，必须向城市、县人民政府城乡规划主管部门提出申请。变更内容不符合城市控制性详细规划的，城乡规划主管部门不得批准。

涉及变更建筑容积率、建筑密度等开发强度控制性内容的，城市、县人民政府城乡规划主管部门应当组织专家对变更的必要性和变更方案进行论证，在当地主要媒体进行公示，征求利害关系人意见，必要时组织听证，并报本级人民政府批准。

城市、县人民政府应当加强规划条件的管理，依据有关规定，制定具体管理办法。

（5）城市、县人民政府城乡规划主管部门应当建立城市控制性详细规划信息统计系统，加强对规划实施的适时监控，定期对规划的实施情况进行评估。

（6）城市控制性详细规划一经批准，非经法定程序不得变更。

有下列情形之一，确需修改的，应当依照法定权限和程序进行修改：城市、县城总体规划已经修改，对城市控制性详细规划控制区域的功能与布局产生重大影响的；重大建设项目对城市控制性详细规划控制区域的功能与布局产生重大影响的；经评估发现城市控制性详细规划内容存在明显缺陷的；法律、法规和规章规定需要修改的其他情形。

3．控制性详细规划的监督检查

（1）县（市）以上人民政府及其城乡规划主管部门应当加强对本办法执行情况和城市控制性详细规划实施情况的监督检查。

（2）县（市）以上人民政府城乡规划主管部门的工作人员履行监督检查职责，应当出示执法证件。被监督检查的单位和人员应当予以配合，不得妨碍和阻挠依法进行的监督检查活动。

4．控制性详细规划的法律责任

（1）城市、县人民政府违反本办法规定，有下列行为之一的，批准、修改的城市控制性详细规划无效，由负责备案审查的人民政府责令改正，通报批评；对有关人民政府负责人和其他直接责任人员依法给予处分：违反规定批准、修改城市控制性详细规划的；未按规定进行城市控制性详细规划备案的；城市控制性详细规划违反城市总体规划的。

（2）城市、县人民政府城乡规划主管部门违反规定，有下列情形之一的，由本级人民政府、上级人民政府城乡规划主管部门或者监察机关依据职权责令改正，通报批评；对直接负责的主管人员和其他直接责任人员依法给予处分；构成犯罪的，依法追究刑事责任：委托不具备相应资质等级的城市规划编制单位承担城市控制性详细规划编制的；未按规定将城市控制性详细规划草案向社会公示，征询公众意见的；拒绝单位和个人查询城市控制性详细规划的；擅自修改城市控制性详细规划的；未依据城市控制性详细规划提出规划条件或者擅自变更规划条件的；发现或者接到举报和控告的违法行为不依法处理的；其他滥用职权、徇私舞弊、玩忽职守的行为。

（3）城市、县人民政府城乡规划主管部门违反城市控制性详细规划规定批准建设的，审批行为无效，由上级人民政府城乡规划主管部门责令其撤销或者直接撤销；造成建设单位损失的，由有过错的行政机关依法给予赔偿。

（4）违反规定出让国有土地使用权的，由本级人民政府、上级人民政府土地主管部门或者监察机关依据职权，依法追究直接负责的主管人员和其他直接责任人员的责任。

（5）阻碍县（市）以上人民政府城乡规划主管部门工作人员依法履行职务，构成违反治安管理行为的，由公安机关依照《中华人民共和国治安管理处罚法》的规定予以处罚；构成犯罪的，依法追究刑事责任。

5．控制性详细规划的管理实践

1）上海

上海的行政管理架构分为市、区两级政府，与之相对应的是上海控规也分为两个独立的层次，市级规划主管部门负责规划编制单元层次的规划，区级规划主管部门负责地块层次的规划。单元层次控规的重点是落实总体规划、分解总量及突出公益设施，注重强制性和指导性的有机结合；地块层次控规的重点是为开发建设服务，在满足单元层次控规强制性内容的前提下，优化、深化单元层次控规的内容，并尽可能为开发活动创造更大的灵活性。

控规调整方式采用分类、不分级的审批方式。对于技术性局部调整，由市规划局直接审批；对于一般性局部调整，则需要市规划局、专家、专业部门和公众等的共同参与和论证，但最后仍由市规划局审批。

2）深圳

深圳法定图则与其他城市控规的差异不在于控制内容和指标，而在于其严格的审批制度。深圳建立了规划局技术委员会、法定图则委员会、城市规划委员会的三级审批制度，在规划局技术委员会审查之前，各分局、市局规划处等相关处室就已经针对法定图则编制的具体技术问题进行了不少于3次的审查。因此，深圳的法定图则制度是以深圳较高的技术和管理水平为基础的。深圳法定图则的调整采用分步、不分级的审批方式，由市规划局初审，市规划委员会和法定图则委员会审议，最后由市规划委员会审批。

3）成都

成都中心城控规按标准化实行分区管理，划定了约80个标准大区、若干个控规单元。在每个标准大区中，根据城市总体规划、专业专项规划等，以大纲图则方式表达城市功能、用地布局等结构性信息，实现与各专业专项规划系统性要求的衔接；每个控规单元主要控制用地性质、路网布局，落实基础设施和公共服务设施配套等规划信息，以及根据重点地段的城市设计方案确定规划控制要求等。而对一般地段和地块的开发强度、绿地率、建筑高度、停车泊位、建筑色彩等具体控制指标，按《成都市规划管理技术规定》的相关要求，以通则的方式进行管理，每年修订一次。由此，成都建立了控规大纲图则、控规详细图则、规划管理技术规定"三位一体"的规划技术管理模式。控规通则式的管理，容易造成街区没有特色，如成都的某个片区，由于其传统上为鱼鳞状的路网，因此通则式的管理对其界面、特色控制的研究往往不足，而单做城市设计的可操作性又较差。目前，成都正在探索街区规划的模式，以及如何把街区规划的内容纳入控规。成都控规调整采用分类、分级的审批方式，技术性调整由市规划局审批，一般性调整由市规划委员会审批。

4）南京

南京市控规的核心内容（重要强制性内容）包括"六线"控制、公共设施用地和基础设施用地控制、高度控制及特色意图区控制引导。南京划定规划编制单元作为研究和开展南京控规的基本空间单位。图则单元是为了落实规划强制性内容、兼顾规划实施管理可操作性，以及方便规划管理查阅而划分的结构单元。图则单元的控制内容包括主导属性、人口规模、用地面积、总建筑面积、绿地和配套设施项目。此外，分地块控制内容属指导性指标，包括用地性质、地块用地面积、容积率、绿地率、配套设施等。南京规划调整采用分类、分级的审批方式，调整强制性执行规定的控规需报市政府审批；调整执行细则的控规分重要地区和一般地区进行审批，其中，重要地区的调整由市政府审批，一般地区的调整由市规划局审批。

5）广州

广州于2001年开始探索面向规划管理的控规编制方法，提出了控制性规划导则的编制思路。在技术创新层面上，控制性规划导则建立了基于规划管理单元的规划控制体系：以规划管理单元控制内容为强制性控制内容，以单个地块的控制指标为指导性内容；此外，规划管理单元规定，公共设施、开敞空间的规模和

数量不能减少，但其位置可在管理单元内调整。这种基于规划管理单元的控制方法，在规划管理单元层面保证了强制性控制内容的稳定性与权威性，体现了对单个地块控制的灵活性，提高了规划的弹性，保证了规划管理的刚柔并济。广州控规调整由市规划局审批，没有采用分级的审批方式，而是设定了严格的修改程序。

2.5 案例

2.5.1 北京市中心城控制性详细规划

北京市中心城控制性详细规划成果内容由文本、说明、图则三部分组成，以片区为单元单独成册，面积 621km²。

规划突出总量控制、分区管理、系统优先、强化政府职能、保障公共利益等规划理念，重点进行了控制总体规模、旧城整体保护、服务中央单位、保障公共设施、完善基础设施、改善城市环境、提升城市品质、高效利用土地等规划工作。

中心城划分为 33 个片区，其中 01 片区为旧城，02 ～ 08 片区为以旧城为核心的中心地区，09 ～ 18 片区为围绕中心地区的 10 个边缘集团，19 ～ 33 片区为绿化隔离地区。片区作为人口规模、建设规模、大型基础设施、公共设施、建筑高度等内容在分区层次上确定控制数据及相关内容的基础平台。

依据城市主次干道等界限，对 01 ～ 18 片区继续划分到规划街区，每个街区 2 ～ 3km²，作为细化到地块的控制性详细规划编制和管理单元(图2-15 ～图2-18)。

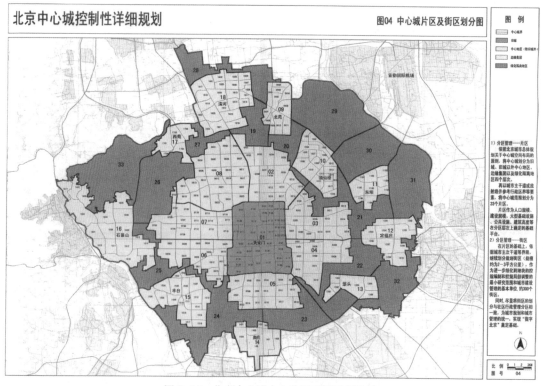

图 2-15　北京中心城中心片区及街区划分图
（资料来源：北京市城市规划设计研究院．北京中心城控制性详细规划 [Z]，2006）

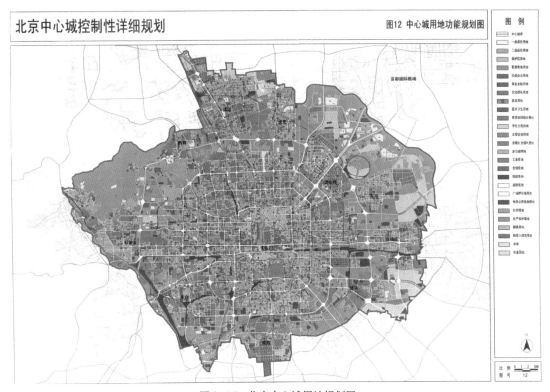

图 2-16　北京中心城用地规划图
(资料来源：北京市城市规划设计研究院．北京中心城控制性详细规划 [Z]，2006)

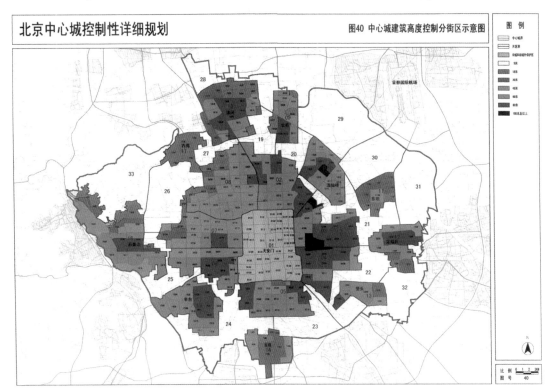

图 2-17　北京中心城建筑高度分区图
(资料来源：北京市城市规划设计研究院．北京中心城控制性详细规划 [Z]，2006)

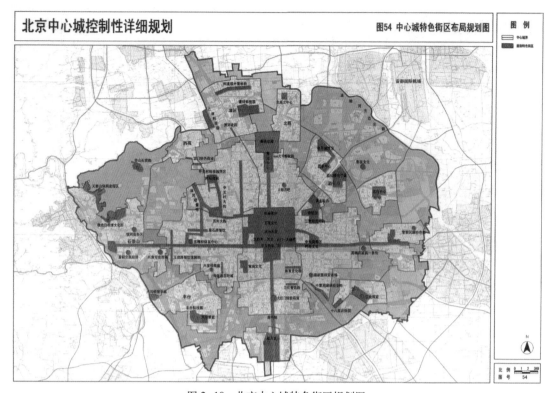

图 2-18　北京中心城特色街区规划图

（资料来源：北京市城市规划设计研究院.北京中心城控制性详细规划 [Z]，2006）

2.5.2　南京市控制性详细规划

南京市控制性详细规划编制实施，突出最关键的核心内容，即"6211"强制性内容，6指六线即道路红线、河道蓝线、文物紫线、绿地绿线、高压黑线、轨道橙线，2指公共设施用地和市政基础设施用地控制，1指高度控制，1指特色意图区规划控制，经市政府审批后，"6211"作为强制性内容应当严格执行，不得随意变更，确需调整的须经原审批程序重新认定（图 2-19）。

强调"6211"的同时，在具体地块的规划控制上，对容积率、建筑密度、建筑控制高度、地下空间利用引导等还进一步提出了相应的细化要求，作为规划审批管理的依据（图 2-20）。

■ 思考题

1. 试述规划容积率确定的方法与原则。
2. 请简述控制性详细规划地块划分的基本原则。
3. 控制性详细规划阶段如何体现城市设计的要求？
4. 不同区位地区控制性详细规划的编制应注意哪些问题？
5. 控制性详细规划修改的程序。
6. 控制性详细规划如何体现低碳生态的要求？

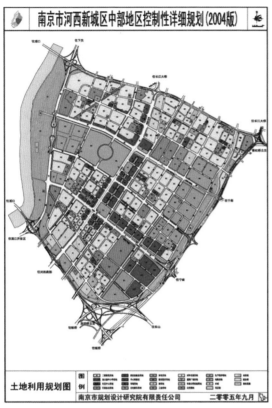

图 2-19　南京河西新城区中部地区土地利用规划图
（资料来源：南京市规划设计研究院有限责任公司．南
　京河西新城区中部控制性详细规划 [Z]，2006）

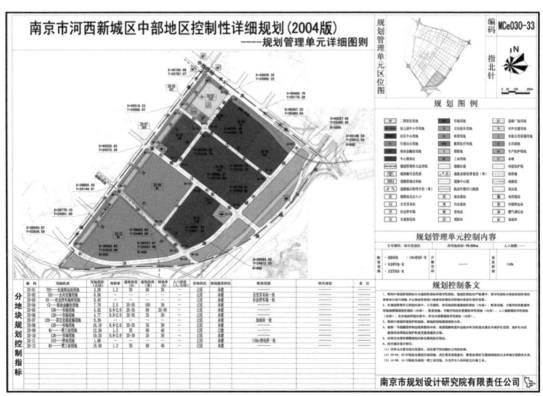

图 2-20　南京河西新城区中部地区规划管理单元详细图则
（资料来源：南京市规划设计研究院有限责任公司．南京河西新城区中部控制性详细规划 [Z]，2006）

■ 主要参考书目

[1] 城市规划资料集·控制性详细规划 [M]. 北京：中国建筑工业出版社，2002.

[2] 江苏省控制性详细规划编制导则 [Z]. 江苏省建设厅，2006.

[3] 河北省城市控制性详细规划编制导则 [Z]. 河北省建设厅，2009.

[4] 中华人民共和国城乡规划法解说 [M]. 北京：中国计划出版社，2008.

[5] 熊国平. 我国控制性详细规划的立法研究 [J]. 城市规划，2002（3）.

[6] 江苏省住房和城乡建设厅科技发展中心. 江苏省绿色建筑应用技术指南 [M]. 南京：江苏科学技术出版社，2013.

[7] 夏南凯，田宝江. 控制性详细规划 [M]. 上海：同济大学出版社，2005.

[8] 段进. 何去何从话控规 [J]. 城市规划，2010（12）：33—36.

3 修建性详细规划的内容与方法

　　导读：修建性详细规划是城市总体规划、控制性详细规划与建设管理、工程设计的中间环节，它以城市总体规划或控制性详细规划为依据，研究和确定建筑、道路以及环境之间的相互关系，用直观、具体、形象的表达方式来落实和反映各个建筑项目所包含内容的落地安排，从实施建设的层面对规划区内的当前或近期需要实施开发的各类用地、建筑空间、绿化配置、公共服务设施以及市政、道路等工程设计等作出具体安排和指导。在本章学习中，需要熟悉掌握修建性详细规划的核心内容与技术方法，对用地建设条件分析、建筑布局与规划设计、空间景观与环境设计、道路交通规划与设计以及投资效益分析与综合技术经济论证等内容进行学习；并结合案例，学习街道、广场、滨水区、城市轴线等典型城市空间类型的修建性详细规划；最后，需要初步了解修建性详细规划规范性编制和管理实施要求。

3 修建性详细规划的内容与方法

3.1 修建性详细规划概述

3.1.1 修建性详细规划的源起和发展

"一五"期间（1953～1957年），国家大规模工业建设启动，为了在原有的城市中合理安排以 156 项重点工程为中心的工业建设项目，国家开始建立城市规划系统。此时，受到学习苏联模式的影响，我国在城市规划方面也全面引入了与之相似的体系。

至 1958 年前，我国的城市规划编制体系由城市总体规划、详细规划和修建设计构成。总体规划主要确定城市发展的性质、目标、规模和指标等，并制定土地利用规划，图纸深度为 1:5000～1:20000。详细规划以城市片区为对象，是总体规划的深化落实，通过土地利用和各种指标控制指导城市近期建设。此时的详细规划不进行城市物质空间的形态布局，或只作为指标匡算的技术手段。图纸深度为 1:2000～1:5000。修建设计是直接面向项目实施的详细设计，内容包括了建筑物的空间布置、建筑和道路的定位、绿地、开放空间的位置和工程管线等，且都按施工放样的要求完成。它一般是在建设计划和资金落实的情况下进行的。图纸深度为 1:500～1:1000。

1958 年，"大跃进"开始，国家要求规划速度加快，因此将详细规划和修建设计两阶段合二为一，并简化程序合并相关规划内容。合并后的规划阶段仍称为详细规划，而内容却侧重修建设计，图纸深度为 1:1000。这就是我国两层次城市规划体系最初的由来，当时实际上是总体规划和修建设计。

1960～1970 年代初，受到政治运动的影响，中国的城市建设和规划进入低潮期。1960 年，全国第九次计划会议上提出"三年不搞城市规划"，1966 年 5 月"文革"开始后，城市规划工作和城市建设遭到严重破坏，1968 年许多城市的规划机构被撤销，城市规划工作基本停滞。

1972 年后，城市规划工作逐步恢复，改革开放后，在新的城市建设体制下，总体规划和详细规划（当时以修建设计为重点）之间脱节的问题越来越突出，因此出现了分区规划，此后在 1980 年代末，详细规划被分解为控制性详细规划和修建性详细规划，基本奠定了我国的城市规划体系。

3.1.2 修建性详细规划的定义和类型

《中华人民共和国城乡规划法》第二十一条规定："城市、县人民政府城乡规划主管部门和镇人民政府可以组织编制重要地块的修建性详细规划。修建性详细规划应当符合控制性详细规划。"根据全国人大常委会法制工作委员会主编的《中华人民共和国城乡规划法释义》（以下简称《释义》）："修建性详细规划主要是用以指导各项建筑和工程设施及其施工的规划设计，它一般针对的是某一具体地块，能够直接应用于指导建筑和工程施工"❶。《释义》对这一定义作了

❶ 全国人大常委会法制工作委员会主编.中华人民共和国城乡规划法释义[M].北京：法律出版社，2009：46.

以下几点解释❶：

第一，修建性详细规划的对象是重要地块，所以无须对城市所有地块进行此类规划；第二，城市、县人民政府城乡规划主管部门针对城市总体规划以及县政府所在地镇总体规划范围内的重要地块编制修建性详细规划，镇人民政府针对镇总体规划范围内的重要地块编制修建性详细规划；第三，修建性详细规划的依据是控制性详细规划，不得更改或者变相更改控规对用地规模、用地布局等的规定；第四，修建性详细规划的目的是指导某一具体（重要）地块的建筑设计或工程的设计和施工，是对控规的具体落实。

修建性详细规划作为城市规划体系的一个层次，原则上可能涉及城市中各种功能片区中的重要地块。常见的类型包括：城市、镇、区的中心区修建性详细规划，居住区修建性详细规划，滨水地段、重要街道、广场等开放空间的修建性详细规划，产业园区修建性详细规划等。

3.2 修建性详细规划的基本内容

《释义》指出修建性详细规划一般包含："规划地块的建设条件分析和综合技术经济论证，建筑和绿地空间布局、景观规划设计，布置总平面图，道路系统规划设计，绿地系统规划设计，工程管线规划设计，竖向规划设计，估算工程量、拆迁量和总造价，分析投资效益"❷。

3.2.1 用地建设条件分析

根据地段功能性质，经过实地调查，收集人口、土地利用、建筑、市政工程现状及建设项目、开发条件等资料，进行综合分析和技术经济论证，确定规划原则及指导思想，选定用地定额指标。

1．基地自然条件分析

基地自然条件分析主要从地质学、地形学、水文学、小气候、生物学等方面的特征入手，对基地的开发建设适应性和可能性进行评估，使规划与基地的自然条件相适应。

1）地质条件

收集规划用地的工程地质信息，并分析其对建设的限制，通常包括以下几方面：①地震烈度。了解规划用地所在城市的地震烈度及相应规范要求。②地基条件。了解规划用地范围内地基的承载力情况，确定可建设建筑的体量和高度。③滑坡、崩塌、冲沟等不利地质条件。了解规划范围内及周边是否存在滑坡、崩塌、冲沟等不利地质条件，其范围和未来处理的意向。④矿藏。用地范围内是否存在重要的矿藏分布，其开采与保护要求。

2）水文条件

主要指地表水和地下水的特征：①地表水。江河湖泊及海域等地表可见的水体。应了解规划用地范围内及周边海、河、江、湖等水体的位置，其蓝线和

---

❶ 全国人大常委会法制工作委员会主编．中华人民共和国城乡规划法释义 [M]．北京：法律出版社，2009：47-48．

❷ 全国人大常委会法制工作委员会主编．中华人民共和国城乡规划法释义 [M]．北京：法律出版社，2009：46-47．

滨水绿地控制范围，常水位和洪水位，水质和水源保护要求，防洪和排洪要求与设施等。②地下水。地下水对建设的影响及其保护要求。

3）气候条件

规划用地所在地区的气候特征：①日照条件。规划用地所在城市的日照标准、间距、建筑朝向要求等。②风向。规划用地所在城市的主导风向，城市风玫瑰图等。③气温与降水。根据当地气温与降水条件分析适宜的群体布局与建筑单体形式。此外，还应对基地周边范围的小气候特征进行分析，包括周边建筑对日照的遮挡、高楼和廊道形成的风象特征、城市热岛效应等。

4）地形条件

地形是土地表面的物质特征，其中高程和坡度是重要指标，规划场地的常见分析包括：①适建性分析。根据场地坡度等地形条件可将规划用地分为：一类用地：地形坡度在 10% 以下，一般不需或只稍加工程措施即可用于建设的用地。二类用地：地形坡度为 10%～25%，需采取一定工程措施，改善条件后才能修建的用地。三类用地：地形坡度大于 25%，不适于修建的用地。②地面坡度和交通条件分析（图 3-1、图 3-2）。③地面排水和防洪条件分析。④地形条件对场地的日照、通风等小气候条件的影响。

5）植被条件

场地植被条件是片区生态系统的重要组成部分，对植被条件的分析在西方国家被给予高度的重视，通常会进行植物群种、群落，野生植物脆弱性，濒危和稀有物种的分析，开列植物种类清单。[1] 我国目前常见的植被分析，主要包括：

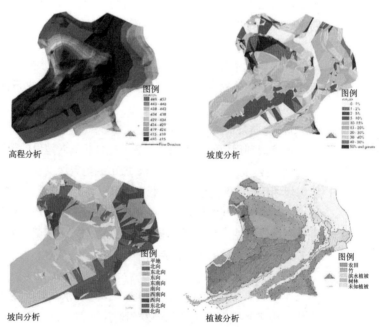

图 3-1　用地高程、坡度、坡向、植被分析
（资料来源：EDSA. 中国广东十字水生态度假村规划 [Z]）

---

❶ Frederick R. Steiner, Kent Butler. Planning and Urban Design Standards[M]. John Wiley and Sons, 2007：263.

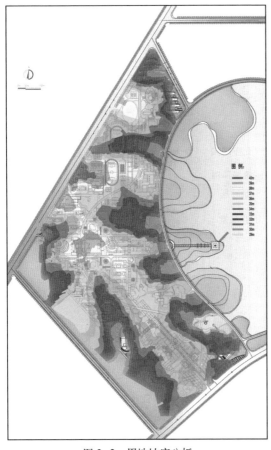

图 3-2 用地坡度分析
（资料来源：东南大学城市规划设计研究院.安徽大学
新校区修建性详细规划 [Z]，2003）

了解基地内植被的总体质量，确定具有保留价值的树木，确定需保护的古树名木等。

2.城市发展条件分析

城市发展条件分析是对整个城市或者与城市局部片区中与规划片区相关的人为因素进行描述与分析的过程，包括了美学、空间、社会、经济等多个维度以及它们之间的相互作用，分析的目的是认识规划片区的发展条件，指导规划方案的制定。就修建性详细规划而言，城市发展条件分析通常涉及区位条件、相关规划、历史文脉、土地使用、空间形态、交通条件、配套设施等方面，其分析的空间范围主要包括规划基地周边及其所在的城市片区，根据需要也可对较大的空间范围甚至整个城市进行分析。

1）区位条件分析

标明规划片区在城市中的位置，并指出其与重要的城市要素间的位置关系，如城市中心、重要的公园绿地、开放空间等（图 3-3）。

2）相关规划分析

明确上位规划对规划片区的要求，包括城市总体规划、规划基地所在片区控制性详细规划；明确相关专业规划对规划基地的要求，如绿地系统规划、城市防洪规划、商业网点布局

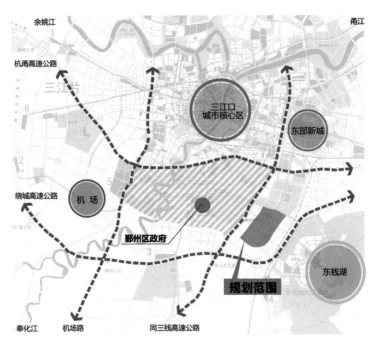

图 3-3　区位分析图
（资料来源：东南大学城市规划设计研究院.宁波市鄞州区东南片区中心区城市设计 [Z]，2010）

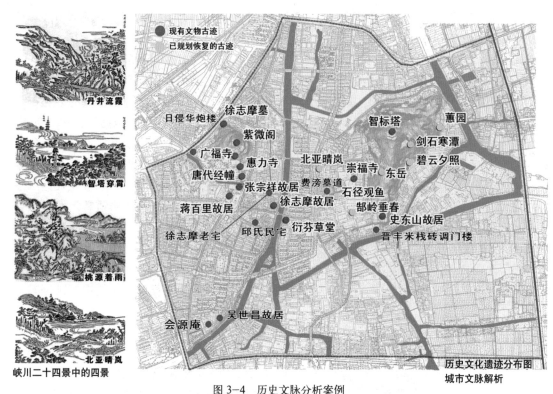

峡川二十四景中的四景

（图中标注：丹井流霞、智塔穿霄、桃源着雨、北亚晴岚）

（地图中标注：现有文物古迹、已规划恢复的古迹、日侵华炮楼、徐志摩墓、紫微阁、广福寺、惠力寺、北亚晴岚、智标塔、蕙园、剑石寒潭、碧云夕照、崇福寺、东岳、唐代经幢、张宗祥故居、费滂墓道、石径观鱼、蒋百里故居、徐志摩故居、邰岭垂春、史东山故居、徐志摩老宅、邱氏民宅、衍芬草堂、晋丰米栈砖调门楼、会源庵、吴世昌故居、历史文化遗迹分布图、城市文脉解析）

图 3-4　历史文脉分析案例

（资料来源：东南大学城市规划设计研究院．海宁市东西山地区城市设计 [Z]，2007）

规划等；了解相关片区规划，如周边地块修建性详细规划。

　　这些规划中所包含的相关信息是判断规划片区发展的基础，应对这些信息与其他现状因素以及未来规划之间的关系进行分析。

　　3）历史文脉分析

　　目的在于认识规划片区物质形态发展的脉络及其背后的历史文化信息，可以分为两个层面：①物质层面。分析规划片区内物质要素的历史属性，包括建筑物、构筑物、河流水系、古树名木等的历史年代、保留程度和状态等（图 3-4）。②非物质层面。在较为宏观的层面，分析规划片区发展的历史背景，其在城市发展历程中的意义。根据需要可针对城市片区或整个城市发展的历史脉络进行分析。在相对微观的层面，分析曾经存在的重要历史要素以及现存历史要素的历史文化特征，如建筑风格、结构特点等。

　　4）城市功能分析

　　城市功能分析包括对规划片区所在地段真实的功能情况、主导城市功能以及不同功能之间关系的分析。对规划片区相关的周边地区的住区条件、配套功能、商业业态、工业类型等进行分析，研究不同功能之间的关系和矛盾，判断其对规划片区未来功能发展的影响。

　　5）空间形态分析

　　空间形态分析包括对城市空间肌理以及单个或一组城市开放空间的尺度、几何特征、视觉特征的分析。如果规划基地处于城市建成区或者内部有大量的

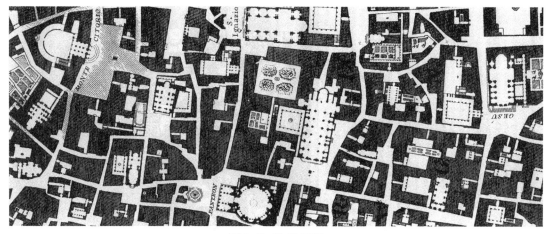

图 3-5　Nolli 地图

保留建筑，那么对规划所处地段的现状进行空间形态分析就显得非常必要，常见的分析有：①肌理。对较大尺度范围内，由建筑物的尺度、形状、排列、疏密等共同形成的总体特征的描述。可以在总平面中将所有建筑涂黑来发现其肌理特征，并判断其与规划片区的关系。②图底关系。分别将建筑和空间作为"图"和"底"来发现城市公共空间的平面形态特征，常用的方法是使用 Nolli 地图（图 3-5），在两张总图中分别用黑色表示建筑和公共空间（包括建筑物内部向公众开放的空间），这一方法可以方便地观察一组城市空间的形态，以及公共空间的连续性特征。它既可以用来分析较大尺度范围的城市空间，也可以分析单个或小范围的城市片区。特别是在一个具有强烈肌理特征的城市环境中进行规划设计时，对现存的城市空间进行图底关系分析常常对规划的空间布局具有决定性的影响，如历史城市或地段。③视觉。从视觉体验的艺术质量来对城市空间进行分析是一种具有悠久历史的空间认知和分析方法。1889 年，奥地利建筑师卡米诺·西特基于视觉艺术的原则撰写了《城市建设艺术：遵循艺术原则进行城市建设》一书，对欧洲中世纪的街道和广场进行了分析，归纳出优质城市空间的一系列艺术原则，成为空间视觉分析的重要理论著作。在规划设计的实际操作中，由英国人戈登·卡伦于 1960 年代在其著作中提出的序列视景分析方法最为常见。在城市空间中选择一条有意义的运动路径，沿着这一路径在关键点记录空间的视觉形象，并连续排列，以反映空间的形态特征和人的视觉体验。由于这一方法强调空间连续变化所带来的视觉质量，在规划地块处于一个相对完整的空间体系中时具有重要意义（图 3-6）。④结构。对一系列相关城市空间的体系进行分析，判断重要的空间结构要素，如空间轴线、节点、标志等。如果规划地块处在一个完整的空间体系之中，对于空间结构的分析和理解将对空间的规划布局产生重要的影响。

　　6）交通条件分析

　　一般需对规划地块所在的城市片区或更大的范围进行研究，对其道路网络、车行、步行、停车等可达性条件进行评估以便了解规划地块如何与城市中的其他主要相关片区进行联系，并发现基地交通条件的优势和问题。交通条件

图 3-6　戈登·卡伦的序列视景分析

（资料来源：转引自段进.城市空间发展论[M].第二版.南京：江苏科学技术出版社，2006：132）

区域道路系统分析　　　　　火车站地区周边交通分析

图 3-7　现状道路系统分析

（资料来源：东南大学城市规划设计研究院.苏州火车站地区综合改造城市设计[Z]，2006）

分析通常包括：①道路网络和断面。大多数情况下，所有的道路形成一个层次型网络，包括快速干道、主干道、次干道、支路等，不同道路的通行能力和开口设置不同将影响规划地块的布局（图3-7）；此外，不同的道路依据其等级、功能和景观要求具有不同的断面形式，对于地块沿街建筑的布局以及景观具有重要影响。②静态交通。停止的车辆（以及无功能的车辆）被归为静态交通。包括现状停车设施和数量、停车需求、非机动车停车等。③公交。包括城市轨道交通网络和站点、公共汽车站点、水上交通、班车等其他公共交通条件。

图 3-8 现状建筑质量分析   图 3-9 现状建筑风貌分析   图 3-10 现状建筑层数分析

（资料来源：东南大学城市规划设计研究院. 海宁市西山周边地段城市设计 [Z]，2005）

④慢行交通。包括自行车慢性系统、步行道等，是国内外城市规划中日益受到关注的内容。国外在进行慢行系统的分析时，通常重点关注规划地块与其他城市片区通过慢行交通进行联系的质量和安全性，评估特别不便利和危险的区域；有时还需要将慢行交通划分为休闲路网和日常路网分别分析。

此外，交通复杂地段的详细交通分析需要专业的交通工程师加入，对交通条件和压力进行深入的研究。

7）现状建筑分析

对于现状建筑的分析通常依据一定的标准进行分类，常见的分类包括：①建筑风格。对不同时代（或者不同时代风格）、不同地区（或地区风格）以及不同文化运动中的建筑或者城市结构进行分类。由于建筑风格往往同建筑的建造年代具有关联性，但是又并不能完全地对应，因此，严肃的建筑风格分析应当建立在对规划片区进行深入历史分析的基础之上。②建筑质量分析。主要依据建筑结构的老化程度对其进行评估和分类，分析结果作为判断现状建筑更新方式的依据之一（图 3-8）。③建筑风貌分析。与建筑风格不同，建筑风貌主要指建筑视觉特征对城市空间环境质量的影响。有的建筑虽然具有良好的结构质量，但由于其与城市环境严重不协调仍然会被认为是风貌较差的建筑（图 3-9）。

此外，还可以根据项目特点就建筑的某一方面特征进行分类分析，如建筑层数（图 3-10）、建筑屋顶形式、所有权关系等。

3. 现状建设条件分析

一般指由人为因素所造成的建设条件，包括：

（1）城市用地布局：在明确规划用地现状分布情况的基础上，分析其能否适应发展，对生态环境的影响，与城市内外交通的关系等（图 3-11）。

图 3-11　现状土地利用分析

（资料来源：东南大学城市规划设计研究院．徐州奎山塔地块修建性详细规划 [Z],2009）

（2）城市设施。是指公共服务设施和市政设施现状的质量、数量、容量与利用的潜力等。

（3）社会、经济构成。是指人口结构、分布密度、产业结构和就业结构对用地建设的影响。

4．基础设施条件

含用地本身和邻近地区中可利用的基础设施的位置、种类、级别、质量等。

3.2.2　建筑布局与规划设计

修建性详细规划中对建筑物进行布局的目的不是对建筑物本身进行设计，通过对建筑位置、体量、尺度、比例、功能、造型、材料、色彩等的规划设计，修建性详细规划的建筑布局将在一定程度上决定规划地块内的建筑组合形态、结构方式以及外部空间等，为具体的建筑设计建立基础。

修建性详细规划中的建筑布局，至少应当考虑以下几方面的问题❶：

---

❶　参见：王建国．城市设计 [M]．北京：中国建筑工业出版社，2009：153.

(1) 物理环境。建筑布局与气候、日照、风向、地形地貌等之间的关系。

(2) 功能。应当支持地块所承担的城市功能。

(3) 文脉。应当与现有的城市空间形成完整的整体，并表达特定的城市环境和历史文脉特征。

(4) 生活。应当满足人们的日常生活、社会活动的要求。

(5) 美学。应当具有视觉体验上的愉悦感，为创造优美的城市环境服务。

建筑只有组成一个有机的群体才能更好地对城市环境作出贡献。弗雷德里克·吉伯德指出，"完美的建筑物对创造美的环境是非常重要的，建筑师必须认识到他设计的建筑形式对邻近的建筑形式的影响"[1]。建筑布局与规划设计的总体原则大致有以下几点[2]：

(1) 不仅应当成就建筑群体自身的完整性，而且应当能对所在地段产生积极的环境影响。

(2) 注重与相邻建筑之间的关系，基地的内外空间、交通流线、人流活动和城市景观等，均应与地段环境文脉相协调。

(3) 建筑设计还应关注与周边的环境或街景一起，共同形成整体的环境特色。

3.2.3　空间景观与环境设计

"景观"在最为狭义的层面指具有审美感的风景，在更为广义的层面，它还包含了广阔的地理学和生态学意义，并且涉及以视觉为中心的知觉过程对环境的认识。[3]作为修建性详细规划内容之一的空间景观，主要指城市中一定地段范围内自然环境和人工环境所呈现的景观属性及人们对它们的感知。其中自然环境包括山体、水系、绿地、各种植被等；人工环境包括建筑和建筑群体组成的建筑空间景观、道路景观等；此外，还包括广告标志等城市设施景观和城市雕塑等景观小品。

1. 自然山水

包括依据上位规划和规划地段的自然条件确定保留的山体和水系、重要自然景观廊道和自然景观标志，如重要的山峰等。在进行地块建筑布局时，应当结合自然山水条件，保护自然景观廊道，激活滨水空间，显山露水，创造自然山水与建筑群体共生的和谐景观。

山体：应当根据相关规范和规划明确其与建筑用地的界限，在作为建筑用地的山体上进行建筑布局应当随高就低适应地形，根据需要对局部地形进行适当改造，明确山体在地块中的使用功能，在保护山体植被等自然特征的基础上，增加道路等设施。

水系：应当明确水体蓝线和绿化带位置、宽度，对滨水空间的功能进行定位。在功能定位的基础上，对滨水岸线形式、滨水步道体系、设施和滨水建筑界面进行规划设计（图3-12）。

❶　吉伯德.市镇设计[M].程里尧，译.北京：中国建筑工业出版社，1983.

❷　参见：王建国.城市设计[M].2版.南京：东南大学出版社，2004：100.

❸　许浩.城市景观规划设计理论与技法[M].北京：中国建筑工业出版社，2006：7-11.

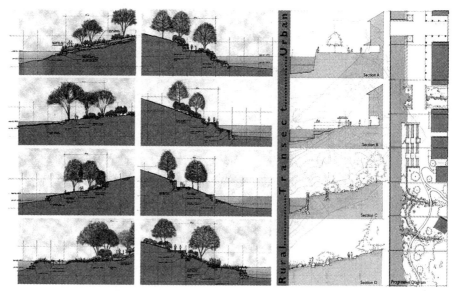

图 3-12　水体岸线处理案例
（资料来源：HOK. 印度 Dasve 村改建规划 [Z]，2005）

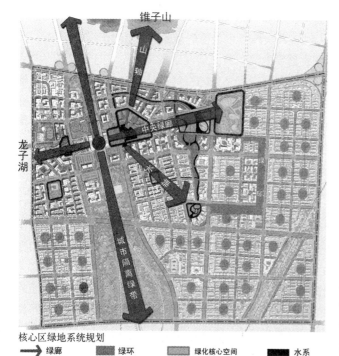

核心区绿地系统规划
→ 绿廊　　■ 绿环　　■ 绿化核心空间　　■ 水系
图 3-13　绿地系统分析举例
（资料来源：东南大学城市规划设计研究院．蚌埠市高铁站周边地区城市设计 [Z],2009）

2. 绿地和种植景观

绿地是指配合环境，创造自然条件，使之适合于种植乔木、灌木和草本植物而形成一定范围的绿化地面和地区，包括公共绿地、专有绿地和居住绿地等（《辞海》）。我国 2002 年颁布的《城市绿地分类标准》CJJ/T85-2002 将绿地按照功能分为公园绿地、生产绿地、防护绿地、附属绿地以及其他绿地五大类。依据修建性详细规划的层次和任务，主要涉及各类公园绿地的规划。其中较大型的，如综合公园、专类公园（动物园、植物园、儿童公园）等常常作为单独的景观规划设计项目；而相对规模较小的常作为修建性详细规划项目的一个部分，如居住小区公共绿地、街头绿地、建筑组团绿地、庭院等。其规划应主要考虑以下内容。

1）绿地系统结构（图 3-13）

根据上位规划所确定的绿地体系以及规划地块的建筑布局等，对绿地分布进行整体安排，确定绿地节点、轴线、各级公共绿地、庭院、林荫道等的位置和相互关系，形成合理的绿地系统结构，延续上一级绿地体系。

2）绿地与建筑布局

根据规划地块的功能和空间布局要求，确定绿地和建筑、广场等各自的占地面积，结合建筑空间布局以及绿地系统结构，划定绿地的范围，确定绿地的平面布局和形态，形成与建筑空间相适应的绿色环境和景观。

3）地形和竖向

绿地地形规划的目的是创造景观优美、适于建筑布局或人们活动的合理地形，与绿地中的种植和步行道设计直接相关。首先应当分析规划地块现状的地形条件，确定绿地总体的起伏或平坦特征，然后根据排水和景观要求依照相关规范进行规划（表3-1）。

各类地表排水坡度（引自《公园设计规范》CJJ 48—1992）　　表3-1

地表类型		最大坡度	最小坡度	最适坡度
草地		33%	1.0%	1.5%～10%
运动草地		2%	0.5%	1%
栽植地表		视土质而定	0.5%	3%～5%
铺装场地	平原地区	1%	0.3%	
	丘陵地区	3%	0.3%	

4）步行道

依据绿地的功能设置步行道路，其形式包括直线式和曲线式。在较平坦的地形上需要利用道路作为日常通勤使用时，宜采用直线式道路，以获得较高的效率，有利于疏散人流。在地形起伏或需要营造曲折的景观趣味的绿地上宜采用曲线式道路。此外，绿地道路形式还需要依据总体的规划布局确定，直线式道路有助于创造宏伟壮丽的景观，而曲线式道路适合于创造亲切宜人的环境景观。

5）种植

绿地和地块内其他场地中应当进行绿化种植形成种植景观。修建性详细规划中应当对地块内的种植进行配置规划，明确乔木、灌木、草坪的位置，提出植被孤植、群植、列植、散植等不同的配置形式，并提出建议性的树种配置。

其中，孤植作为空间视觉的焦点适合配置于庭院、路口等位置；群植可以形成空间层次丰富、生态关系复杂的树群，适合于较大的绿地空间；列植具有明确的方向感和空间限定效果，适合配置于道路两侧、广场、水滨等的空间界面；散植形态随意自然，适合配置于庭院、草坪、建筑侧边等处。❶

3．建筑空间景观

以视觉为核心对建筑及其限定的空间进行认识就形成建筑空间景观，当人们处于城市空间内部时，所感知的主要是建筑物和开放空间所形成的景观，包括广场、道路、标志性的建筑等；当人们置身于一组建筑或城市片区外部进行观察时，所感知到的重要景观属性是建筑群所形成的天际线。

---

❶　许浩．城市景观规划设计理论与技法 [M]．北京：中国建筑工业出版社，2006：179-180．

1）广场景观

广场是城市开放空间系统中的重要节点，既是城市景观的重要组成部分也是人们观景的主要空间。按照不同功能，广场可分为市民广场、交通广场、商业广场、街道广场、市政广场等，不同类型的广场通常具有不同的景观特征，需要采用不同的形式和设计手法。修建性详细规划中的广场规划设计主要包括以下内容：

（1）确定广场的平面形态。广场的平面形态大致分为规则型和不规则型。规则型广场常常具有明确的轴线、对称或较规整的布局，如矩形广场、圆形广场等。规则型广场由于其形态的完形特征往往具有鲜明的统一性和纪念性，使人印象深刻，适合于具有历史纪念意义、政治意义和宗教意义的广场（图3-14）。不规则广场形态自由，往往根据用地条件和地形灵活布置。由于形态的不规则特征，易于形成丰富多变的景观和场所感，适合于市民广场、商业广场等生活氛围浓厚的广场。

（2）对广场周边的建筑界面进行规划控制。广场周边建筑形成了限定广场的界面和广场景观的边界。修建性详细规划应当将广场及其周边建筑界面作为整体考虑，控制街墙线、建筑底层业态和建筑风格，形成统一、完整、连续的界面。

（3）布置广场绿化。广场种植具有分割广场空间，引导人流和美化景观的作用，多采用列植、孤植，辅以草坪、散植等。

（4）布置景观小品和服务设施。包括雕塑、柱、碑、水景等景观小品和电话亭、垃圾筒、座椅、饮水器等服务设施，它们往往形成广场的景观节点和活跃元素。

2）天际线

天际线是城市建筑群与天空背景相交形成的轮廓线（图3-15）。当人站在城市外部或是某一开敞空间中时，天际线的形态构成了城市景观的重要特征。特别是高层建筑集中的地段，天际线往往给人留下深刻印象。修建性详细规划中应当考虑上位规划和城市设计所确定的重要天际线要求，分析本地块建筑形体、高度在重要视点上进行观察时对天际线形态的影响，据此确定合适的建筑形体、高度，并绘制地段整体的立面和天际线（图3-16）。

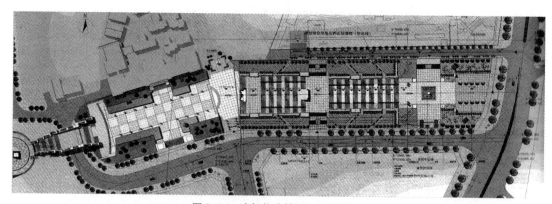

图3-14　广场修建性详细规划案例

（资料来源：重庆市规划设计院．重庆歌乐山烈士陵园广场二期工程修建性详细规划 [Z]，2006）

图 3-15 城市天际线
（资料来源：陈晓东拍摄）

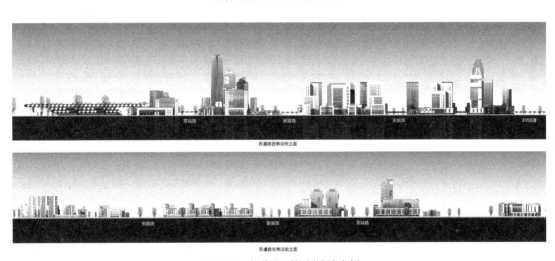

图 3-16 沿街立面规划设计案例
（资料来源：东南大学城市规划设计研究院.苏州火车站地区综合改造城市设计 [Z]，2006）

4. 道路景观

在广义的层面，道路景观规划的内容包括了街道空间、沿街建筑立面、道路铺装、人行道、种植、服务设施以及街道对景等所有相关要素的景观属性。修建性详细规划中的景观规划，主要是在确定道路网络和道路断面形式的基础上，对街道空间建筑界面进行控制，精心安排种植绿化、地面铺装、街道家具、广告标志物、停车场景观等，创造宜人、舒适、方便的步行环境。

1）街道建筑界面

从道路空间的横断面观察，沿街建筑的高度是影响街道空间感受的重要因素。根据一般经验，空间的围合感和空间界面的高度与空间的平面尺寸的比值相关。建筑间的距离（D）与沿街建筑高度（H）的比例大于等于 4 时，街道行人的视线开敞；D/H 在 1～3 时，街道具有一定的围合感，而当 D/H 小于 1 时，街道易于产生压抑感。当然，这只是一种大致的判断，还应具体考虑界面的形式、一段街道上感受的连续变化等因素（图 3-17）。

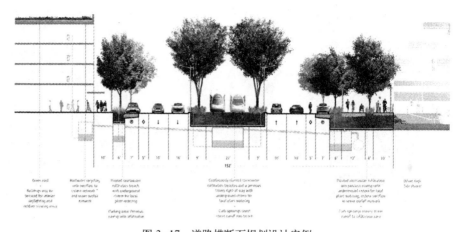

图 3-17　道路横断面规划设计案例

（资料来源：Wallace Roberts,Todd L.L.C. 特拉华中心区愿景和行动规划 [Z],2006-2007）

从道路空间的平面观察，沿街建筑形成街道空间的边界，如果一段街道上的建筑界面落在同一条直线（或弧线）上，将明确限定街道空间，此时这条直线（或弧线）被称为街墙线。街墙线对于那些需要形成明确而令人印象深刻的街道具有重要意义，一般而言，重要的商业街、城市轴线等宜采用控制街墙线的规划手法。在具体的规划设计中，对于多层建筑通常应要求较高比例的建筑界面在一定高度范围内紧贴街墙线，而对于高层建筑塔楼要求建筑触碰街墙线，以形成连续的街道空间界面。

从道路空间的纵断面观察，沿街建筑形成连续的街道空间界面，各建筑高度的变化和立面特征是街道空间视觉景观的重要组成要素。沿街建筑的高度变化无章缺少秩序会造成街道景观混乱，而过于整齐划一则使人感觉呆板和紧张，因此除了非常独特的环境（如政府建筑群等）外，沿街建筑的高度应当在一定的秩序之下富有变化，讲究主从关系。一组连续的沿街建筑立面，在风格、材料、色彩方面同样应具有整体关联性，并与街道的主要功能相适应。如统一建筑檐口线位置，立面虚实关系，开窗比例和形状，冷暖色调等（见图 3-16）。

2）绿化和铺装

修建性详细规划中，应当对地块内主要道路空间中的绿化进行安排，划分道路绿带，并确定其宽度，包括行道树绿带、分车绿带、路侧绿带、交通岛绿地和停车场绿地等，道路中的绿化带应有一定的宽度，其中分车绿带宽度不小于 1.5m，主干道分车绿带应大于 2.5m，行道树绿带应大于 1.5m。在此基础上兼顾道路功能与景观要求提出绿化配置的设想，通常以乔木为主，乔木、灌木和地被植物相结合，选配地方性、易成活的物种。道路的绿地率是反映道路绿化景观的重要指标，通常景观路的绿地率不小于 40%，40m 道路不小于 20%，地块内道路参照这一指标根据景观要求确定。

道路铺装是街道景观中最主要的要素之一，修建性详细规划中，应当对地块内主要道路的人行道、建筑后退道路线内的步行空间、其他步行道的铺装提出意象性的配置。铺装材料的选择应当依据街道的规划概念以及当地的天气条件来确定。一般性的人性道宜采用混凝土块材等相对经济的材料和统一、适中的色彩；

商业区、步行街等可采用石材等富于质感和纹理的材料和相对鲜艳的色彩以及拼花图案，以渲染热闹的氛围。在较寒冷的地区，宜使用相对坚硬的铺装材料，以抵抗冻融变化、冰雪清除工作对地面的损伤；多雨地区应使用表面相对粗糙的材料，以增加摩擦力，防止行人滑倒。❶

3）街道家具和广告标志物

街道家具包括那些人行道上的小尺度设施，它们完善了街道空间的功能，有助于形成人性化的空间景观。修建性详细规划中应对街道家具的位置、形式、标准进行安排，指导其具体的选择和建设。常见的街道家具有：

（1）交通公共设施。如交通指示牌、隔离栏、路灯等。

（2）服务性公共设施。如座椅、垃圾桶、饮水器、邮箱、报栏、厕所等。

（3）景观性公共设施。如雕塑、喷泉等。

（4）商业设施。如自动贩售机、报亭、茶座等。

街道家具的选择和放置应当依据以下原则❷：

（1）兼顾装饰性、工艺性、功能性和科学性要求。

（2）保证布局安排、尺度比例、用材施色、主次关系和形象连续等方面的整体性和系统性。

（3）具备一定的更新可能。

（4）满足综合化、工业化和标准化的要求。

通常街道家具安放在人行道外侧，在道路拐角处附近较为集中，同时必须让出拐角空间，以保证行人通行和视线要求。有些商业性设施宜结合店铺布置于建筑后退线内。

广告标志物主要指街道两侧建筑的店招、广告牌、灯箱等由非公共机构各自设置的主要用于商业目的的标识、标志。修建性详细规划中应当明确可以设置此类标志物的地段范围，并对其设置的位置、尺寸、色彩、风格等进行控制，保证街道界面景观的完整性（图 3-18）。

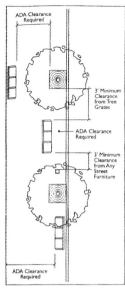

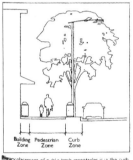

图 3-18 不同的街道家具布置方式

（资料来源：Frederick R. Steiner，Kent Butler. Planning and Urban Design Standards[M]. John Wiley and Sons，2007:293）

---

❶ Frederick R. Steiner, Kent Butler. Planning and Urban Design Standards[M].John Wiley and Sons，2007：287.

❷ 参见：王建国. 城市设计 [M]. 2 版. 南京：东南大学出版社，2004：121-122.

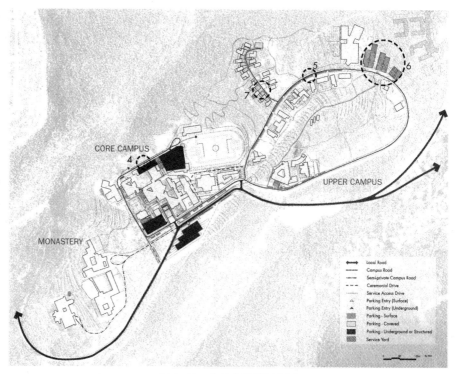

图 3-19　车行交通规划案例

（资料来源：Sasaki. 黎巴嫩巴拉曼大学校园规划 [Z],2006）

3.2.4　道路交通规划与设计

修建性详细规划中道路交通规划设计的内容与深度为：在控制性详细规划所确定的道路系统上，对规划地块的人流车流进行分析，确定地块和主要建筑物的出入口，地块内部道路的线形、宽度、断面、竖向设计；确定地块内的停车场（库）位置以及停车数量；确定消防车道布置和消防扑救场地位置；确定道路横断面的形式和尺寸；确定步行和自行车道路、场地的位置以及非机动车停车场地的位置、停车数量等（图 3-19）。在具体的项目实践中，有时还需要对原有控制性详细规划的路网规划进行深化和优化，增加城市支路网密度，提高地块的可达性。

1. 确定交通路网结构

根据现状和上位规划所确定的路网和用地布局，对规划地块的车流、人流的主要来向、流量、速度等进行判断，构建地段路网等级结构，并布置地块内部道路系统。通常可按照快速路—主干道—次干道—支路—内部道路的等级结构进行划分，并保证各级路网密度满足国家和地方相关规范的要求（图 3-20）。

2. 地块机动车出入口位置

规划地块出入口的位置应当依据建筑布局的要求，同时满足控制性详细规划以及其他上位规划和相关规范的规定。

对于地块内部而言，地块机动车出入口应当方便车辆由城市路网进入地块的各主要建筑，减少交通距离，提高通勤效率；当地块功能复杂时可分设多个

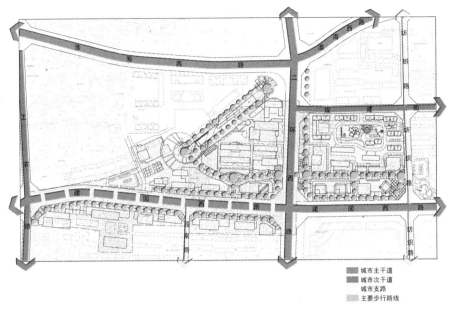

图 3-20　车行道路体系规划

（资料来源：东南大学规划设计研究院.徐州建国西路步行街修建性详细规划 [Z]，2009）

出入口，以区分相互干扰的不同人流车流，如医院、大学校园、图书馆、博物馆等；当地块容纳人员较多时，也应当设置多个出入口，如住宅小区、商业综合体等。

　　对于外部城市路网而言，地块机动车出入口应当避免设置在高等级道路上，当地块位于两条以上城市道路交叉口时，其出入口应当设置在等级较低的道路上；出入口不应靠近城市道路交叉口，其位置距城市主干道交叉口不小于80m，距次干道交叉口不小于50m，距桥隧坡道起止线不小于30m；不宜在城市快速干道上设置出入口，同一道路上不宜开设多个出入口，如设置两个或以上出入口时，应保证两出入口之间有一定距离。当受交通条件限制需在较高等级或交通繁忙道路上设置出入口时，宜采用右进右出式的出入口；出入口与相连城市道路的交角不宜小于75°。❶

　　3. 道路线形、断面与竖向

　　地块内的道路线形应当能够方便地通达建筑物的各个安全出口及建筑周边的场地，同时应当满足以下要求❷：

　　（1）连续、平顺，与地形、地物相适应，与周边环境相协调；

　　（2）满足行驶方便以及视觉、心理上的要求；

　　（3）均衡连贯，避免急转弯，两条道路之间的间距应当不大于160m；

　　（4）对于私用地块，在两个出入口之间不宜直线连接，避免外部车辆直接穿行。

---

❶　参考：江苏省住房和城乡建设厅.江苏省城市规划管理技术规定[M].南京：江苏人民出版社，2011：16.

❷　参见：徐循初，汤宇卿.城市道路与交通规划（上册）[M].北京：中国建筑工业出版社，2005：67.

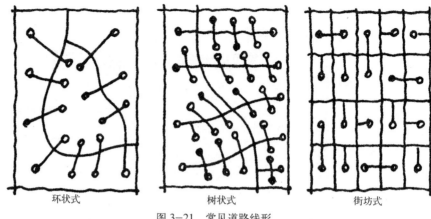

环状式　　　　　　　　树状式　　　　　　　　街坊式

图 3-21　常见道路线形

根据不同的功能和景观组织要求，常见的道路线形包括以下几种（图 3-21）。

1）环状式

主要道路在地块内部形成一个或多个环路作为主要的交通系统，再由环路通向各主要建筑、场地。环状式道路具有联系方便、灵活性高的优点，但是各建筑（组团）连接在一起使得相互之间的私密性较弱，适合内部功能较一致，相互干扰较小的地块，如普通住宅小区、学校校园等。

2）树状式

主要道路分为主干、分支等一级或多级，次一级道路独立地连接在高一级道路上，形成如树木分枝状的结构，建筑物或场地成为次级道路的尽端。这种布局强调了每个尽端之间相互分离的关系，各建筑间具有相互的独立性，因而较为私密，但是不利于形成交流活动的场所，并且降低了交通效率。这种布局适合于各建筑（组团）间私密性要求较高的地块，典型的如别墅区。此外，由于大量采用尽端道路，应在尽端长度大于 35m 时设置不小于 12m 见方的回车场地。

3）街坊式

道路在地块内部相互连接成为类似城市街区的较为平直的网状结构，并且与城市道路直接联系，形成一个与城市融合的半开放的街区。这种布局具有一定的公共性，内部人流活动自由度较高，易于形成交往活动的场所，适合于对私密性要求不高，或者要求与城市紧密联系和激发街道活动的地块，如商业步行街区、传统里弄住宅等。

以上各模式适应于不同的城市地块，而在同一个地块内根据功能、建筑空间布局等的要求，各种模式之间还可能混合使用，产生多种多样的路网线形。

由于地块内部道路路幅窄，车行速度相对较慢，车辆数较少，所以通常采用一块板或两块板道路，如居住区、校园、工业园区等。地块内部道路双向通行时其宽度不得小于 7m，并应根据地形进行竖向设计。竖向设计应遵循适应地形和建筑布局以及减小工程土方量的原则，并提供良好的排水条件，充分考虑地下市政工程管线的布置。根据《民用建筑设计通则》GB 50352—2005 的规定，当地块处于平坦地形时，道路的纵坡不应小于 0.2%，即使在坡地上，其纵坡也不应大于 8%，同时坡长不大于 200m；特殊情况下，道路纵坡可不大于11%，但其长度不应大于80m；在多雪严寒地区，纵坡应不大于5%，坡长不大于600m。通常道路的横坡为1%～2%。

街区内道路应考虑消防车的通行，其道路中心线的距离不宜超过160m。当建筑物沿街部分长度超过150m或总长度超过220m时，应设置穿过建筑物的消防车道。消防车道净宽不应小于3.5m，净高不应小于4m。规模在3000m²以上的公共建筑宜设置环状消防车道，并至少有两处与其他车道连通。建筑物采用庭院式布局时，如果院落为全封闭形式且最短边长度超过24m，宜设置进入内院的消防车道。

4. 停车场库与停车数量

规划地块内的停车数量应当按照国家或者地方颁布的标准，依据地块内的建筑功能、数量（面积、房间数等）配建（表3-2）。机动车停车既可以使用地下车库也可以使用地面停车场，地下停车场可以大大减少车位占地面积，提高土地利用率，但是出于方便和通勤需要仍应当保留一部分地面停车，各地方

南京市机动车停车配建标准　　　　　　　表3-2

建筑物类型			计算单位	机动车指标			
				一类区		二类区	三类区
				下限	上限	下限	下限
住宅	别墅、独立式住宅或 $S_{建}$>200m²		车位/户	1.2	1.5	1.5	1.5
	商品房与酒店式公寓	$S_{建}$≤90m²	车位/户	0.7	0.9	1.0	1.0
		90m²<$S_{建}$≤144m²	车位/户	0.9	1.1	1.2	1.2
		144m²<$S_{建}$≤200m²	车位/户	1.1	1.3	1.5	1.5
		未分户	车位/100m²建筑面积	0.8	1.1	1.1	1.1
	经济适用房	$S_{建}$≤90	车位/户	0.6	0.7	0.7	
	廉租住房、政策性租赁住房、整体宿舍		车位/100m²建筑面积	0.3	0.4	0.4	0.4
	饭店、宾馆、培训中心		车位/客房	0.4	0.5	0.5	0.5
办公	行政办公	拥有执法、服务窗口的单位	车位/100m²建筑面积	1.5	1.8	1.8	1.8
		其他		1.2	1.5	1.5	1.5
	商务办公*		车位/100m²建筑面积	1.5	2.0	2.0	2.0
	生产研发、科研设计、物流办公		车位/100m²建筑面积	1.5	2.0	2.0	2.0
餐饮娱乐	独立餐饮娱乐		车位/100m²建筑面积	2.0	2.5	2.5	3.0
	附属配套餐饮娱乐		按独立餐饮、娱乐指标的80%执行				
商业	商业设施*		车位/100m²建筑面积	0.5	0.8	0.8	0.7
	大型超市*		车位/100m²建筑面积	0.6	1.1	1.1	1.3
	配套商业设施（小型超市、便利店、专卖店）		车位/100m²建筑面积	0.25	0.4	0.4	0.6
	专业、批发市场		车位/100m²建筑面积	0.5	0.9	0.9	1.0
医院	综合医院、专科医院	三级医院	车位/100m²建筑面积	0.8	1.2	1.5	1.5
		二级及以下医院	车位/100m²建筑面积	0.5	0.7	0.7	1.0
	社区卫生防疫设施		车位/100m²建筑面积	0.2	0.3	0.3	0.5
	独立门诊		车位/100m²建筑面积	2.0	2.0	2.0	2.0

续表

建筑物类型			计算单位	机动车指标			
				一类区		二类区	三类区
				下限	上限	下限	下限
影剧院*			车位/100座位	1.5	3.0	3.0	3.0
博物馆、图书馆*			车位/100m²建筑面积	0.4	0.6	0.6	0.6
展览馆、会议中心*			车位/100m²建筑面积	0.4	0.6	0.6	0.8
体育场馆*			车位/100座位	2.0	3.0	3.0	4.0
学校	教工停车位	中小学、幼儿园	车位/100教工	10	12	15	20
		中专、大专、职校		10	15	20	25
		综合性大学		15	20	30	30
	学生接送临时停车位	中学	车位/100学生	2	—	3	3
		小学		4	—	5	5
		幼儿园		3	—	4	4
游览场所	主题公园*		车位/公顷占地面积	1.5	8.0	8.0	10.0
	一般性公园、风景区*		车位/公顷占地面积	1.0	2.0	2.0	4.0
工业	厂房		车位/100m²建筑面积	—		0.4	0.4
	仓储		车位/100m²建筑面积	—		0.4	0.4
交通枢纽	汽车站*		车位/年平均日每百位旅客	—		2.0	2.0
	火车站*			—		2.0	2.0
轨道交通车站	轨道一般站*		车位/100名远期高峰小时旅客	—			
	旅道换乘站*			—			0.3
	轨道枢纽站*			—			0.4

注：(1) 表中标注*的建筑类型为特殊类型建筑；

(2) 住宅 $S_建 \leq 70m^2$ 的户型，其配建指标可按未分户型计算；经济适用房 $S_建 \leq 90m^2$ 的户型按照商品房指标执行；

(3) 建筑物附属配套餐饮娱乐设施可按照独立指标的80%执行，但不再使用混合建筑车位折减；

(4) 轨道交通车站中的轨道换乘站指有两条轨道交通通过的车站，轨道枢纽站指3条及3条以上轨道交通通过的车站。

通常都规定了地面停车占停车总数的最小比例。此外，还可以采用地面集中停车楼，在使用机械式泊车设备时，地面停车楼的土地使用效率可以较大地提高。

停车场应当按照相关规范设置车库出入口，50泊位以下的可以设置一个出入口，50～300泊位的应设置至少两个出入口，300泊位以上的出入口应当分开设置，两个出口间距不小于20m，500泊位以上应设置至少三个出口。

单个车位的布置方式按汽车纵轴线与通道的夹角关系可分为平行式、斜列式、垂直式三种（图3-22）。停车场用地面积每个停车位约为25～30m²，地下停车库约为30～35m²。

5. 慢行系统

城市慢行系统包括了道路人行道、人行横道、独立设置的步行道、建筑间的公共连廊、地下空间的公共步行道、空中和地下过街通道、广场和开放空间、道路一侧的自行车道以及独立设置的自行车道、城市绿道等（图3-23）。

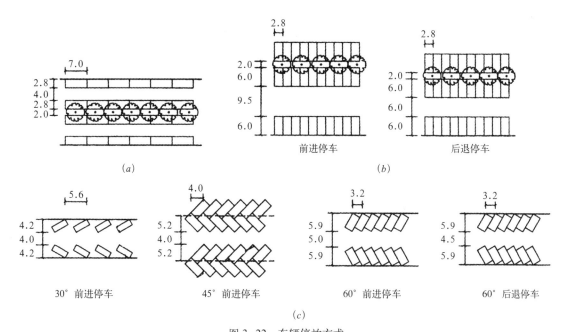

图 3-22　车辆停放方式

(资料来源：赵晓光. 一级注册建筑师考试场地设计应试指南 [M].2 版. 北京：中国建筑工业出版社，2006:106)

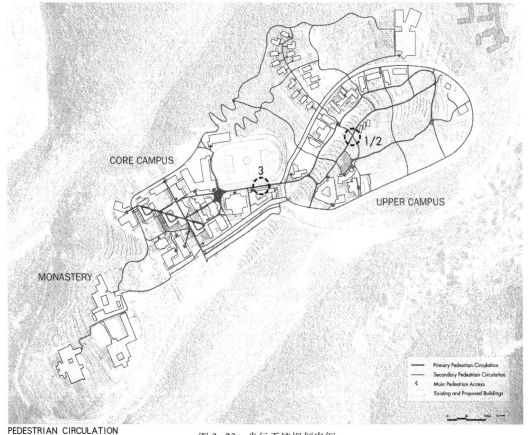

PEDESTRIAN CIRCULATION

图 3-23　步行系统规划案例

(资料来源：Sasaki. 黎巴嫩巴拉曼大学校园规划 [Z],2006)

修建性详细规划中的慢行系统规划应考虑以下问题：

（1）注意与上位规划中确定的城市慢行系统对接，如城市绿道、步行街、开放空间等，将本地块中的主要人行活动区、建筑步行出入口等与之方便地联系在一起。

（2）地块内的步行道系统宜布置成网状，设置较多的交叉口以提供多种线路选择，避免人们绕远路到达目的地；慢行车道线形可具有一定的变化，以创造步移景异的景观效果，但通常不宜过于曲折迂回。

（3）车行交通道路及其设施应当尽量远离步行系统布置，如车库、停车位等；在交通繁忙的机动车行道路与慢行道路交叉口，宜采用天桥、地下通道等立体过街方式，当必须采用平面过街方式，且双向机动车道达到或超过六条车道时，应设置过街人行安全岛。

（4）在强调慢行交通方式的地块中，可以通过改变机动车道和交叉口的设计达到降低机动车速度、提高慢行安全性的目的，如增加机动车道的曲折程度、减小机动车道宽度、采用宽度缩减的道路交叉口等❶。

（5）步行道的宽度应是人行带宽度的倍数，人行带宽度指单个行人通行时所需的宽度，通常单人无携带物品需 $0.7 \sim 0.8$m 的宽度，人行道最小宽度不得小于 1.5m。在步行人流密集的场所，如商业区、车站等，人行道的宽度应根据人流量和道路设计通行能力进行计算。

此外，应为自行车交通配建停车场（库），其数量应按照地块的功能、容量（面积、户数等）依据相关标准计算（表 3-3）。

南京市非机动车停车配建标准 　　　　　　表 3-3

建筑物类型		计算单位	非机动车		
			I	II	III
住宅	别墅、独立式住宅或 $S_建$>200m²	车位 / 户	0		
	商品房与酒店式公寓 $S_建 \leqslant 90$m²	车位 / 户	1.8		
	90m²<$S_建 \leqslant 144$m²	车位 / 户			
	144m²<$S_建 \leqslant 200$m²	车位 / 户	1.5		
	未分户	车位 /100m² 建筑面积	2.0		
	经济适用房	车位 / 户	1.8		
	廉租住房、政策性租赁住房、整体宿舍	车位 /100m² 建筑面积	2.5		
饭店、宾馆、培训中心		车位 / 客房	1.0		
办公	行政办公	车位 /100m² 建筑面积	3.0	2.5	2.0
	其他办公	车位 /100m² 建筑面积	3.0	2.5	2.0
	生产研发、科研设计、物流办公	车位 /100m² 建筑面积	3.0	2.0	1.5
餐饮娱乐	独立餐饮娱乐	车位 /100m² 建筑面积	2.0	1.5	1.0
	附属配套餐饮娱乐	车位 /100m² 建筑面积	2.0	1.5	1.0

❶ Frederick R. Steiner, Kent Butler. Planning and Urban Design Standards[M]. John Wiley and Sons, 2007:281.

续表

建筑物类型		计算单位	非机动车		
			I	II	III
商业	商业设施	车位 /100m² 建筑面积	4.0	3.0	2.0
	大型超市	车位 /100m² 建筑面积	4.0	3.0	2.0
	配套商业设施（小型超市、便利店、专卖店）	车位 /100m² 建筑面积	5.0	4.0	3.0
	专业、批发市场	车位 /100m² 建筑面积	4.0	3.0	2.0
医院	综合医院、专科医院	车位 /100m² 建筑面积	4.0	3.0	2.0
	社区卫生防疫设施	车位 /100m² 建筑面积	5.0	5.0	2.0
	独立门诊	车位 /100m² 建筑面积	2.0	2.0	2.0
影剧院		车位 /100 座位	3.5	3.0	2.0
博物馆、图书馆		车位 /100m² 建筑面积	2.0	1.5	1.5
展览馆、会议中心		车位 /100m² 建筑面积	2.0	1.5	1.0
体育场馆		车位 /100 座位	2.0	1.5	1.5
学校	中小学、幼儿园	车位 /100 座位	中学 70/ 小学 20/ 幼儿园 5		
	中专、大专、职校	车位 /100 座位	80	80	50
	综合性大学	车位 /100 座位	80	80	50
游览场所	主题公园	车位 / 公顷占地面积	15.0	10.0	5.0
	一般性公园、风景区	车位 / 公顷占地面积	20.0	15.0	10.0
工业	厂房	车位 /100m² 建筑面积	—	1.0	1.0
	仓储	车位 /100m² 建筑面积	—	1.0	1.0
交通枢纽	汽车站	车位 / 年平均日每百位旅客	3.0	3.0	3.0
	火车站		3.0	3.0	3.0
轨道交通车站	轨道一般站	车位 /100 名远期高峰小时旅客	8.0	6.0	5.0
	旅道换乘站		6.0	4.0	4.0
	轨道枢纽站		6.0	4.0	4.0

3.2.5 投资效益分析与综合技术经济论证

投资效益分析是指对建设项目的预期效益和开发成本进行比较，判定项目开发的效费比，从而对项目的建设标准、规划设计方案进行比较、选择和决策的过程和方法。其基本原理可表达为：V（价值系数）=F（效益系数）/C（成本系数）。[1] 投资效益分析的目的是使项目以较低的成本实现规划预期的目标，提高项目的整体价值，其中包括了经济效益、社会效益、环境效益等。

1. 经济效益

经济效益可以通过综合技术经济论证得出。综合技术经济论证即对规划

---

[1] 畅月萍，王勇.投资效益评估法在城市修建性详细规划中的推广和应用[J].规划师，2010(山西专辑)：53.

区土地的权属、地价和拆迁还建等土地开发费用、前期工程费用、内部市政配套工程建设费用、绿化及环境设施工程建设费用、建筑及安装费用等各项成本费用进行评估（表3-4），对项目的开发总收入、总利润等进行初步财务分析，对项目的投入和产出进行分析论证。综合考虑社会效益、经济效益和环境效益的协调和统一，为评估规划项目的可实施性提供依据。其主要指标可采用项目开发总利润、全部投资利润率等。计算公式如下：

项目开发总利润 = 可售建筑面积 × 单方建筑面积预定售价 − 项目开发总成本（含利息）− 流动资金增加❶

全部投资利润率 = 项目开发总利润／项目开发总成本

其中，开发成本中土地批租费、工程前期的规划设计费和向政府部门缴纳的各种税费可以通过相应的规范性文件查知；工程建设费用、建筑安装费用以及拆迁费用可以按照工程量 × 单价进行计算。主要的工程量估算项目包括以下几方面：❷

工程概算项目构成表　　　　　　　　　　　　　　　　表3-4

	类别	主要项目
一	土地开发使用费	1. 土地批租费；2. 征地费用；3. 房屋拆迁费
二	前期工程费	1. 项目可行性研究；2. 规划管理费；3. 勘察设计费；4. 方向投资调节税；5. 城市基础设施配套费；6. 施工准备费用
三	内部市政配套工程建设	1. 场地平整；2. 道路及交通设施；3. 排水工程；4. 水电燃气工程及增容；5. 电信管网
四	绿化及环境设施工程建设费	1. 草皮、花坛、植树等；2. 环境设施建设
五	建筑及安装费用	1. 住宅；2. 公建
六	其他费用	1. 不可预见费；2. 基建管理费；3. 贷款利息

资料来源：参考湖北省住建厅. 湖北省修建性详细规划编制技术规定，2001.6

1）道路工程量估算

居住区级以上道路应统计道路红线范围内的道路工程量，居住区级以下道路应统计路幅宽度以内的道路工程量。

道路工程量一般包括：道路长度、宽度和机动车道、非机动车道、人行道、绿化带、自行车停车场、机动车停车场等面积以及配套设备和管理用房面积。

2）管线规划工程量

包括各专项管线工程与配套设施工程（如给水加压泵站、配电所等）。管线工程量按管线断面（等级）和相应管线长度确定，配套设施工程按规模（等级）确定。

3）场地土方平衡工程量

一般包括总土方量、就地填挖量、外运土量、外弃土量、运距、挡土墙长度等。

---

❶ 湖北省住建厅. 湖北省修建性详细规划编制技术规定 [S]，2001：5.

❷ 参考：湖北省住建厅. 湖北省修建性详细规划编制技术规定 [S]，2001：17.

4）土建工程量

是指规划区内所建建筑工程以及建筑物下部的人防地下室的工程量。

5）绿化及环境建设工程量

一般包括草皮、花坛、植树等绿化建设费用和环境设施建设的费用。

2. 社会效益和环境效益的评判

社会效益是指不在项目开发直接经济利润之内的、对社会发展所起的积极作用或产生的有益效果，包括物质和精神不同层面。如提供开放空间增加了市民生活休闲的场所，增加教育、体育锻炼设施可提高市民的文化和身体素质等。

环境效益是指由开发为城市生态环境带来的积极作用或者产生的有益效果。如增加绿化、采用屋顶绿化、采用合理的朝向等。

开发项目在可能带来社会和环境效益的同时也可能带来社会和环境成本，如大拆大建造成原有社会网络的破坏、高档开发集中形成的"绅士化"现象、开发造成的绿地农田减少等。

根据可持续发展的原则，开发项目应当实现经济、社会、环境三者的适度平衡。城市规划作为一种公共政策对此负有重要的责任。但是，在实践中，相比于经济效益，社会效益（成本）和环境效益（成本）往往更加难于预测和量化，所以也常常被忽视。因此，在特别重要的或者性质特殊的修建性详细规划，如生态敏感区、历史文化保护和利用、老城核心区更新等的投资效益分析当中，应当对社会和环境方面的影响给予充分重视，由相关专业人员提供技术支撑，认真研究、反复论证并引入必要的公众参与，以达成三大效益的平衡。

3. 利用投资效益分析优化修建性详细规划方案 ❶

投资效益分析的宗旨是要科学合理地处理好开发效益与建设投资成本的关系，它既反对片面强调节约投资而忽视规划设计方案的科学性和建设技术的合理性，使建设项目达不到规划设计的功能要求的做法，又反对片面追求建设项目的标准和功能而忽视建设过程中的经济合理性，使建设成本不断提高，实际功能并未有实质性改善的做法。根据价值判断的基本标准，可以通过投资效益分析对修建性详细规划方案进行优化，包括以下途径：

（1）通过创新的规划设计理念和方法，既提高效益，又节省投资。

（2）节省土地等资源的消耗，采用适宜的建设标准，在保持效益不变或略有降低的同时大幅降低成本。

（3）积极引入新材料、新技术或创新思想，在成本保持不变或少量提高的情况下大幅提高效益。

3.3 城市典型空间类型的修建性详细规划

修建性详细规划中建筑布局的意义更多地表现在它确立了城市空间的基

---

❶ 湖北省住建厅. 湖北省修建性详细规划编制技术规定 [S]，2001：5.

本格局，不同类型的城市空间，其建筑布局各有特点，典型的包括城市街道空间、城市广场空间、城市滨水区、城市中心区、历史地段等，其中后两种将在后文专章阐述。

3.3.1 城市街道空间的建筑布局与规划设计

街道不仅具有交通功能，同时为市民提供了重要的公共活动场所，它是由两侧建筑物和路面所共同组成的线形空间。依据功能，可以将街道分为生活性街道和交通性街道（道路）两类。生活性街道除容纳必要的交通功能外，还较多地承载了人们游玩、购物、交往等"逛街"所需的活动；交通性道路则突出机动车通勤要求，强调效率和便捷。在现代城市中，由于机动车的大量使用，街道作为一种生活场所受到机动车交通的强烈侵蚀，因而产生了对街道步行化生活的怀念和回归，世界各著名城市都有著名的步行街，成为其标志性的城市空间。

修建性详细规划中的街道空间规划设计应该依据上位规划对于街道功能的定位以及周边街坊的功能、容量、限高等条件，确定街道空间的基本尺度、沿街建筑布局、沿街建筑功能和道路断面布局等。

1. 街道空间尺度

街道的宽度主要由上位规划或者交通流量确定，因此，应当仔细斟酌沿街建筑的高度，因为它们所形成的高宽比反映了街道空间的围合程度，直接影响到人们的空间感受。一般认为，建筑间的距离（D）与沿街建筑高度（H）的比例在 1 ～ 3 之间时，具有较良好的空间感受，既不会觉得过于压抑，同时具有一定的围合感（图 3-24、图 3-25）。当然也不可一概而论，当街道十分宽阔时，即使两侧建筑较高，仍然会因为空间尺度过于巨大而显得不够亲切，因此，生活性街道不宜使用过大的尺度。在特殊情况下，如果必须在较宽的道路上营造活动空间，可以采用骑楼、行道树、绿带等手段划分街道空间，消减过大的尺度。

实际生活中，人们对于道路空间的感受不是静止的，而是在持续行进的过程中逐渐形成的。因此，道路长度（L）与道路宽度（D）之间的比值反映了道路的连续性与统一性。当 D/L 的数值较大时，街道空间的线性特征减弱；反之，街道空间线性特征增强，街道空间的意象更加突出。[1]

2. 沿街建筑布局

沿街道的建筑形成了街道空间的界面，因此，修建性详细规划中各个城市街坊的建筑布局应当和街道空间共同考虑。当沿街建筑连续不断地排列时，可以形成连续的街道空间界面，如果这些建筑朝向街道的一侧在一定的高度范围内沿着同一条控制线布局，就形成连续的"街墙"（图 3-26）。这样的建筑布局能够强化街道空间的连续感，常常被使用在一些容纳连续活动的街道空间规划设计中，如商业街。沿街建筑连续排布过长也会带来封闭乏味的负面效果，因此，应当结合功能和交通条件，在适宜的位置将建筑适当后退，形成节点空间或开口。并非所有街道都须形成连续的建筑

---

❶ 参见：王建国．城市设计 [M]．北京：中国建筑工业出版社，2009：166．

图 3-24　宜人的小尺度街道
（资料来源：陈晓东拍摄）

图 3-25　狭窄而封闭的街道空间
（资料来源：陈晓东拍摄）

界面，如较宽的高等级交通性道路两侧可以布置较宽的绿化带以隔离噪声，并美化环境。

此外，为了产生充裕的道路步行空间，许多道路规定建筑物从道路红线后退一段距离，具体的方式可以分为三类：第一，整个墙面后退，更好地吸纳步行人流，并为街道设施、绿化、街头广场和公园留出空间；第二，在沿街建筑的底部一、二层设置成骑楼的形式，提供室内外过渡的灰空间，为行人提供半室外的连续步行空间；第三，建筑塔楼部分墙表面后退，上部墙面的后退可以增加街道空间的开放感，适用于较窄或者高宽比较大的道路[1]（图3-27）。

3. 沿街建筑功能

沿街建筑特别是与街道空间紧密联系的底层和二层空间，其功能布置应当与街道空间的属性一致。在生活性街道两侧，沿街建筑底层和二层应当布置商业、居住、办公等与市民生活相关联的功能，在一些重要的步行街、热闹的城市中心区街道上，沿街建筑底层的功能还应当起到激发市民参与公共活动的作用，如零售、餐饮等（图3-28）。在等级较高的且以交通功能为主的道路两侧，应当尽量避免布置吸引大量步行人流的商业服务类建筑，如必须布置时可以通过设置街区内部步行空间或者改善街道断面增加道路的步行道尺度加以改善。

4. 道路断面布局

一般来说，道路断面可以划分为机动车道、慢车道、人行道、绿化带等区域（图3-29），另外建筑后退道路红线的部分虽然不属于道路，但却是街道空间的一部分，应当在道路断面布局中一并考虑。绿化带除了可以

---

[1]　参考：王建国. 城市设计 [M]. 北京：中国建筑工业出版社，2009：166-167.

图 3-26　上海外滩建筑"街墙"
（资料来源：陈晓东拍摄）

图 3-28　沿街建筑底层的公共活动
（资料来源：王建国．城市设计 [M]．第 2 版．南京：东南大
学出版社，2004：132）

如果沿街布置的建筑物都很细高，那么街道空间给人以很高的印象。

当高层建筑设有一至二层的裙房时，其高度效果则逐级加强。路灯、树木的高度要考虑与裙房的高度保持一定的平衡关系。

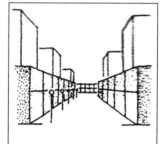

由于商店、雨棚、树木等成为街道空间的一部分。

这些景物对视觉的高度感觉起到了限制作用，可能引起高度感觉的变化。

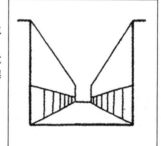

采用联拱柱廊和骑楼形式之后，由于各种屋顶覆盖了街道空间，使得高度效果明显减弱。

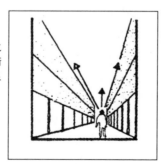

图 3-27　道路空间与两侧建筑形态关系示意
（资料来源：普林茨．城市景观设计方法 [M]．李维荣，等译．天津：天津大学出版社，
1989：44）

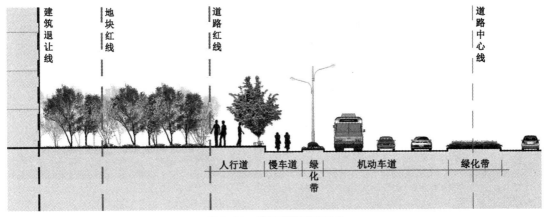

图 3-29　常见道路断面组成

美化街道景观外，还起到划分街道空间、调整空间尺度的作用，应当结合交通、空间、景观的要求综合考虑。对于生活性街道而言，人行道和后退红线的空间是人们步行和公共活动的场所，应当对其进行划分，既保障步行交通通畅，同时合理布置各种街道家具、景观设施和服务设施，形成具有活力的街道生活空间。

3.3.2　城市广场空间的建筑布局与规划设计

城市广场被誉为城市的"起居室"，是现代城市空间环境中最为重要的公共空间之一（图 3-30）。从物质层面看，广场是一种经过精心规划设计的，由建筑物、构筑物和绿化等围合而成的开放空间。[1] 修建性详细规划中城市广场的建筑布局和规划设计应当依据上位规划的要求，确定城市广场空间的功能、尺度、空间围合、空间形态，为广场周边建筑设计和广场景观的建设提供框架。

1. 广场的选址与规模

城市广场作为城市中的重要开放空间之一，其往往位于整个城市结构中或城市片区中的重要位置，常见的情况包括[2]：

（1）城市中重要的或特殊的公共建筑或片区。如行政中心、会展建筑、体育中心、商业区、城市中心区等。

（2）重要的城市空间节点。如城市入口门户、交通站点、枢纽、重要轴线空间的端点等。

（3）重要的观景场所。如自然山体、林地、江河水系等附近。

（4）城市片区人流交汇的街道附近。

广场规模的确定主要根据其服务的人流规模和历史文化象征意义。通常广场服务的城市片区中居住或工作、游憩的人口越多，广场的面积越大；广场在政治、文化、历史等方面的象征性越强，其规模也越大。但是，由于广

---

[1]　参见：王建国. 城市设计 [M]. 2 版. 南京：东南大学出版社，2004：134.

[2]　参见：王建国. 城市设计 [M]. 北京：中国建筑工业出版社，2009：180.

图 3-30　广场——城市起居室

（资料来源：上左图：陈薇摄；上右图：南欧之广场 [J].Process，1980（16）：28；下图：陈晓东摄）

场必须占据一定的土地资源，且它们大多位于城市中的"黄金"地段，因此，总体而言，应当控制过大规模的广场，以适用、适度为广场规模确定的原则（表3-5）。

2. 城市广场的功能

除上位规划中已经予以明确的外，城市广场的功能还可以根据以下方式确定：①区位。如有时城市干道交会处的广场主要起到交通组织的作用。②周边重要的公共建筑。如政府办公楼前设置市政广场，博物馆、影剧院前设置市民广场，火车站、汽车站前设置交通集散广场等。

3. 城市广场的尺度

与街道空间尺度相类似，广场空间的尺度首先是一个场地与围合建筑的相对性问题。卡米洛·西特指出，广场的最小尺寸应等于它周边主要建筑的高度，而最大尺寸不应超过主要建筑高度的 2 倍。而根据现代城市设计和建筑的经验，一般矩形广场的长宽比不应大于 3：1。当然，这些数据只是一种静态的分析，根据不同的规划设计，如不同的形状、空间二次划分和围合等，应当灵活地处理和应用。此外，广场应具有人性化的尺度，过于宽大的广场不仅难于营造亲切宜人的空间感，而且造成土地资源的消耗。根据日本学者芦原义信的观点，应以 20～25m 作为模数来设计外部空间，反映了人"面对面"的尺度范围。

中外部分城市广场面积比较   表 3-5

名称	面积（hm²）	名称	面积（hm²）
纽约佩雷广场	0.04	西单文化广场	1.5
洛克菲勒中心广场	0.2	天津海河广场	1.6
庞培中心广场	0.4	南京汉中门广场	2.2
佛罗伦萨市政厅广场	0.5	西安钟鼓楼广场	2.2
威尼斯圣马可广场	1.3	南昌八一广场	5.0
锡耶纳坎波广场	1.4	唐山抗震纪念广场	5.4
波士顿市政广场	2.9	太原五一广场	6.3
巴黎协和广场	4.3	大连人民广场	7.9
莫斯科红场	5.0	江阴市政广场	14.2

资料来源：王建国.城市设计 [M].中国建筑工业出版社，2009.181

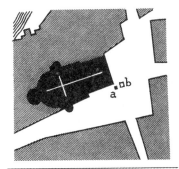

帕多瓦（Padna）桑托教堂广场（Pizza del Santo）
a-柱廊；b-加塔
梅拉塔（Gattamelata）骑马雕像

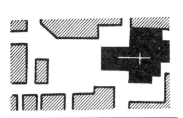

维罗纳圣费尔莫马焦雷教堂（S.Fermo Maggiore）

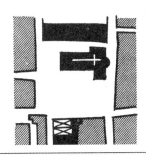

卢卡（Lucca）圣迈克尔教堂广场

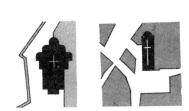

帕多瓦（Padna）圣朱斯蒂娜教堂（San Giustina）

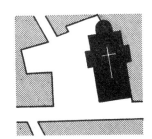

巴勒莫（Palermo）圣奇塔教堂广场（S.Cita）

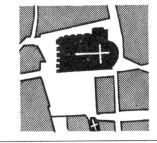

维琴察（Vicenza）大教堂

图 3-31　中世纪欧洲广场图底分析案例
（资料来源：（美）唐纳德·沃特森，艾伦·布拉特斯，罗伯特·G·谢卜利编著.刘海龙，郭凌云，俞孔坚等译.城市设计手册 [M].北京：中国建筑工业出版社，2006，68-69 页.）

4. 城市广场的空间围合

除了建筑与场地的高宽比影响到广场空间的围合感外，其周边建筑的平面布局也对空间围合起到决定性的作用。可以使用"图底关系"来分析广场空间的围合程度，围合程度越高，广场越易表现为"图形"（图 3-31）。就人的空间感受而言，广场四周建筑物围合越紧密，空间越封闭，具有较强的内向性和稳定感，适宜容纳与周边环境相对隔离和静态的活动；而周边建筑围合越松散，

空间限定感越弱,开放性越强,其中容纳的活动与周边环境相穿插,具有流动性。在中世纪欧洲城市中,多数广场的围合限定较强,场地尺度较小,创造了亲切宜人的"城市起居室";在现在城市中,伴随城市功能的发展,建筑和广场尺度增加,只有一面或两面围合的广场也并不鲜见,在精心处理主要建筑与广场的关系的基础上,还可以通过广场构筑物、植被景观、服务设施的布置、场地下沉处理等,改善空间围合感。

此外,围合广场的界面设计也对广场的空间景观起到重要的作用。这些界面的构成要素包括:建筑、树木、柱廊、特殊的地形等。其中,建筑是应用最为广泛的要素。许多广场的形成经历了较长的历史发展过程,或者即使在相对较短的时间内建设但是设计的主体不同,这种情况很容易造成界面风格杂乱无章,无法形成统一和谐的广场景观。因此,在规划设计阶段必须为广场周边建筑的设计建造制定必要的准则,确保视觉效果的连续性。❶

5. 城市广场的空间形态

广场的空间形态可分为平面型和空间型,绝大多数的广场是平面型的,随着城市交通的发展和科技手段的进步,上升式和下沉式的广场也日益受到关注。上升式的广场通常是使用上升的基面将地面和二层场地加以区分,以容纳不同的活动或不同的交通方式。如日本东京六本木综合体,在场地高差的基础上,将地面层作为机动车交通环道,而把步行活动广场提升至二层,利用人车分流的体系解决了大量机动车出入的问题,并提供了安全、舒适的广场活动空间,激活了片区商业和公共活动(图 3-32)。下沉式广场不仅同样可以解决人车分流的问题,而且可以提供一个相对独立、安静的环境,容纳对环境要求较高的活动。与地铁的良好结合使其在现代城市公共空间体系中往往扮演了突出的角色。美国纽约的洛克菲勒中心广场是下沉式广场的典型案例,它结合建筑物的规划设计,通过 4 个大阶梯将第五大道、49 街和50 街联系起来,可以容纳露天咖啡、溜冰场等活动,在喧嚣的环境中创造了一片怡然放松的天地(图 3-33)。

3.3.3 城市滨水区的建筑布局与规划设计

水滨是指"与河流、湖泊、海洋毗邻的土地或建筑,也即城镇邻近水体的部分"(图 3-34)。近代工业化过程中,城市滨水地区曾是经济产业运行的重要组成部分,港口和码头不仅提供了大宗货物转运的重要基础设施,而且成为仓储、加工、造船等功能的聚集地。伴随 1950 年代以来世界性的产业结构调整,发达国家开始进入后工业化时代,不仅制造业在国民经济中的比重下降,而且铁路、航空、公路等多种交通方式的发展使水运交通的地位削弱,城市滨水区开始逆工业化过程,原有的工业、航运、仓储设施大量废弃,滨水区的转型发展和复兴逐渐成为城市建设的热点。一些发达国家城市积极利用滨水区的景观、文化和空间优势,通过保护、再利用和合理更新,使城市滨水空间转变为城市公共活动和展现景观特色的场所,创造了可观的经济和社会价值。这些经验正在为发展中国家吸收和发展,

❶ 参见:王建国. 城市设计 [M]. 北京:中国建筑工业出版社,2009:182.

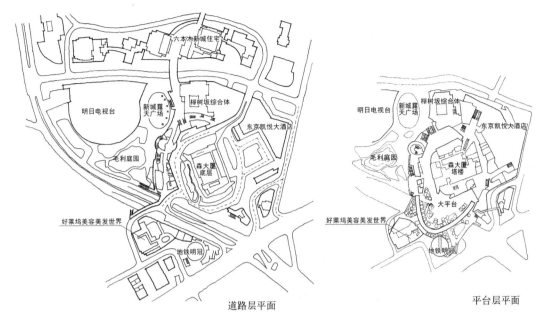

道路层平面　　　　　　　　　　　　　　平台层平面

图 3-32　东京六本木综合体平面图

成为其城市发展的重要课题。

1. 滨水区规划设计原则

修建性详细规划中的城市滨水区规划设计应当在充分认识地段发展趋势、历史文脉及建筑特色和现状的基础上对滨水区的功能进行准确的定位，确定现有建筑保护、利用和更新的原则，控制新建筑尺度和风格，对功能业态和公共活动进行细致策划和布局，合理组织车行和步行交通，精心设计滨水岸线和空间。其规划设计的主要原则包括❶：

1) 整体性原则

应当把滨水区作为城市整体的有机组成部分，在与城市主体协调一致的框架内安排其功能空间、交通系统、活动组织等，并将滨水区与城市腹地、滨水区各个部分之间有机联系。

2) 适配、因地制宜和特色原则

各地滨水区的发展条件、历史沿革、与城市的关系等各个方面都可能存在较大的差异，加上各国城市发展的阶段、制度、模式等方面的差异，很难为滨水区的规划提出一个普适性的模式。因此，只有根据具体规划对象各自的特点，因地制宜、因时制宜，挖掘本土文化特质，走适宜本地发展条件的差异性道路，创造自身特色。

3) 生态优先原则

城市滨水区是城市生态系统的重要组成部分，规划设计中在建成环境开发利用的同时应当本着生态优先的原则确保滨水生态廊道生态功能的正常发挥，并且与城市整体的生态网络紧密联系。

---

❶　参见：王建国. 城市设计 [M]. 北京：中国建筑工业出版社，2009：249-250.

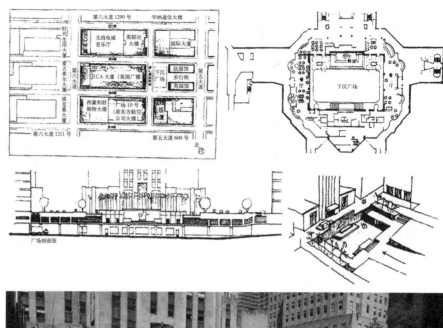

图 3-33 下沉式的纽约洛克菲勒中心广场

（资料来源：上图：转引自王建国 . 城市设计 [M]. 南京：东南大学出版社，2004：142）

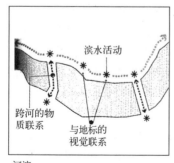

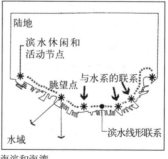

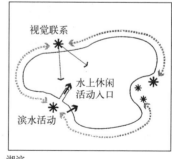

图 3-34 滨水空间的类型

（资料来源：Frederick R. Steiner，Kent Butler. Planning and Urban Design Standards[M]. John Wiley and Sons，2007：239）

4) 滚动渐进原则

由于滨水空间的开发往往建设规模、投资较大，时间跨度长，因此，在规划中应当充分考虑开发实施的时序和策略，使其实现动态渐进的滚动发展。常见的做法是，选取局部地块先期启动，通过改善环境提升周边地段的土地价值，为后期的开发积累人气和资金，不断推动规划综合目标的实现。

5) 岸线资源共享和社会公正原则

滨水区是城市公共空间的组成部分，应当成为全体市民共享的社会公共资源。此外，岸线对全体市民开放也是保证滨水区繁荣兴旺、沿线土地价值保值增值的必要条件。因此，滨水区规划中应当明确禁止沿滨水岸线的开发侵占公共岸线的短视行为，确保滨水空间特别是岸线的连续、开放、公共。

2. 滨水区功能

由于滨水区往往是一个城市最先发展起来的片区，历史文化资源丰富，随着城市的不断扩张，这些地段可能占据了城市中最为核心的区位，在交通储运和工业加工功能逐渐转移的同时，又释放了大量空间资源，加上滨水的景观优势，使其成为城市中最具成长潜力的空间。现有实践中大量的成功案例多将滨水空间定位为高品质的综合功能区，并突出商业、办公、会展、贸易等高端服务业，以推动城市环境的提升和城市经济的发展。如芝加哥湖滨地区为全世界闻名的会议展览中心、多伦多滨海区是城市文化中心、巴尔的摩内港是城市综合游憩商业区、新加坡河滨水区被作为 CBD 和旅游服务区（图 3-35）等。滨水区功能选择范围较广，应注意两个方面的问题：①尽可能安排商业、服务业、旅游业等公共性强的功能，如设置公共性较弱的私营项目时，应使这些项目后退岸线足够的距离，以保证连续的滨水开放空间。②强调功能构成的混合性，以促进滨水区的活力（表 3-6）。❶

3. 滨水区建筑保护和更新

老城中的滨水区往往具有较长的历史并遗留有一些老建筑，在规划设计过程中，应当进行详细的现状调查，依据老建筑的价值判断和滨水区功能合理确定保留和更新原则，对于保留的建筑可依据其历史价值、现实使用价值和片区功能进行合理的再利用，关于历史环境中的规划设计和建筑再利用将在后文专章讲述。除了保留的建筑外，依据滨水区的功能和空间布局，仍需新建建筑的，应当考虑其在风格、布局、尺度等方面与滨水空间的关系，反映滨水景观特色。就风格而言，滨水区建筑通常较为轻盈活泼，主要建筑具有一定的特色，形成标志性的城市建筑景观（图 3-36）；就布局而言，通常应依据岸线走势和滨水空间形态灵活处理，形成丰富的空间层次；就尺度而言，应与主要的水面空间构成良好的比例关系，特别是在水湾处进行建筑布局时，建筑的高度应当与水湾尺度相适应，形成良好的空间围合（图 3-37）。

❶ 参见：王建国. 城市设计 [M]. 北京：中国建筑工业出版社，2009：251.

图 3-35 新加坡、巴尔的摩和芝加哥滨
水区

(a) 新加坡河滨水区;(b) 巴尔的摩内港;
(c) 芝加哥湖滨地区

(资料来源:下图:Nina Gruener, Robert
Cameron. Above Chicago[M]. San
Francisco:Cameron+Company,2000:15)

滨水区用地功能与水环境的兼容及关联度 　　　　　　表 3-6

主要功能	与水环境的兼容性
重工业	低
轻工业（制造业）	中
化工业、纺织业	低
服务业	高
地产业	中
公共事业	高
（重大）事件（纪念）公园	高
展览业	中
金融业	中
旅游业	高

与水环境的关联度	居住区域	工作区域	休闲区域	特殊区域
高	主要依赖于水而选择区位的特性，如滨河景观或利用水的便利	主要依靠水运作为主要交通方式的工业依赖于水的工艺	自然的休闲区域与码头、台阶、游船等海洋活动相关的休闲区	自然生态区
中	利用滨水景观但没有实质性的对水体的依赖性	可以利用水运以及其他运输方式的工业	生态湿地或滨水公园，视觉上与水面有联系但无功能上的关联	与水面景观相关联的开发
低	发展几科与水岸无关	与水岸无功能上的必然联系	需要在与水面衔接处设置屏障的休闲场所	—

（资料来源:李蕾,李红. 重返城市生态边界——论当代城市滨水区开发的机制转型 [J]. 建筑师,2006（4）:
14-22. ）

图 3-36 滨水建筑风格特点
（资料来源：陈晓东摄）

4. 岸线利用和设计

岸线空间是滨水地段紧邻水系的空间，是重要的城市公共资源和步行交通廊道。修建性详细规划中，应当控制滨水岸线的使用，严禁私人占用，打通滨水步行体系，处理好桥梁设施与滨水步道的高程关系；进行驳岸景观设计，依据不同地段的功能选择自然或人工化的驳岸形式和材料并提供必要的休憩服务设施和环境小品；掌握水体水位变化和水利防洪要求，合理确定滨水步道、广场、公园的高程等。

3.3.4 城市轴线空间的建筑布局与规划设计

城市轴线"通常是指一种在城市中起空间结构驾驭作用的线形空间要素。城市轴线的规划设计是城市要素结构性组织的重要内容"[1]。由于轴线是一种纵长的物质性要素，牵涉一个城市地段甚至整个城市，所以大多数城市轴线的形成是一个历史过程，而且是城市发展演进的重要控制性结构要素。轴线空间能够带来一种庄严、紧张的仪式感和纪念性，所以常常使用在宫殿、陵寝、纪念

❶ 王建国 . 城市设计 [M] . 2 版 . 南京：东南大学出版社，2004:155.

图 3-37　悉尼达令港和巴尔的摩滨水区尺度分析

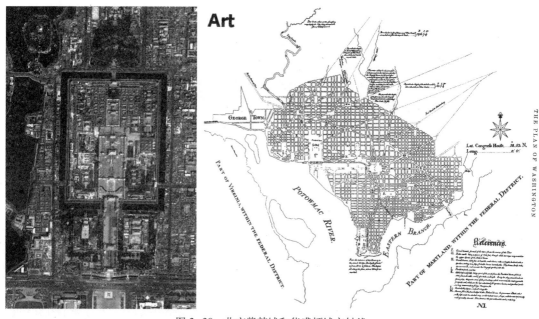

图 3-38　北京紫禁城和华盛顿城市轴线

地、行政中心、重要的公共建筑广场等场所（图 3-38）。就物质形态而言，城市轴线通常包含了线形的空间，两侧建筑物、构筑物或植被等形成的界面以及空间中的建筑物、构筑物或设施。有些城市轴线由于有明确的限定而易于被观察感受，而另一些轴线的物质形态构成较为松散、模糊，只有通过一定的分析才能发现，这类轴线的存在往往是因为它们在历史文脉传承或城市结构演进的过程中扮演了特殊的角色。

修建性详细规划中轴线空间的建筑布局和规划设计应当在上位规划的指导下明确轴线与整体城市结构的关系，控制轴线两侧建筑界面形态，把握轴

(a)　　　　　　　　　　　　　　　　　(b)

图 3-39　限定强度不同的轴线空间——巴黎香榭丽舍大道和美国华盛顿纪念碑轴线
(a) 巴黎香榭丽舍大道轴线；(b) 美国华盛顿纪念碑轴线

图 3-40　堪培拉国会大厦轴线

线空间的序列和节奏，精心布局标志和对景，同时进行空间景观和设施布置。

1. 空间界面与限定

"城市轴线的魅力和完美主要体现在轴向空间系统与周边建筑规划建设在时空维度上的成长有序性、形态整体性和场所意义。"❶ 一般而言，轴线两侧的建筑应当能够形成明确的界面以限定轴线空间，依据不同的空间功能和景观特质，这一界面的连续和封闭程度可能不同。比如，柏林东西城市轴线、巴黎香榭丽舍大道轴线以及北京的紫禁城轴线两侧界面都较为封闭；而华盛顿中心区轴线两侧界面则较为开放（图 3-39）。除建筑之外，植被也可以被用来作为空间限定的手段，如堪培拉国会大厦轴线两侧建筑物较少且布局分散，轴线空间主要通过精心布局的植被来限定（图 3-40）。在一个轴线空间相对完整的段落中，空间两侧的建筑界面风格应当保持统一，巴黎城市轴线是这方面的成功典范。

2. 空间序列与节奏

轴线空间纵长的物质形态隐含了空间体验的时空特征，连续叠加的序列场景所形成的感受决定了轴线空间的质量。因此，轴线空间的建筑布局既要考虑序列场景出现的统一感，也要通过建筑形态尺度的调整，形成变化的空间节奏。依据连续视景分析的原理，人对于空间体系的体验是顺应人的运动轴线而产生的，因此，轴线空间节奏的把握应当依据人的行动特征来确定（图 3-41）。在

---

❶　王建国. 城市设计 [M]. 2 版. 南京：东南大学出版社，2004：158.

轴线空间节奏变化的关键位置，可以加入跨越型的建筑要素予以强调，如牌楼、拱门、门楼等，也可以通过其他标志物对空间节奏予以提示，如反复出现的景观构筑物、服务设施、小品等。

3. 空间对景与标志

线形的轴线空间本身具有引导人们行为和视线沿轴向延展的特质。根据人的行为心理，如果在轴向视线和行动的关键位置或终点安排标志性的建筑或景

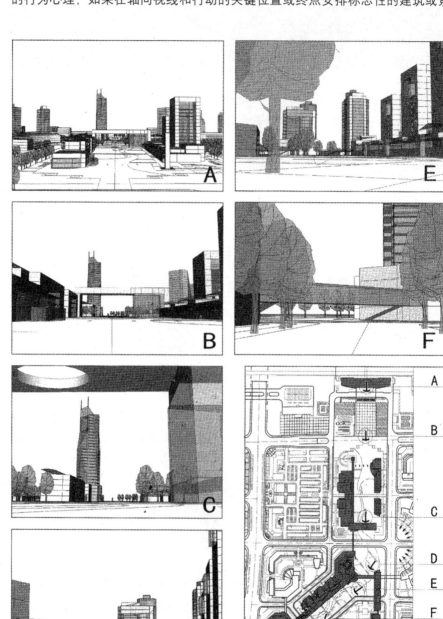

图 3-41 轴线空间的序列与节奏

（资料来源：东南大学城市规划设计研究院. 淮安市火车站地区城市设计 [Z]，2006）

图 3-42 南京青奥轴线的对景——哈迪德设计的青奥中心

(资料来源：东南大学城市规划设计研究院.南京青奥村地区整体规划和城市设计 [Z]，2012)

观要素形成对景，可以强化轴线空间的引导性，建立更加完整的空间意象系统。历史上许多成功的轴线空间案例运用了这种手法，如巴黎的凯旋门、华盛顿的华盛顿纪念碑等（图 3-42）。

3.4 修建性详细规划的编制与实施

3.4.1 编制流程

1. 成立组织机构

2. 收集必要的规划资料

（1）本地区城市总体规划、分区规划或控制性详细规划资料；

（2）现行规划相应规范、要求；

（3）现有场地测量和水文地质等调查，现有场地地形图；

（4）人口资料及本区经济发展情况调查；

（5）供水、供电、排污等情况调查；

（6）各类建设工程造价等资料；

（7）居民消费水平调查。

3. 根据规范计算出本规划区的各项规划指标

4. 确定路网和排水排污体系

5. 确定需拆除及改造项目，并议定赔偿搬迁方案

6. 进行建筑、绿化、景观、开放空间等的布局

7. 绘制总平面和竖向设计图

8. 各基本原则、经济指标分析

9. 编制文本说明

10. 组织相关专业人员评审

11. 报规划主管部门审查

3.4.2 编制成果

修建性详细规划的成果包括规划设计说明书和规划图纸两部分。

1. 规划说明书

（1）现状条件分析。

（2）规划原则和总体构思。

（3）用地布局。

（4）空间组织和景观特色要求。

（5）道路和绿地系统规划。

（6）各项专业工程规划及管网综合。

（7）竖向规划。

（8）主要技术经济指标，一般应包括以下各项：

①总用地面积；

②总建筑面积；

③住宅建筑总面积，平均层数；

④住宅建筑容积率、建筑密度；

⑤绿地率。

（9）工程量及投资估算。

2．图纸

1）区位图

标明规划地段在城市中的位置以及与周围地区的关系。可以分两张表示：一张在相对较大的范围内（如一个行政辖区）表示项目位置及其与周边城市现状的关系；另一张表示与规划项目直接相关的周边地段与本项目的位置关系，应能清楚反映项目周边地块的性质、道路系统、建筑配套设施等情况，必要时可同时附现场照片。

2）规划地段现状图

标明自然地形地貌、道路、绿化、工程管线及各类用地和建筑的范围、性质、层数、风貌、质量等情况。图纸比例为 1 / 500 ～ 1 / 2000。

3）规划总平面图

（1）清晰表达建筑布局。表明建筑外轮廓、建筑层数、建筑正负零标高、建筑间距（含与用地边界的半间距及与建筑间的全距离），区分规划建筑与现状建筑等。

（2）表达环境场地关系。标明场地铺装与绿化范围、主要的种植设计概念、河湖水系蓝线位置以及水位设计标高。

（3）表达道路与交通组织。划定道路红线、中心线、停车场站用地范围，标明主要车行和步行道路等。

（4）必要的文字标注。标注主要建筑、道路、水系、广场的名称。

（5）应在规划图中叠合现状图，图纸比例为 1 / 500 ～ 1 / 2000。

4）道路交通规划图

标明规划范围内道路交通系统与外部城市道路网络的联系，划定各类各级道路的红线位置、道路线形、道路中心线，标明道路机动车道开口的数量与位置，道路交叉点坐标、标高、转弯半径、停车场用地界线。进行道路横断面规划设计，区分车行道、非机动车道和人行道。图纸比例为 1 / 500 ～ 1 / 2000。

5）竖向规划图

标明室外地坪规划标高，道路交叉点、变坡点控制高程、坡度、坡向和自然排水方向等，标出步行道、台阶、挡土墙、排水明沟等。应在规划图中叠合现状图，图纸比例为 1 / 500 ~ 1 / 2000。

6）单项或综合工程管网规划图

标明各类市政公用设施管线的平面位置、管径、主要控制点标高，以及有关设施和构筑物位置。对于旧区改造规划，保留利用的管网与新埋设的管网要区别表示，单项管网应按给水、排水、供电、电信、燃气、供热等分别出图，图纸深度按各专业的规定执行。

7）反映规划设计意图的透视图或建筑模型

8）其他

其他反映设计内容的图纸，如绿地系统规划图、功能分区图等。

此外，还可依据业主要求和规划设计内容增加各类分析图，外部空间重要节点规划设计图，滨水空间、街道空间规划设计图，夜景照明规划图，主要建筑的典型平、立、剖面图等。图纸比例和表现手法不限。

3.4.3 修建性详细规划的审批

《城乡规划法》在第二十一条有关修建性详细规划的表述中没有对其审批作出具体的规定，根据《释义》的解释："本条没有规定修建性详细规划应经批准或备案，主要是因为修建性详细规划是用以指导某一具体（重要）地块的建筑或工程的设计和施工，已经属于控制性详细规划的具体落实，再报经批准或备案的意义也就不大了"。依据《城乡规划法》第四十条的规定："申请办理建设工程规划许可证，应当提交使用土地的有关证明文件、建设工程设计方案等材料。需要建设单位编制修建性详细规划的建设项目，还应当提交修建性详细规划……城市、县人民政府城乡规划主管部门或者省、自治区、直辖市人民政府确定的镇人民政府应当依法将经审定的修建性详细规划、建设工程设计方案的总平面图予以公布"。另外，根据《国务院关于第六批取消和调整行政审批项目的决定》（国发［2012］52号），明确取消了"重要地块城市修建性详细规划审批"。事实上这个事项很多情况下是和具体项目的规划设计方案相结合的，而规划设计方案的审查不作为行政许可事项，仅作为办理建设工程规划许可证的关键审查步骤。因此，修建性详细规划的实施主要是通过建设工程规划许可证核发的技术审查实现的。

在审查阶段，城市规划主管部门将依据相关控制性详细规划对提交的总平面进行审定，作为建设工程规划许可证核发的必要条件之一。通常在申请建设工程规划许可证之前，相关的修建性详细规划应当通过专家评审，地方城市规划主管部门依据相关规定确定评审专家，召开评审会，对规划的规范性、技术水平、可操作性等提出评价和修改意见，由规划设计单位进行修改后形成正式成果，并由规划主管部门审定。如《南京城市规划条例》第四章建设工程规划管理第三十八条规定："建设单位或者个人应当根据规划条件编制修建性详细规划或者开展规划方案设计，报城乡规划主管部门审查。城乡规划主管部门审查修建性详细规划或者规划方案设计是否符合控制性详细规划和规划条件。符合的，出具修建性详细规划或者规划方案设计的审定意见；不符合的，书面说明理由。其中，建设项目位于风景名胜区、历史文化街区、历史风貌区和历史

建筑保护范围等重要地块内的，城乡规划主管部门在审定前，应当组织专家论证并公示。审定意见有效期为一年。建设单位或者个人应当在有效期内向城乡规划主管部门申领建设工程规划许可证。逾期不申报的，原审定意见自行失效，建设单位或者个人应当重新申报。"

建设工程规划许可证的取得应当履行一定的程序，通常情况下，各个地方城市规划主管部门都对申请程序和报送材料作出了具体的规定，大致包括申请、受理、审查、核发几个步骤，如南京市建设工程规划许可证的办理流程为：

（1）建设单位向受理窗口申报规划审批事项申请及指定图件。

（2）办理窗口受理申请及申报图件。符合受理条件的，登记规划审批事项申请内容，发给《南京市规划局项目收件确认书》，所报事项转到行政许可审批环节；不符合受理条件的，发给《南京市规划局行政许可不予受理通知书》；需补正材料的，当场或五日内发给《南京市规划局行政许可补正材料通知书》。

（3）规划许可内容审批。符合规划条件的，发给《建设工程规划许可证》；不符合规划条件的，发给《南京市规划局不予行政许可决定书》。

（4）发件窗口通知建设单位取件。

其中，指定图件中包括了"符合国家设计规范的总平面定位图4份和建筑施工图（平、立、剖面、基础图）3套。必报材料。"各个地方对于此时提交的总平面图会提出各自的内容和深度要求，如上海市要求提供建筑施工总平面图，总平面图上应标明以下内容并盖章：建设基地用地界限；周边地形；各项规划控制线；拟建建筑位置（包括地下和地上建筑）、建筑物角点轴线标号；基地内外的建筑间距、建筑退界距离、后退建筑控制线距离、建筑物层数、绿化、车位、道路交通等；图纸应符合国家和本市施工图出图标准，并加盖建筑设计单位"工程施工图设计出图"专用章和设计负责人、注册建筑师印章、施工图审查公司审核章；总平面图需在由市测绘院提供的电子地形图上划示，标注单位为米，坐标系为上海城市坐标系。

建设工程规划许可证核发后，城市规划主管部门应当将审定后的修建性详细规划总平面予以公布，并依法严格实施建设工程规划许可证，保证相关规划的有效实施。建设工程规划许可证有一定的有效期，申请人可以申请延续，并可依程序申请变更。

3.4.4 修建性详细规划的实施

在理论上，修建性详细规划编制完成并通过审查程序后，其实施应当通过指导后续建设主体所进行的工程设计和建设来完成，如工程管线、道路、建筑布局和位置等。但是，由于城市开发建设机制的改变，大量的修建性详细规划主体转为开发建设单位，此类修建性详细规划基本等同于建设工程设计的一个阶段，所以，在修建性详细规划获得技术审查通过后，建设单位将直接依照规划确定的总体布局继续开展和深化建筑、内部道路、景观环境等工程设计工作，以最终实施规划。

3.5 修建性详细规划的发展趋势

3.5.1 修建性详细规划的发展现状和问题

修建性详细规划在 1991 年的《城市规划编制办法》中被正式提出，而实质上其从 1950 年代的修建设计开始就一直存在，并曾一度是详细规划的主要内容。然而，随着我国的经济体制以及城市建设体制转型，修建性详细规划作为法定规划体系中的组成部分正面临许多问题和质疑。

1. 编制主体模糊 ❶

1990 年版的《城市规划法》中规定："城市人民政府负责编制城市规划"。2006 年版的《城市规划编制办法》中指出"城市规划是政府调控城市空间资源、指导城乡发展与建设、维护社会公平、保障公共安全和公共利益的重要公共政策之一"。因此，作为公共政策的城市规划，其编制主体明确指向公共部门。但是，相关法律法规对于修建性详细规划编制主体的表述却比较模糊。2008 年版《城乡规划法》第二章"城乡规划的制定"中第二十一条规定："城市、县人民政府规划主管部门和镇人民政府可以组织编制重要地块的修建性详细规划。"第三章"城乡规划的实施"中第四十条规定："申请办理建设工程规划许可证，应当提交使用土地的有关证明文件、建设工程设计方案等材料。需要建设单位编制修建性详细规划的建设项目，还应当提交修建性详细规划。"由此可见，规划法本身在诉及规划制定和实施时，对修建性详细规划的主体作了较为模糊的表达。而在相关的地方性法规中，这一现象也同样存在，如《上海市城市规划条例》第二十三条规定："……市或区、县规划管理部门可以根据控制性详细规划组织编制修建性详细规划，也可以委托开发建设单位组织编制。"

2. 规划目的不清

规划主体的不明确直接导致两种不同目的的修建性详细规划——由政府部门编制的修建性详细规划和由私人开发机构编制的修建性详细规划，它们名称相同，却在目的上有着本质的区别。政府部门编制的目的主要在于从整体的角度配置空间资源，维护社会公平和保障公众利益。但是，由于政府往往并不是每个地块的开发建设主体，因此无法在市场环境下为地块开发作出详细的决策，其结果往往仅是对空间形体的研究，与未来真实的开发建设相去甚远。一些规划甚至成为政府招商的广告，失去其作为规划的根本作用；而由私人开发机构编制虽然使规划决策更加贴近市场环境，但是私人机构陷于自身角色总是从自身盈利的角度出发，其编制的规划难于保证公共利益的实现和整体的思维。在这种情况下，修建性详细规划与其法定规划的定位并不符合。

3. 编制项目数量变化

随着城市开发建设日益市场化，详细规划中控制性详细规划的地位和作用日益凸显，城市建设用地出让前必须编制控制性详细规划以确定规划条件，而修建性详细规划则不是必须编制的。同时，随着土地出让成为城市建设用地获得的主要途径，地块开发权日益分散在不同的开发建设主体手中，政府对于重

❶ 参见：李江，李琳琳 . 修建性详细规划的法定性思考 [M].// 城市规划和科学发展——2009 中国城市规划年会论文集 . 天津：天津科学技术出版社，2009：3350-3351.

要地段进行修建性详细规划的意义减弱，有关空间形体的研究日益被城市设计所取代。因此，在现实操作中，由政府组织的修建性详细规划大幅减少，大多数修建性详细规划由开发建设主体编制，成为为建设工程规划许可程序服务的一个技术环节。

3.5.2 削弱修建性详细规划地位的观点

面对现状中的这些问题，有实践者提出了削弱修建性详细规划的观点和设想，主要包括以下几方面 ❶。

1. 修建性详细规划退出法定规划

认为《城乡规划法》中对是否编制修建性详细规划以及由谁编制的态度模糊，且伴随城市开发建设方式的改变，政府编制修建性详细规划的大幅减少，私人机构编制修建性详细规划已经失去了其作为法定规划和公共政策的基本特征和作用，因此，修建性详细规划应当退出详细规划。

2. 由城市设计取代公共部门编制的修建性详细规划

由于政府编制修建性详细规划并不能实质上掌握各地块的开发，所以并不能直接指导工程建设，其作用最多体现在对空间形体环境方面的研究。在修建性详细规划退出法定规划体系后，这部分功能完全可以由地段详细城市设计来代替。

3. 由场地设计取代开发建设主体编制的修建性详细规划

认为由开发建设主体所编制的修建性详细规划本质上是一种以"工程性"为主的"蓝图"，应视为规划实施的一个环节，并将其纳入建设工程方案管理程序，其工作实质是场地设计或总图设计。

3.5.3 我国城市建设的新趋势和修建性详细规划发展的预测

伴随我国 GDP 增速回落至 8% 以下，从高速增长转为中高速增长，经济发展呈现出"新常态"，经济结构优化升级。在城市规划领域，以往以扩张为特征的"增量"规划将逐步转向"存量"规划，城市发展从粗放型日益转向集约化和精细化，城市更新、功能提升、改造和再利用、立体空间综合开发、空间利益调适和再分配、生态与环境保护和修复等正逐步成为城市规划的重要议题。面对新的发展趋势，仅仅在控规层面给出控制指标在复杂情况下并不能满足城市需求，而层次更加深入、内容更加精细的修建性详细规划仍然具有自身的价值。同时，修建性详细规划在编制主体、地位作用、编审方式等方面也必然发生相应的变化。

首先，政府编制的修建性详细规划虽然在数量上减少了，但是仍将有其必要的作用。在空间发展形态复杂、空间利益冲突以及生态环境敏感的城市地段，如旧城更新的重点地段、历史文化保护和利用地区、复杂的公共交通枢纽等，政府应当组织修建性详细规划编制，实现更加立体化、精细化的规划管理，确保公共利益，协调各种利益冲突，其指标应当具有法定作用。

其次，无论由政府编制还是由开发建设主体编制，都应当以空间利益的精

❶ 参见：李江，李琳琳. 修建性详细规划的法定性思考 [M].// 城市规划和科学发展——2009 中国城市规划年会论文集. 天津：天津科学技术出版社 ,2009:3350-3351.

细化分配作为作用重点。由政府编制的修建性详细规划将更多地面对复杂开发条件下空间经济、文化、生态等价值的整合，空间集约利用与可持续发展以及既有空间环境更新所带来的空间利益再分配问题。同时，将更加尊重市场在城市开发中的主导推动作用，更加清晰地界定规划干预与市场配置之间的界限；而一般地段也将更多地关注开发对周边地段地块以及公共利益的影响，这也将成为政府主管部门管理审查的重点。

第三，在编审方式上，公众参与将日益重要。在"存量"环境下，无论是政府还是私人开发建设机构编制的修建性详细规划都会因其微观具体以及形象化的成果形式使相关利益人明确感受到影响，这使得它相比其他中观、宏观的、指标型的规划更加需要通过公众参与寻求对话和妥协，其参与的吸引力、操作性也很大。因此，在修建性详细规划层面很可能最先深入而实质性的推进参与型规划实践。

■ 思考题

1. 结合案例阐述修建性详细规划与控制性详细规划、建筑设计的关系。
2. 结合案例阐述规划前期的分析工作对规划设计方案生成的作用。

■ 主要参考书目

[1] Frederick R.Steiner，Kent Butler.Planning and Urban Design Standards[M].John Wiley and Sons，2007．

[2] 安建．中华人民共和国城乡规划法释义[M].北京：法律出版社，2009．

[3] 畅月萍，王勇．投资效益评估法在城市修建性详细规划中的推广和应用[J].规划师，2010（山西专辑）：53—61．

[4] 吉伯德．市镇设计[M].程里尧，译．北京：中国建筑工业出版社，1983．

[5] 李蕾，李红．重返城市生态边界——论当代城市滨水区开发的机制转型[J].建筑师，2006（4）：14—22．

[6] 李江，李琳琳．修建性详细规划的法定性思考[M]//城市规划和科学发展——2009中国城市规划年会论文集．天津：天津科学技术出版社，2009：3350—3351．

[7] 王建国．城市设计[M].2版．南京：东南大学出版社，2004．

[8] 王建国．城市设计[M].北京：中国建筑工业出版社，2009．

[9] 许浩．城市景观规划设计理论与技法[M].北京：中国建筑工业出版社，2006．

[10] 徐循初，汤宇卿．城市道路与交通规划（上册）[M].北京：中国建筑工业出版社，2005．

4 住区规划设计

　　导读：住区是城市的最基本单元，住区的空间生产方式、居住水平、社会结构、空间形态、系统构成对于城市经济、城市社会、城市格局等有着重要的影响。住区规划设计在自然因素方面，需充分利用河湖水域、地形地貌、生态植被等要素；在人文因素方面，需综合考虑所在城市的社会经济、民族、气候、习俗和传统风貌等地方特点，营造环境优美、舒适宜人和生活方便的人类住区。在本章学习中，需要学习了解什么是一个好的住区？包括哪些主要类型？应遵循哪些规划设计原则和目标？以及从定位策划到规划设计需要做哪些具体工作？与此同时，还需要熟悉掌握功能结构、公共设施、交通系统、绿地系统、空间景观以及住宅与住宅组群等住区规划设计的核心内容；最后，对住区规划设计中的生态、集约、步行友好等未来发展趋势也应作一些初步了解。

4 住区规划设计

4.1 住区的概念和类型

4.1.1 住区的概念

居住是城市最为基本的功能。住区泛指不同居住人口规模的居住生活聚居地，是承载居民生存生活、休养生息的城市空间。相较于公共建筑，单个住宅规模较小，投入的物力人力也较少；然而作为群体的住宅、占据一定地理空间的住区，其生产方式、居住水平、社会结构、空间形态、系统构成对于城市经济、城市社会、城市格局等却有着巨大的影响。住区是特定住房制度和生产方式的产物，其包含相对固定的物质实体空间要素，也包含流动性的功能活动与存在于社会关系之中的社会活动的组织秩序。

1. 住区的要素

物质空间要素——对于原有自然要素以及社会人文要素加以改造、利用后形成的住区物质空间要素总和，具体包括住宅等建筑群体集合，以及公共建筑、绿化环境、道路系统、市政设施等。

社会空间要素——居民社会属性，从居民的职业类型、收入和财富等级、教育和知识等级、权力和权威等级、家庭规模与类型等社会经济指标加以量度；社会组织属性，包括自上而下的行政管理体系、自下而上的社区自治体系，以及经营性综合服务供给、公益性社会服务供给等。

2. 住区的分级

将住区进行分级是一种规划方法，源于1920年代的邻里单位理论，邻里单位理论与邻里建设实践探索了适应现代城市大规模住区建设的规划模式，其中蕴涵的按照特定规模进行分级配套公共设施的理念，促成了现代住区规划理论的形成。分级的根本目的是为了进行适宜的配套，从而提供一个现代城市应有的公共服务，这是和前现代城市的最大差异，也是城市化快速发展时期的高效供应公共设施的方法。

我国的《城市居住区规划设计规范》GB 50180—1993（2002年版）根据住区的人口规模以及住区和城市道路、城市自然要素等关系，将住区分为三级。居住区，与居住人口规模（30000～50000人）相对应，配建有一整套较完善的、能满足该区居民物质与文化生活所需的公共服务设施的居住生活聚居地；居住小区，与居住人口规模（10000～15000人）相对应，配建有一套能满足该区居民基本的物质与文化生活所需的公共服务设施的居住生活聚居地；居住组团，指一般被小区道路分隔，并与居住人口规模（1000～3000人）相对应，配建有居民所需的基层公共服务设施的居住生活聚居地。

需要说明的是，各国、各地的分级规模设定有共性、也有差异，与各地居住密度、配套公共设施建设供应和管理机制有关。国家规范中也提及根据具体情况可以采用居住区—小区—组团、居住区—组团、小区—组团及独立式组团等多种类型的分级。

3. 住区的用地构成

住区用地按功能可分为住宅用地、为本区居民配套建设的公共服务设施用地（也称公建用地）、公共绿地以及把上述三项用地联成一体的道路用地等四项用地。构成居住区用地的四项用地具有一定的比例关系，与居住区的居住人口规模、所在城市的城市规模、城市经济发展水平以及城市用地紧张状况等密切相关。这一比例关系的合理性，是衡量居住区规划设计是否科学、合理和经济的重要标志，必须在规划设计文件中反映出来（表4-1）。

居住区用地平衡控制指标（％）　　　　　　　　　　表4-1

用地构成	居住区	小区	组团
1. 住宅用地 (R01)	50 ~ 60	55 ~ 65	70 ~ 80
2. 公建用地 (R02)	15 ~ 25	12 ~ 22	6 ~ 12
3. 道路用地 (R03)	10 ~ 18	9 ~ 17	7 ~ 15
4. 公共绿地 (R04)	7.5 ~ 18	5 ~ 15	3 ~ 6
5. 居住区用地 (R)	100	100	100

注：引自《城市居住区规划设计规范》GB50180—1993（2002年版）。

4.1.2　住区的类型

伴随历史和城市发展的长河，住区呈现出极其丰富的多样性，前工业化社会时期的世界各地各民族的民居无不体现出师法自然、天地和谐的具有独特地域特征的居住形式，在一些历史古城、历史镇村、历史街区中尚有遗存，成为文化传承的珍贵载体。进入工业化社会以后，城市化进程加快，自建自足或者依赖工匠的小规模住宅建造方式不能适应快速增长的城市人口居住需求，技术进步所带来的建筑材料、建筑结构和交通方式等的变革，使得住宅得以采用工业化的方式建造，国家干预的社会住房与房地产开发的商品住房丰富了住房的社会属性，相应的住区类型呈现出和前工业化时期迥然差异的形态。这一时期城市规划学科的发展推动了住区规模化开发建设，与城市整合的交通体系、公共设施配套建设、较高人口密度下的绿地系统，使得规模化住区开发模式越来越成熟。住区类型因应和城市关系的不同、开发强度的不同、社会属性的不同，体现出众多的组合可能。20世纪后半叶以来，可持续发展理念更加丰富了住区建设的多样性，绿色住区、混合功能住区、交通导向住区、立体住区等的出现让我们相信还有无限可能。

由于无法——列举如此丰富的住区类型，这里仅选取几个分类角度，对基于这些角度的住区分类进行呈现（表4-2 ~ 表4-7）。

按时间维度的住区分类 表4-2

明清传统住区	近代里弄住宅	现代集合住宅
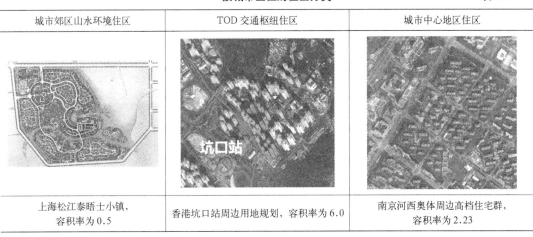		
北京四合院	上海里弄	南京现代住宅群

按城市区位的住区分类 表4-3

城市郊区山水环境住区	TOD交通枢纽住区	城市中心地区住区
上海松江泰晤士小镇， 容积率为0.5	香港坑口站周边用地规划，容积率为6.0	南京河西奥体周边高档住宅群， 容积率为2.23

按开发强度的住区分类 表4-4

低开发强度住区	中等开发强度住区	高开发强度住区
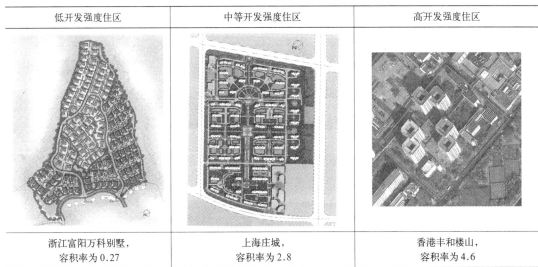		
浙江富阳万科别墅， 容积率为0.27	上海庄城， 容积率为2.8	香港丰和楼山， 容积率为4.6

按社会属性的住区分类 表4-5

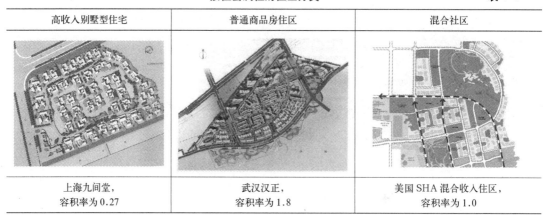

高收入别墅型住宅	普通商品房住区	混合社区
上海九间堂， 容积率为0.27	武汉汉正， 容积率为1.8	美国SHA混合收入住区， 容积率为1.0

按特定人群的住区分类 表4-6

工业园区配套住区	老人住宅区	保障型住房住区
苏州工业园青年公社， 容积率为1.32	北京曜阳老年公寓， 容积率为0.49	南京岱山保障性住房， 容积率为2.13

按管理特征的住区分类 表4-7

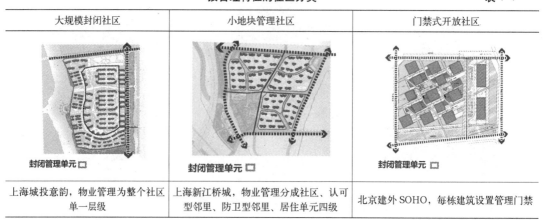

大规模封闭社区	小地块管理社区	门禁式开放社区
封闭管理单元 □	封闭管理单元 □	封闭管理单元 □
上海城投意韵，物业管理为整个社区 单一层级	上海新江桥城，物业管理分成社区、认可 型邻里、防卫型邻里、居住单元四级	北京建外SOHO，每栋建筑设置管理门禁

4.2 住区规划设计原则和目标

4.2.1 住区规划设计原则

1. 精心策划，综合考虑城市住房制度、住房市场和潜在住房人群居住需求

如果是商品住房住区，应搜集相关市场信息，对潜在购房人群进行分析，基于对基地本身资源条件、周边城市功能、开发盈利需求以及居住功能的综合考虑，研究确定未来销售对象及相应的居住人群。如果是保障性住房住区，应根据相关住房制度和政策，了解政府保障房供应对象，研究其居住需求。继而研究居住人群的社会经济状况、生活方式和居住需求，合理策划确定该住区的设计产品定位，包括住宅户型设计重点、配套设施及布局意向、景观特色等。

2. 有机整合，符合城市总体规划和其他上位规划的要求

居住区是城市的重要组成部分，必须根据城市总体规划和上位控制性详细规划要求，从全局出发考虑居住区具体的规划设计，统一规划，合理布局，因地制宜，综合开发，配套建设。住区定位与城市整体功能契合，住区交通与城市交通系统衔接，公共设施配套与周边城市配套关系合理。开发强度、空间形态与控制性详细规划确定的指标和城市设计导则充分衔接，也可在合理范围内进行调整。

3. 因地制宜，契合城市社会经济条件及基地自然人文条件

住区规划是在一定的规划用地范围内进行，对其各种规划要素的考虑和确定，如日照标准、房屋间距、密度、建筑布局、道路、绿化和空间环境设计及其组成的有机整体等，均与所在城市的特点、所处建筑气候分区、规划用地范围内的现状条件及社会经济发展水平密切相关。在规划设计中应充分考虑、利用和强化已有特点和条件。人文因素方面，综合考虑所在城市的性质、社会经济、气候、民族、习俗和传统风貌等地方特点，保留利用有价值的建筑物、构筑物及既有的街巷格局等；自然因素方面，充分利用用地内有保留价值的河湖水域、地形地貌、植被等。

4. 舒适宜居，创造安全、卫生、方便、舒适和优美的居住生活环境

研究居民的行为轨迹与活动要求，综合考虑居民对物质与文化、生理和心理的需求及确保居民安全的防灾、避灾措施等，以便为居民创造良好的居住生活环境。适应居民的活动规律，综合考虑日照、采光、通风、防灾、配建设施及管理要求，创造安全、卫生、方便、舒适和优美的居住生活环境。为老年人、残疾人的生活和社会活动提供全面连续的养老服务、康复护理、交往游憩等空间场所和无障碍环境。

5. 集约高效，便于建设生产、运营管理且体现可持续发展要求

我国土地资源紧张，住区作为面广量大的空间类型，应该秉持可持续发展理念，经济、合理、高效地利用土地和空间，节约利用资源和能源，运用低影响的绿色设计策略，达到社会、经济、环境三方面最优的综合效益。此外，还应以务实的态度保证住区未来建设生产与运营管理的可操作性。一方面，结合住宅产业化发展趋势，为工业化生产、机械化施工和建筑群体、空间环境多样化创造条件；另一方面，为商品化经营、社会化管理及分期实施创造条件。

4.2.2 住区规划设计目标

1. 安全

安全包括选址安全、防灾减灾抗灾、防火安全、交通安全、治安安全等。住区的住宅和公共建筑用地应基于用地适宜性分析,避让可能发生地质灾害的区域;住区应遵循消防、人防以及防灾规划的要求进行规划布局、设置相应设施;交通组织应保障行人和非机动车行车安全,住区内部尽量实现稳静交通;考虑物业管理、安全防卫需要,采取恰当而必要的门禁和公安监视技术。

2. 健康

现代住区出现之始最重要的特征之一,就是在大规模建设住宅的同时,还要实现良好日照、采光、通风的健康生活环境。除了日照、采光、通风以外,健康还包括防止噪声污染、空气污染、水污染等,以及垃圾收集、转运和处理等环境卫生要求。

3. 方便

住区承载着居民的日常生活,除了提供适用的住房外,住区应该能够提供满足居民日常生活的交通方式、公共设施以及户外环境。道路交通要能够和城市道路交通系统良好衔接,倡导公交出行、步行友好环境。居民日常购物、上学、交往、文化体育活动、休闲漫步等各项与住区密切相关的活动均能方便进行。特别要考虑为老人、残疾人和儿童的生活和社会活动提供条件。

4. 生态

住区规划中应充分尊重自然环境,倡导资源保护,最大限度地延续原有自然生态系统,合理地对"土地资源"、"水资源"、"生物资源"进行最佳利用,住区在建设和使用过程中尽量减少能耗、减少排放、利用清洁能源,将保护环境与建设人工居住环境相整合,实现人与自然和谐的生态型人居环境。

5. 文化

文化,指人在其发展过程中逐步积累起来的跟自身生活相关的知识或经验,是其适应自然或周围环境的体现。文化具有器物、制度和理念三个层次。文化体系是透过象征体系深植在人类的思维之中,而人们也透过这套象征符号体系解读呈现在眼前的事物。进行住区规划设计,要根植地方背景,保护彰显基地在历史发展中形成的人文要素,传承文化脉络、维系集体记忆;还要体现有生命活力的时代文化,包容创新;要结合居住人群的生活方式、尊重他们的风俗习惯,体现归属感的场所性和家园感,反映人们精神和心灵方面的要求。

6. 和谐

和谐,指不同事物之间相同相成、相辅相成、相反相成、互助合作、互利互惠、互促互补、共同发展的关系。住区内包含着多元化人群(不同年龄、不同职业、不同收入等)、多样的建筑(住宅建筑、文化体育设施、社区服务设施、商业经营设施等)、多种交通方式(私家车、公交车、自行车、步行等)。这些多样化住区要素,对规划设计有共性要求也有个性要求,均应该予以整合考虑、各得其所。

7. 优美

住区是城市面貌的重要组成部分,从艺术的角度看,应以"美"的表现为目标，包括纯粹美和理性美。纯粹的形式美，即住区的各建筑要素和环境要素个体及整体能够符合"美"的特质，如和谐、比例、对比、流畅、饱满、主从、匀称等。理性美，则体现一定的人文性质，或体现传承——对城市文脉的传承、对居住传统的传承；或体现共生——与地域生态环境的共生、与社区人文环境的共生；或体现创新——应用新材料、新技术的创新，适应居住新理念的创新。

4.3　住区规划设计的策划

城市住区的建设是一个系统工程。这个系统工程的每一个环节都对最后的结果起到举足轻重的作用，然而恰当的策划则是整个过程中最重要的前提性环节，通过策划确定的居住对象、住区定位和住宅定位，对之后的步骤起到引领作用。策划基于详尽的市场调研、基地勘察和多种定位斟酌。

4.3.1　市场调研——服务对象和需求的确定

目前，我国大部分住宅由房地产市场提供，符合市场规律是项目运作成功的关键，房地产运作体系提供的住宅要满足特定的居民购买需求，同时也要满足房地产商业运作的利益要求。这些信息必须通过房地产运作前期的市场调研工作来获得。

1. 国家的宏观社会经济形势

包括：国民经济发展计划，重大社会经济事件，国家决策部门制定的相关法制法规和引导政策，城镇居民就业形势，金融系统相关政策等。

2. 具体城市的社会经济因素

包括：城市在区域中的定位，城镇人口构成和收入水平，就业形势，城镇居民住房购买力，地方性的法制法规和引导政策，城市规划与近远期城市建设计划，居民购房贷款及还贷款情况，房地产投资风险情况。

3. 已有的住房交易情况与居民需求

包括：各类住房交易价格，各类住房的市场需求走势，热卖住宅市场定位和特点，潜在住房需求，居民对于住房价格的意见反馈。

4. 基地区位

包括：城市现有各类区位的住宅类型、销售情况、市场情况、市场反响，其他城市类似区位的成功开发案例调查。

5. 各类标准的住宅建设成本构成

包括：国家综合质量标准、各类结构体系、各类高新技术（智能、生态）住宅的建设成本构成。

对以上市场调研的分析结果进行综合处理，结合房地产投资者的自身实力和基地评估（区位条件、自然条件、地基条件等），确定其市场切入点，确定潜在购买人群，对这些未来的居住对象的住房需求进行研究。这是保证房地产投资理性运作的前提，可减少盲目投资的非理性运作，使国家土地利用达到经济效应与社会效益的兼顾。

对居住对象的住房需求的研究，包括其购房能力和支付意愿、家庭规模、居住模式，和住房功能需求、住房面积需求、城市环境需求、公共设施需求、

住区环境需求、住宅楼栋形式喜好等。

除了商品住房之外，对于目前中央政府大力推进的保障性住房，同样需要进行针对人群的居住需求研究，结合相应的政策要求和成本限制，进行成本限制条件下的高品质设计和针对性设计，避免粗制滥造和住房形象标签化，使得这些住房同样成为这些居民的安居之地。

4.3.2 基地考察——住区布局的初步意向

对于基地的区位环境、人文环境和自然环境的考察是住宅区规划必须进行的工作。它对于指导住区内外道路的连接方式、社区公共设施的位置选择、住区人文环境的营造、对自然的尊重和利用等具有决定性的影响，是确定住区功能结构、道路结构的基础。

基地考察的分析结果与市场调研确立的居住对象一起成为具体规划设计工作的基础。以住区布局的角度来看，基地考察尤其还应注意以下几个方面。

1. 自然条件

地质条件——有无不利修建的因素，如陡坡、活动性冲沟、沼泽地以及易遭受冲刷的河岸等；

地形条件——地形高差，湿地的生态条件；

植被条件——已有植被种类、价值、景观作用的评价。

2. 区位条件

交通条件——城市公交系统衔接、机动车交通系统衔接、步行系统衔接；

公共设施——周边城市公共设施的级别与类型，哪些是可以共享的设施，哪些比较缺乏；

地景条件——周边地区是否有可以借用的景观，如自然山水、公园、有价值的城市景观等。

3. 人文条件

建成建筑——有无需要保留的建成建筑，其状况如何；

历史人文——有无历史文化资源，包括物质的和非物质的资源，了解其保护要求；

社区条件——周边属于何种社区类型，社区人口结构。

4. 其他限制条件

有无高压走廊、民航限高规定，有无高速公路从附近穿越，后退各类红线规定，以及其他城市建设的特殊要求。

上述基地考察的分析结果，可以使住区布局充分因势就利、妥善利用各类资源，增加经济合理性，是保证住区布局合理性及设计的地域独特性的先决条件。

4.3.3 多方案比较——住区发展定位的最终确定

市场调研确定了未来居住人群及其住房需求，基地考察让开发者和设计者对于基地所拥有的各类条件了然于胸。接下来，就需要确定最终的住区设计定位，包括功能定位和特色定位，这些将直接影响后续具体的规划设计。此时，需要多方案比较各种设计策略，最终确定一种最具有吸引力和可操作性的定位。

住区功能定位，要确定住区需要提供的公共设施、公共设施的位置及其与城市公共设施的关系；要确定住区道路交通模式，是人车分流、还是混合；要确定住房的面积配比和设计重点、和住宅楼栋的设计要点；等等。

住区特色定位，要确定住区的景观特色和人文特色，最终落实在整体结构中，既体现在各系统中，也体现在设计的细节中。

4.4 住区规划设计的内容

4.4.1 功能结构

住区是一个多要素、多层次的城市空间载体，其功能以居住功能为主，同时还兼容各类公共设施、交通和休憩等功能。这些不同功能之间既相对独立、又相互联系，共同形成一个统一有机的整体。

1. 整体功能结构

城市要素众多，如果没有功能结构的引导，就可能顾此失彼、混乱无序。因此，进行合理规划的第一个步骤就是研究确定功能结构，功能结构是相对抽象的功能组织架构，一个好的功能结构，决定了规划设计方案的大局，但又不影响其后深入设计的众多可能性。基于某种规划设计目标的功能结构，对于住区整体起到平衡、支持的作用，而结构的各个子成分、子系统在功能结构的引导下，可以进一步调整、深化，其对于整体功能结构也可能产生调整的需求，整体功能结构在进一步调整时也是基于维持整体的动态平衡的考虑。可以说，功能结构是一种互动关系模式，以整合、秩序、协调、均衡为诉求。功能结构既有制约性又有能动性，结构中相对稳定的部分是不变的，具有制约作用；不确定的部分可以积极变动、找寻最佳平衡状态，因此又具有能动性。

对于住区规划来说，功能结构是最先考虑的，在确定一个功能结构前，需要多方案尝试，以确定一个综合效益最佳的结构方案，以指导以后的方案具体设计。最终的功能结构，则是局部设计和整体规划不断协调、平衡和最优化的结果。特别需要注意的是，功能结构并不拘泥于几种模式，其可能性是无穷的，关键要因地制宜研究确定最适宜的功能结构。住区功能结构包括以下几个方面（图 4-1）。

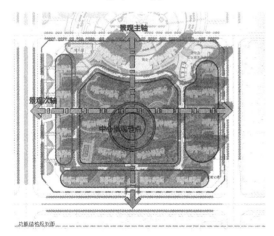

图 4-1 功能结构分析图

2. 道路交通结构

道路交通结构包括三个方面的内容。一是道路等级结构，根据具体情况确定"居住区级道路、小区级道路、组团级道路、宅间小路"道路等级体系，是四级、三级还是二级体系。二是步行、机动车行、自行车行关系结构，是分流、混行、还是部分混行结构。三是形式结构，道路划分了地块，形成组团，建筑布局和道路也有密切关系，是形成小街区开放组团，还是大街区封闭组团；是规则式道路，还是自由线形道路；这些不同结构对住区空间形态有重要影响。四是场所结构，道路除了组织各类交通

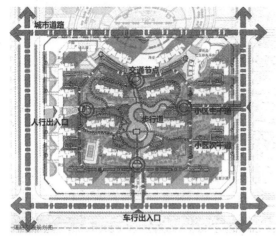

图 4-2 道路系统分析图

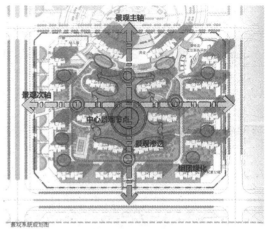

图 4-3 绿地系统分析图

（资料来源：刘晓东，聂心颖. 住区规划 3[M].
天津：天津大学出版社，2012：228）

的功能，还具有组织活动、串联景观的重要作用，道路系统中的街道结构、广场结构对于构筑住区好的场所性非常重要（图 4-2）。

3. 用地布局结构

用地布局结构包括两个层次的内容。一是住宅用地、公共设施用地、绿地和道路用地的整体关系，涉及出入口、各项用地位置，虽然是整体关系结构，但也要注意空间尺度的准确性，根据用地平衡的一般关系予以尺度和规模的把握。二是住宅用地的细化结构，包括类型分区、容积率分配、高度控制、形态特征结构；以及公共设施用地的细化结构，包括设施分区、形态结构（带形布局、集中地块布局、集中＋分散布局等）。

4. 地块划分结构

地块划分结构通常会被规划设计人员忽视，认为只要由道路系统围合出来地块即可。由于地块划分关联到城市形态、物业管理，新近研究表明地块尺度和关系结构还与步行化方式有密切关系，因此在某些情况下道路系统应该首先考虑合适的地块划分。地块划分结构，与周边的城市环境和整体道路交通格局密切相关，如适应城市中心地区的小地块网格结构、与 TOD 模式衔接的过渡性地块结构、城市郊区山水环境的自由形态地块结构、着意营建的传统城镇小街区地块结构等。

5. 绿地系统结构

绿地系统结构包括两方面的内容。一是层次性结构，即居住区公园、小区游园、专用绿地、宅旁和庭院绿地、街道绿地等，形成适应不同规模住区的合理的层次性绿地结构；二是整体性结构，住区要考虑与城市绿地系统关系，充分考虑自然地形地貌和要素，形成与城市绿地系统互补互融、串联通达的绿地网络结构。可以有"集中＋分散、带状串联、楔形渗透、绿带网络"等多种多样的具体形式（图 4-3）。

6. 空间层次结构

由于居民在住区的活动是多样的，对于外部空间也就有多层次需求，包括

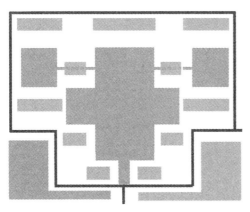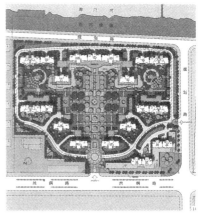

图 4-4 空间层次分析图

（资料来源：欧阳康，等．住区规划思想与手法 [M]．北京：中国建筑工业出版社，2009：63）

公共空间、半公共空间、半私密空间和私密空间。空间层次结构与绿地系统结构有部分重合，还包括各类广场、街道、庭院以及由住宅等建筑 形成的活动空间（图 4-4）。

4.4.2 公共设施

住区公建用地的比例相对住宅用地小很多，但是没有公共设施服务的住区生活质量是难以想象的，住区公共服务设施以较小的用地比例承担着必不可少的公共服务，包括公益性服务和经营性服务，同时也是住区非常重要的公共活动空间，也具有重要的景观作用，因此必须对其进行精心合理的安排（图 4-5）。

1. 分类分级

《城市居住区规划设计规范》（GB 50180—1993）（2002 年版）里将居住区公共服务设施（也称配套公建）分为"教育、医疗卫生、文化体育、商业服务、金融邮电、社区服务、市政公用和行政管理及其他八类设施"。并指出居住区配套公建的配建水平，必须与居住人口规模相对应，并应与住宅同步规划、同步建设和同时投入使用。因此，住区公共设施也按居住区（30000～50000 人）、居住小区（10000～15000 人）、居住组团（1000～3000 人）三级配建。

然而，伴随市场经济的发展以及行政管理区划规模的调整，居住区公共设施的配建标准在各地已经出现了新的更具适应性的改进。同学们在做具体的规划设计时，要查阅该基地所属城市的相应标准或规范，以符合地方的配建要求。以南京为例，修订后于 2015 年新发布的《南京市公共设施配套规划标准》中确定居住区公共服务设施按照两极配套，"居住社区级（3～5 万人）"和"基层社区级（0.5～1 万人）"。该标准所指的公共设施按照使用功能分为七种：①教育设施；②医疗卫生设施；③公共文化设施；④体育设施；⑤社会福利与保障设施；⑥行政管理与社区服务设施；⑦商业服务设施。考虑到空间布局关联性等因素，该标准将邮政普遍服务、停车场、公厕、公用移动通信基站、公园绿地、公交首末站、公共自行车服务点、环卫作息场、环卫车辆停放场、垃圾收集站等一并纳入考虑。

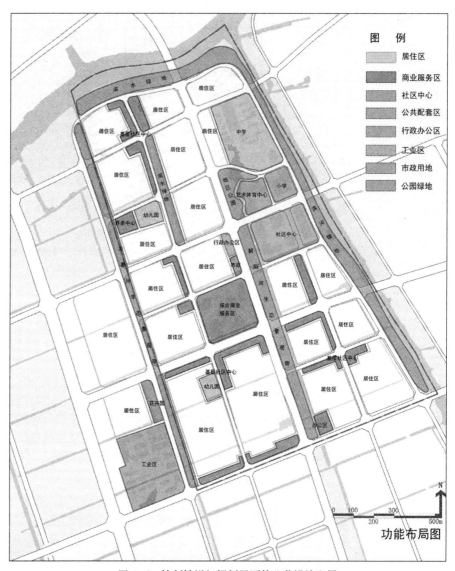

图 4-5　控制性详细规划层面的公共设施配置
（资料来源：东南大学城市规划设计研究院有限公司.盐城市龙冈镇凤凰社区城市设计项目
[Z]，2011）

2.配建规模

居住区公共服务设施的配建规模，主要反映在配建的项目及其面积指标两个方面。而这两个方面的确定依据，主要是考虑居民在物质与文化生活方面的多层次需要，以及公共服务设施项目对自身经营管理的要求，即配建项目和面积与其服务的人口：规模相对应时，才能方便居民使用和发挥项目最大的经济效益，如一个街道办事处为 3 万～5 万居民服务，一所小学为 1 万～1.5 万居民服务。按照《城市居住区规划设计规范》GB 50180—1993（2002 年版），配建规模的确定一般按照以下三个步骤，一是根据"公共服务设施控制指标（m²/千人）"中的千人指标进行分级的总体指标的测算；二是根据"公共服务设施分级配建表"确定配建项目；三是根据"公共服务设施各项目的设置规定"中的项目配建指标确定面积规模。

配建规模的确定除了依据《城市居住区规划设计规范》GB 50180—1993（2002 年版）外，也还是要参考地方标准和规范，如南京就直接给出两级配套的项目及面积规模，查阅更方便，也更适合地方需求。

3．布局总体要求

1）服务均衡

根据不同项目的使用性质和居住区的规划布局形式，应采用相对集中与适当分散相结合的方式合理布局，符合不同层级公共设施的服务半径要求，满足交通方便和安全等要求。

2）使用方便

居住区内公共服务设施服务于区内不同年龄和不同职业的居民，因此公建的布局要适应儿童、老人、残疾人、学生、职工等居民的不同要求，并应利于发挥设施效益，方便经营管理、使用，也要考虑减少干扰（图 4-6）。

3）形成中心

商业服务与金融邮电、文体等有关项目宜集中布置，形成居住区各级公共活动中心。这些设施的集聚可以形成一定的规模效益，吸引众多人流，以利于其持续经营，才能提供良好服务。因此，中心布局应位于交通和公交便捷地段，邻近地铁站、公交站点，并处理好停车问题。

4）具有特色

公共服务设施的布局是与规划布局结构、组团划分、道路和绿化系统反复

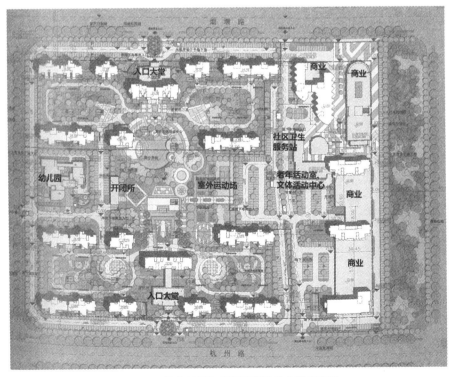

图 4-6　修建性详细规划层面的公共设施配置

（资料来源：刘晓东，聂心颖．住区规划 3 [M]．天津：天津大学出版社，2012：101）

调整、相互协调后的结果。为此，其布局因规划用地所处的周围物质条件、自身的规模、用地的特征等因素而各具特色。

5）预留发展

配套公建的规划布局和设计应考虑发展需要，便于分期建设，且最好留有一定发展备用地，满足未来可能的公共设施增长的需要。

4．住区中心布局

根据设施的级别和类型，居住区级和小区级的公共设施宜结合道路交通系统形成公共活动中心。经营性项目（商业服务、邮政电信等）、准公益性项目（文化、体育）和公益性项目（行政管理与社区服务）可以设置在城市综合体内，形成社区综合服务中心。有独立用地要求且对环境要求较高的公益性项目——医疗卫生、养老服务，基于医养结合的发展策略，可以院落式形式集中布局形成医养结合服务中心。幼儿园、小学、居住区公园、小区游园可以根据其服务半径，与住区中心邻近布置，共同形成住区公共中心格局。

中心的具体布局方式则根据开发强度、住区定位和特色研究确定，集聚的形式和程度、与道路的关系、形成的空间结构等都有着多种可能。集聚程度有"强集聚＋少分散"、"分散布局＋集中控制"等；空间结构则有"沿街型、地块型"、"不间断连续型、间断连续型"等（图4-7）。

5．教育设施

中小学、幼儿园都是必须独立占地的，其布局应该考虑和住区各级中心的关系，但还有其自身的一些特定要求。

幼儿园一般宜独立设置在靠近绿地、环境安静、接送方便并能避免儿童穿越车道的地段上，规划设计要能保障活动室有良好的朝向。要有足够的室外活动场地。

初中、小学校布置应保证学生就近上学，学生上学路线不应穿越铁路线、厂矿生产区、城市干道等人多车杂地段。要避开噪声干扰大的地方，同时减少学校本身对于居民的影响。

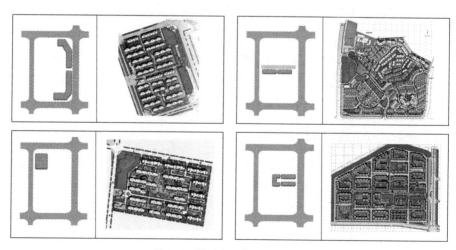

图4-7　社区中心布局模式示意

（资料参考：楚先锋，康康.住区配套商业规划布局模式评价 [J]. 住区，2013（4）：131-135）

高中不是义务教育阶段，没有按照学区划分就近入学的要求，学校规模和服务半径都大为增加，因此其设置更多地考虑教育部门的统筹教育资源的布局要求。在居住区内的中学由于占地规模较大，因此可以作为划分不同功能区的手段。

6. 市政设施

市政设施如垃圾收集和转运、公交场站、加油加气站等，布局应符合其专业规划要求。

4.4.3 交通系统

住区交通系统担负着将住区与城市联系、住区内部之间联系的重要功能，需要满足居民日常各类出行要求，以及紧急情况下的防灾要求。

1. 交通类型

按照交通功能划分，交通类型包括通勤性交通、生活性交通、服务性交通和应急性交通。前两类交通应最大程度地符合安全、舒适和便捷的要求，后两者应避免与前两者相互干扰并具有良好的可达性（表4-8）。

按交通功能划分的交通类型 表4-8

交通类型	内容	特征
通勤性交通	上班、上学	日常性
生活性交通	购物、娱乐、休闲、交往	日常性
服务性交通	垃圾清运、居民搬家、货物运送、邮件投递	定时性、定量性
应急性交通	消防、救护	必要性、偶发性

按交通方式划分，交通类型有步行、非机动车和机动车交通，包括步行、自行车、私人小汽车、公共汽车、出租车、地铁和轻轨交通。

2. 道路规划原则

根据地形、气候、用地规模、用地四周的环境条件、城市交通系统以及居民的出行方式，应选择经济、便捷的道路系统和道路断面形式；

小区内应避免过境车辆的穿行、道路通而不畅，避免往返迂回，并适于消防车、救护车、商店货车和垃圾车等的通行；

有利于居住区内各类用地的划分和有机联系，以及建筑物布置的多样化；

当公共交通线路引入居住区级道路时，应减少交通噪声对居民的干扰；

在地震烈度不低于六度的地区，应考虑防灾救灾要求；

满足居住区的日照通风和地下工程管线的埋设要求；

城市旧区改建，其道路系统应充分考虑原有道路特点，保留和利用有历史文化价值的街道；

应便于居民私家小汽车的通行，同时保证行人、骑车人的安全便利。

3. 道路分级

居住区道路一般分为四级：居住区级道路、居住小区级道路、居住组团级道路和宅间小路。根据用地规模和基地区位等条件，具体分级可有若干可能性（表4-9）。

不同等级的居住区道路规划要求　　　　　　　　　表 4-9

道路分级	道路功能	道路红线宽度	建筑控制线之间宽度	断面形式	备注
居住区级道路	居住区内外联系的主要道路	一般为20～30m，山地居住区不小于15m	—	多采用一块板	人行道宽度一般在2～4m
居住小区级道路	居住小区内外联系的主要道路	路面宽6～9m	采暖区不宜小于14m，非采暖区不宜小于10m	多采用一块板	道路红线宽于12m时可设置人行道，其宽度在1.5～2m
居住组团级道路	居住小区内部的次要道路，联系各住宅组群	路面宽3～5m	采暖区不宜小于10m，非采暖区不宜小于8m	—	大部分居住组团级道路不需要专门设置人行道
宅间小路	联系住宅单元与单元、住宅单元与居住组团级道路或其他等级道路	不宜小于2.5m	—	—	连接高层住宅时路幅宽度不宜小于3.5m

4. 步行道和车行道的关系

步行道和车行道的关系有人车分行、人车混行以及局部混行等模式。在人车分行的交通组织体系中，车行交通和人行交通基本上互不干扰，各自相对独立。在人车混行的交通组织体系中，通过道路断面的组织解决好人与车的关系。人车分行的交通系统拥有安全的优点，但是也具有道路面积过大，车行道路过于迂回的问题。人车混行的交通系统，需要采取适当减速措施，在保证行人安全的基础上，人车混行的道路更有效率，也更容易形成活力街道。

交通体系已突破早期单一的道路分级的传统树形模式，呈现出多样化的交通系统（表4-10）。

交通体系的三种模式　　　　　　　　　表 4-10

传统树形道路分级模式	步行与车行分流模式	步行与车行混合模式
延续传统的住区主路—次路—入户路的道路分级，人车混行，妥善处理机动车停车场库的出入口。道路利用效率较高，方向性好，但人行与车行互相有干扰	多用于后退红线距离较大的住区，如小高层及高层住区或因其他原因后退距离较大的住区，利用后退距离设置内部机动车外环路，沿外环路设置停车场库出入口，达到人车分流	根据住区用地条件、建筑布局、住宅层数、环境因素等具体条件，因地制宜，采取混行与分流相结合的模式。步行环境虽部分与车行道有交叉，但整体上受干扰较少

5. 道路设置规定

小区内主要道路至少应有两个出入口；居住区内主要道路至少应有两个方向与外围道路相连；机动车道对外出入口间距不应小于150m。沿街建筑物长度超过150m时，应设不小于4m×4m的消防车通道。人行出口间距不宜超过80m，当建筑物长度超过80m时，应在底层加设人行通道。

居住区内道路与城市道路相接时，其交角不宜小于75°；当居住区内道路坡度较大时，应设缓冲段与城市道路相接。

进入组团的道路，既应方便居民出行和利于消防车、救护车的通行，又应维护院落的完整性和利于治安保卫。

在居住区内的公共活动中心，应设置为残疾人通行的无障碍通道。通行轮椅车的坡道宽度不应小于2.5m，纵坡坡度不应大于2.5%。

居住区内尽端式道路的长度不宜大于120m，并应在尽端设不小于12m×12m的回车场地。

当居住区内用地坡度大于8%时，应辅以梯步解决竖向交通，并宜在梯步旁附设推行自行车的坡道。

在多雪严寒的山坡地区，居住区内道路路面应考虑防滑措施；在地震设防地区，居住区内的主要道路，宜采用柔性路面。

居住区内道路边缘至建筑物、构筑物的最小距离，应符合表4-11的规定。

居住区道路边缘至建筑物、构筑物的最小距离（m）　表4-11

与建、构筑物的关系	道路等级		居住区道路	小区路	组团及宅间小路
建筑物面向道路	无出入口	高层	5	3	2
		多层	3	3	2
	有出入口		—	5	2.5
建筑物山墙面向道路		高层	4	2	1.5
		多层	2	2	1.5
围墙面向道路			1.5	1.5	1.5

6. 静态交通

早期城市住区停车空间预留不足，伴随私家车拥有率的提高，停车占用道路、损害景观的现象已十分严重。目前，新建住区的停车率都有较为严格的规定，如《南京市建筑物配建停车设施设置标准与准则》中新建住区的停车配建指标远高于老城区（表4-12）。

停车空间的形式十分多元，有遮蔽的停车空间有公共设施地下集中停车库、住宅楼群半地下或地下停车库、住宅楼低层停车库、绿地下集中停车库等，无遮蔽的地面停车空间有沿路停车位、岛式停车场等。并妥善设置停车场库的机动车出入口和人行出入口，尽可能减少对内部步行环境的影响并方便居民进出使用。

南京市住宅建筑停车设施设置标准　　　　　　　　表 4-12

建筑物类型		计算单位	机动车指标			
			一类区		二类区	三类区
			下限	上限	下限	下限
住宅	别墅、独栋式住宅或 $S_建$>200m²	车位／户	1.2	1.5	1.5	1.5
	商品房与酒店式公寓　$S_建$≤90m²	车位／户	0.7	0.9	1.0	1.0
	商品房与酒店式公寓　90m²≤$S_建$≤144m²	车位／户	0.9	1.1	1.2	1.2
	商品房与酒店式公寓　144m²≤$S_建$≤200m²	车位／户	1.1	1.3	1.5	1.5
	商品房与酒店式公寓　未分户	车位／100m² 建筑面积	0.8	1.1	1.1	1.1
	经济适用房　$S_建$≤90m²	车位／户	0.6	0.7	0.7	
	廉租住房、政策性租赁住房、集体宿舍	车位／100m² 建筑面积	0.3	0.4	0.4	0.4

4.4.4 绿地系统

住区绿地是城市绿地系统的重要构成，是衡量居住环境品质的重要因子。具有改善地区小气候、生态环境的作用，也是构筑优美居住环境的重要因素，还为居民提供了良好的户外游憩空间。

1.绿地功能

改善生态条件：起到遮阳降温、防尘防风和隔声降噪作用，能够改善小气候，获得安静宜人、健康卫生的住区生态环境。

构筑户外环境：通过植物围合或行植、构建微地形、处理水景等方式，和建筑、小品、场地等一起组织空间，形成适宜各类活动的户外环境。同时起到美化环境的作用。

防灾作用：绿地作为开敞空间，也可作为城市防灾用地。

2.绿地系统组成

居住区内绿地，应包括公共绿地、宅旁绿地、配套公建所属绿地和道路绿地，其中包括了满足当地植树绿化覆土要求，方便居民出入的地上或半地下建筑的屋顶绿地。

3.绿地系统总体规划要求

应与城市整体绿地系统衔接，形成与城市绿地系统互补互融、串联通达的整体绿地结构（图4-8）。

根据居住区的规划布局形式、环境特点及用地的具体条件，采用集中与分散相结合，点、线、面相结合的绿地系统。

宜保留和利用规划范围内的已有树木和绿地，宜利用基地内不适宜建设的劣地、

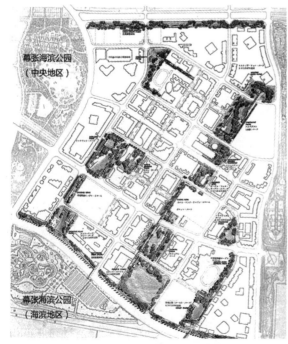

图 4-8　日本幕张滨城住区 - 交流带示意图

坡地、洼地。

一切可绿化的用地均应绿化，并宜发展垂直绿化。

各层级绿地均应精心规划与设计。

绿地率：新区建设不应低于 30%；旧区改建不宜低于 25%。

4．公共绿地规划要求

公共绿地是住区中公共性最强、人流量最大、活动最丰富的绿地类型，根据住区规模，也有分级设置要求。居住区级包括居住区公园（不小于 1hm²），含儿童公园，小区级包括小区游园（不小于 0.4hm²），组团级包括组团绿地（不小于 0.04hm²），以及其他带状、块状绿地（宽度不小于 8m，面积不小于 0.04hm²）。三级中心绿地设置要求如表 4-13 所示。

各级中心公共绿地设置规定　　　　　　　表 4-13

中心绿地名称	设置内容	要求	最小规模（hm²）
居住区公园	花木草坪、花坛水面、凉亭雕塑、老幼设施、停车场所和铺装地面等	园内布局应有明确的功能分区	1.0
小游园	花木草坪、花坛水面、雕塑、儿童设施和铺装地面等	园内布局应有一定的功能划分	0.4
组团绿地	花木草坪、桌椅、简易儿童设施等	灵活布局	0.04

各级公共绿地至少应有一个边与相应级别的道路相邻；绿化面积（含水面）不宜小于 70%；便于居民休憩、散步和交往之用，宜采用开敞式，以绿篱或其他通透式院墙栏杆作分隔。

公共绿地的总指标，应根据居住人口规模分别达到：组团不少于 0.5m²／人，小区（含组团）不少于 1m²／人，居住区（含小区与组团）不少于 1.5m²／人，并应根据居住区规划布局形式统一安排、灵活使用。

5．绿地布局形式

从形式上，可以有"集中＋分散、带状串联、楔形渗透、绿带网络"等多种多样的具体形式。不可能一一列举，这里列举的是几种相对典型的形式（图 4-9）。

4.4.5　空间景观

1．空间层次

1）空间层次

住区内活动类型多样，需要有不同尺度和开放性的空间，以适应不同人群不同活动的需要。其次，住区需要能够为居住生活提供一定程度的领域性，从而为居民提供更符合居住心理需求和安全感的住区空间。

住区的空间层次包括私密空间、半私密空间、半公共空间和公共空间，分别对应于家庭内部、邻里群体、组团群体以及住区所有人群的使用需求，私密性从高到低、通达性从低到高、尺度从小到大。

2）空间组织

首先，要保证各层次生活空间领域的相对完整性。在进行住区规划时，不

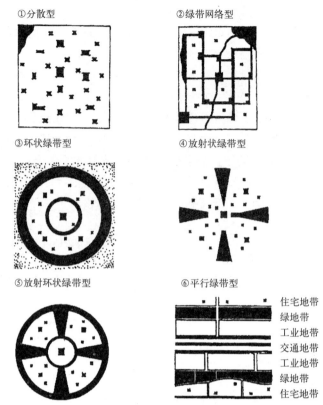

图4-9　城市绿地分布形式

（资料来源：城市规划资料集 [M]. 北京：中国建筑工业出版社，2011）

仅要重视公共性强的公共空间和半公共空间设计，还要重视对于促进邻里交往非常重要的半私密性空间的营造和设计，后者经常被忽视。其次，组织好各层次空间的衔接和过渡。考虑不同层次空间的尺度、围合程度和通达性，使不同层次空间的布局和道路系统、绿地系统、建筑性质、建筑高度、地块界面、街道组织等结合起来。最终形成丰富有序、各得其所的层次性空间。

2. 景观组织

1）景观要素

城市景观要素——住区的景观组织，首先要考虑住区周边及对其有影响的城市空间景观，包括现状以及规划要求。包括城市山体、水系，特别是城市地标，分析其规划控制要求对于该住区的影响。

自然景观要素——包括住区内外现状自然环境中有价值的景观要素，以及住区规划中可以建构出来的自然景观要素。

人文景观要素——包括住区内外有价值的历史人文要素，如建筑物、构筑物、街巷格局、非物质文化遗产等，以及基于住区开发定位、可在住区规划设计中创造的新的象征性景观要素。

2）景观分区

综合考虑住区周边及对其有影响的城市格局、自然山水格局和人文脉络，结合住区规模、开发定位、建筑高度、开发强度以及功能结构，基于特色建构的目标，确定景观分区。

3）景观序列

为了增强住区景观的可体验性，需要组织合理的景观序列。景观序列的组织，应基于一定的景观体验需求。如沿住区主要车行道路展开的景观序列，沿住区慢行系统展开的景观序列等。景观序列的组织有多种手法，如空间轴线、视线走廊、景观节点、景观地标等（图4-10）。

4.4.6 住宅与住宅组群

住宅用地是住区内比重最大的用地，其中的住宅是居民所获得的终端产品，对于商品住宅来说，居民花费巨资拥有其财产权，对于住宅产品有较高的期望。对于保障性的公共租赁住房，由于国家补贴，居民可以低于市场价格的租金入住，但是基于平等发展的角度，保障性住房既要强调集约节约、也要有较好的适居性。住宅及住宅组群是居民日常生活时间最长的居住空间，需要精心设计，满足居住的空间需求、健康需求、交往需求和心理归属需求。

1. 住宅选型

住宅选型，就是要基于住区开发定位，确定住宅面积标准、住宅套型和楼栋设计。住宅选型一般需要关注以下几个方面。

1）依据国家现行住宅标准

住宅标准反映国家特定时期的住宅建设水平，与住宅经济密切相关，不同时期有不同的住宅标准。目前最新版是《住宅设计规范》GB 50096—2011，与上一版规范相比，更强调"经济、合理、有效利用土地和空间"。总体内容

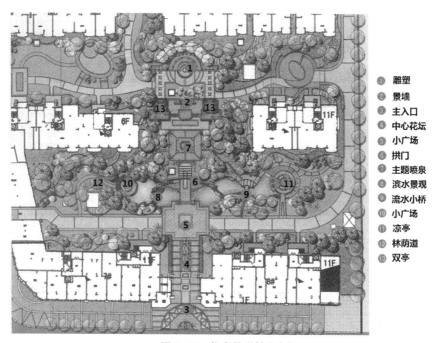

图4-10　住宅景观轴线实例

（资料来源：汪辉，吕康芝.居住区景观规划设计 [M].南京：江苏科学技术出版社，2014：118）

包括"总则,术语,基本规定,技术经济指标计算,套内空间,共用部分,室内环境,建筑设备"。"技术经济指标计算"更加严格,防止开发商偷面积、暗增容积率导致给城市建设增加没有准备的压力。"套内空间"部分,对于集约紧凑型住宅设计是鼓励的,最小套型使用面积比起上版有所降低,这也为保障性住房建设设定了规范依据。"共用部分"延续了对于消防、安全疏散的要求,加强了无障碍要求。"室内环境"、"建筑设备"部分提高了舒适度要求,并鼓励绿色节能技术。

2)符合开发强度、建筑高度控制要求

城市的不同区位地段,由于城市历史文化保护带来的高度控制要求不同、交通可达性不同、用地自然地形地貌不同等,居住用地的开发强度和建筑高度的控制要求相应不同。10层以下的住宅建筑、10层及10层以上但不到18层的住宅建筑、19层及19层以上的住宅建筑,其安全出口的设定要求有所递增。建筑高度递增,对于结构要求也相应提高。由于安全要求和结构要求的变化,不同高度的住宅建筑形体也会有变化,越是高层住宅,其组合方式也越是有限。此外,高度递增之后,建筑日照间距的控制也相应采取软件计算的方式,以保障冬季具有一定的日照条件。

3)符合住区开发定位

如果是商品房住区,开发商都有基于市场分析的销售人群定位。要根据产品销售对象的生活模式,进行住宅套型设计。值得注意的是,国家现在的导向是限制大户型,提倡中小户型,以集约紧凑、舒适宜居、适应性强的户型为主流。如果是保障性住房,目前规定是廉租房不大于 50m²、公共租赁房不大于 60m²、经济适用房面积在 70 ~ 75m²,更需要精细化的设计,以提供麻雀虽小、功能齐全的住房环境。

4)适应地区特点

不同地区有不同的自然气候特点、用地条件和生活习俗等。要遵循各地的住区规划和住宅建筑设计的地方性规范和管理要求。如炎热地区要满足良好的通风;夏热冬冷地区要具有良好的朝向和通风要求,尽量避免西晒;寒冷地区,则要在冬季能够防寒防风雪;坡地和山地地区,住宅选型要便于结合坡度进行错层、跌落、分层入口等调整处理。

5)体现节约集约、生态绿色理念

综合考虑开发强度要求、面积结构和用地条件,合理设定住宅建筑的进深、面宽和层高。进深每增加 1m,可显著增加建筑面积;层高每增加 10cm,将显著增加造价;同样面积的住宅建筑,周长约长,耗能越大。因此,在进行住宅套型设计和住宅楼栋设计时,必须综合考虑这些形体因素,进行最优化设计。此外,基于节能减排的要求,综合运用各类技术达到良好的保温隔热要求;基于低碳的要求,选择生态足迹少的建筑材料;基于清洁能源的要求,将太阳能面板和建筑设计统筹考虑。

6)便于楼栋组合和规划布置

住宅建筑应具备一定的拼接和组合可能性,便于根据基地条件,进行空间组织,形成多元化的、可识别的空间环境和良好景观(图 4-11)。

点群式

巴黎勃非兹芳泰乃·奥克斯露斯小区

点群式

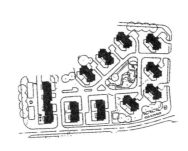

珠海碧涛花园住宅组团

联排式

日本八事町住宅组团

行列式

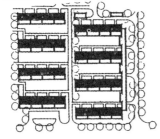

北京翠微小区住宅组团

行列式

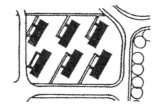

青岛市浮山所小区住宅组团

行列式

上海仙霞新村住宅组团

曲线式

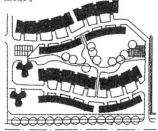

深圳莲花居住区住宅组团

曲线式

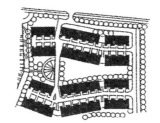

上海番瓜弄居住小区

折线式

常州红梅西村住宅组团

院落式

北京市百万庄住宅组团

院落式

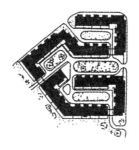

承德竹林寺住宅组团

轴线式

深圳共和世家住宅组团

图 4-11 住宅组群空间组织方式

（资料来源：城市规划资料集 [M]. 北京：中国建筑工业出版社，2011）

135

住宅错列布置增大迎风面，利用山墙间距，将气流导入住宅群内部

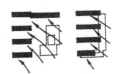

高低层住宅间隔布置，或将低层住宅或低层公建布置在迎风面侧以利进风

低层住宅或公建布置在多层住宅群之间改善通风效果

住宅疏密相间布置，密处风速加大，改善了群体内部通风

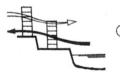

利用局部风候改善通风

利用水面和陆地温差加强通风

利用绿化起导风或防风作用

图4-12 基于朝向和通风的组群组织

（资料来源：城市规划资料集 [M]. 北京：中国建筑工业出版社，2011）

2. 组群组织

1）基于多层次空间建构

住区空间层次中"私密空间、半私密空间、半公共空间和公共空间"的公共空间，和住宅建筑群体组织有密切关系。在进行空间层次建构时，首先保证各层次的生活空间领域的相对完整性；其次注意各层次空间的衔接和过渡；还要考虑不同层次空间的尺度、围合程度和通达性（图4-11）。

2）基于朝向和通风

不同气候地区，朝向要求是不同的。在Ⅲ、Ⅳ类建筑气候区，尤其应考虑住宅夏季防热和组织自然通风、导风入室的要求。寒冷地区应避免朝北，但是不忌西晒，以争取冬季获得一定质量的日照，并能防风避寒。炎热地区不忌朝北，但尽量避免西晒，减少阳光对居室及其外墙的直射与辐射。夏热冬冷地区则对于南向特别喜好，既要避免朝北又要尽量避免西晒。但是，对于租赁性住房，则可以适当放宽。

大部分地区都对于获得良好通风有较高的要求，可以保持较好的室内环境。要结合当地的主导风向，趋利避害，在夏季引入通风，在冬季则防风。要想获得良好的通风，要妥善处理住宅间距和风向入射角，加大间距不如加大风向入射角。风向入射角在30°～60°时，气流能够较顺利地导入建筑间距内。此外，还可以通过住宅的交错排列、高低错落、疏密组合来扩大迎风面、增加迎风口、增加风流量。而巧妙借用地形、水面和植被也更有助于增加风速、导入新鲜空气（图4-12）。

3）基于日照间距和侧面间距规定

在Ⅰ、Ⅱ、Ⅳ、Ⅶ类建筑气候区，住宅布局应主要利于住宅冬季的日照、防寒、保温与防风沙的侵袭。住宅间距，应以满足日照要求为基础，综合考虑采光、通风、消防、防灾、管线埋设、视觉卫生等要求确定。《城市居住区规划设计规范》GB 50180—1993规定，住宅日照标准应符合表4-14的规定，对于特定情况还应符合下列规定：老年人居住建筑不应低于冬至日日照2h的标准；在原设计建筑外增加任何设施都不应使相邻住宅原有日照标准降低；旧区改建的项目内新建住宅日照标准可酌情降低，但不应低于大寒日日照1h的标准。一般情况下，平行布置条式住宅之间的正面间距，可按日照标准确定的日照间距系数控制，也可采用不同方位间距折减系数换算。不同城市的日照间距系数一般都有地方性规定。

住宅侧面间距，应符合下列规定：条式住宅，多层之间不宜小于6m；高层与各种层数住宅之间不宜小于 13m；高层塔式住宅、多层和中高层点式住宅与侧面有窗的各种层数住宅之间应考虑视觉卫生因素，适当加大间距。

住宅建筑日照标准 表 4-14

建筑气候区划	Ⅰ、Ⅱ、Ⅲ、Ⅶ类气候区		Ⅳ类气候区		Ⅴ、Ⅵ类气候区
	大城市	中小城市	大城市	中小城市	
日照标准日	大寒日			冬至日	
日照时数 (h)	≥ 2	≥ 3		≥ 1	
有效日照时间带 (h)	8 ~ 16			9 ~ 15	
日照时间计算起点	底层窗台面				

注：1. 建筑气候区划应符合规范附录 A 第 A.0.1 条的规定。
　　2. 底层窗台面是指距室内地坪 0.9m 高的外墙位置。

4.5　住区规划设计的发展趋势

4.5.1　场所营建型住区

场所营建，就是通过缜密细致的空间建构，赋予空间以意义——包括实用的功能意义和精神层面的象征意义。从而使得居住空间具备家园的特性，而非奢华而空洞的人工孤岛。家园感的获得，依靠自然的延续性、历史的厚重感以及人文关怀基础上的空间创造。

1. 设计结合自然

在中国城市化的迅速进程中，很容易忽略值得延续的自然环境和人文环境特征，陷入盲目造城的误区。实际上，如果换一种视角，总会在基地上发现独特的风土和景观。

在自然环境层面，包括地形地貌和河湖水体等特定的地域景观要素，以及有价值的原生植物群落，都可以加以保留，并可以通过设计进一步强化这些特征。从而使得住区获得一种植根于此的厚重的场所精神。

2. 体现历史记忆

在人文环境层面，除了被认定的历史文化资源之外，对于该基地曾经承载的历史，都可以加以挖掘，并通过某种方式表达出来。如 1960 年代美国哥伦比亚新城的建设过程中，就十分重视当地的历史，通过使用 18 世纪的地名、保留一些富于特色的乡村建筑、建设一些老式的乡村小路等措施，将种种历史痕迹串联起来，形成了浓郁的场所精神和文化氛围。

3. 建构空间场所

对住区内部环境的感受是在对住区内各层次空间的使用中感知的。住区内部的各类公共空间包括内部生活性街道、集中公共活动空间和半公共活动空间。这类住区内部空间是居民日常户外活动的主要空间，其环境设计既要保证住区内的闲适气氛，又应充满生机和活力。

对于内部生活性街道，要根据街道的作用，确定底层建筑的功能，并注重建筑低层处理与街道及其他环境要素的融合。对于集中公共活动空间，其范围

宜人的内部生活小商业街

具有一定象征意义的集中公共活动空间

温馨的接近住宅的半公共空间

与绿化结合的公共活动空间

图 4-13　多层次空间的建构

（资料来源：王承慧.转型背景下城市新区居住空间规划研究 [M].南京：东南大学出版社，2011）

较大，居民在其间的活动更多样，且易观察到周边环境的整体景象，应注重多栋住宅造型的整体性，并对具有活动中心场所性质的公共空间加以烘托。对于半公共活动空间，其范围较小，居民在其间的活动多为交互性较强的交往活动，应注重入口、底层、楼栋交往层的细部处理，营造亲切的居住环境（图 4-13）。

4.5.2　生态型住区

基于"整体、协调、循环、再生"的生态学理念，以生态型技术为手段，在能源使用上降低能耗、采用清洁能源、高效利用石油能源，在土地利用、水资源利用和水环境、自然资源保护和人文环境保护方面减少对环境和文化的冲击，减少碳排放、使用绿色环保建材，营造自然、和谐、健康、舒适的人居环境。具体的举措可以按住建部提倡的"四节一环保"来执行，即"节能、节地、节水、节材"和"治污、环境保护"。住区的生态指标体系可参见住建部颁布的《绿色生态住宅小区建设要点与技术导则》，其主要技术内容包括"能源系统；水环境系统；气环境系统；声环境系统；光环境系统；热环境系统；绿化系统；废弃物管理与处置系统；绿色建材系统"。如日本新田住宅，充分利用了河岸区位优势，综合利用各种生态技术，塑造与环境共生住宅。其规划设计具体手法有：①多方协作，实现景观轴和节点的有效控制；②策划了被动空调、燃料电池、河风贯通等多种技术的住宅；③全面屋顶绿化；④通过雨水收集，营造户外小溪等（图 4-14）。

1. 能源系统

在生态小区中，建筑节能应严格按照住建部规定。常规能源结构系统建设除应执行国家现行的有关标准、规范外，还应进行系统优化。绿色能源的使用量应达到小区总能耗的 10%（折合成电能计算）。

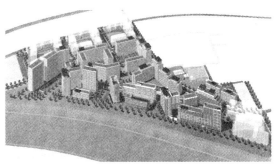

整体屋顶绿化

雨水收集，营造户外小溪

采用多技术的住宅

住宅区正立面

图 4-14　日本新田住宅生态化设计
（资料来源：日本新田住宅区 [J]. 建筑学报，2012（4）：88-92）

图 4-15　德国弗赖堡 Sonnenschiff 太阳能城

利用太阳能等绿色能源的小区，宜配备辅助能源系统。太阳能集热系统的安装应与建筑物的立面设计相协调，安装应牢靠，位置应无遮挡，宜选在背风处，并有防雨、防潮措施；集热系统的管道布置应与住宅的给水设施相配套；系统运行应稳定，性能价格比应合理，维护管理应方便。利用太阳能光伏发电技术时，发电系统宜与小区的电网并网。利用风能时，应结合小区的空间景观合理布置，发电系统宜与小区的电网并网。利用地热能时，宜用作户式中央空调系统的热源。其他绿色能源的利用应结合生态小区的实际情况合理采用（图 4-15）。

2. 水环境系统

节水器具的使用率应达到 100%。污水处理率应达到 100%，达标排放率应达到 100%。应建立中水系统和雨水收集与利用系统，使用量应达到小区用水量的 30%。小区绿化、景观、洗车、道路喷洒、公共卫生等用水应使用中水或雨水（图 4-16）。

在水环境系统中，雨水控制由于可以扩大中水来源、减少城市排涝压力，是影响开发的重要抓手。由于其可以形成独具生态魅力的住区景观，因此也成为住区景观中的关注重点。北京市 2012 年颁布的《新建建设工程雨水控制与利用技术要点（暂行）》（市规发 [2012] 1316 号）目前是国内最早的地方性技术指引。

雨水控制与利用应采用雨水入渗系统、收集排放系统、调蓄排放系统之一

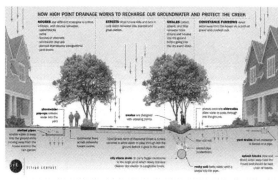

图 4-16　雨水收集系统实例　　　　　　　图 4-17　雨水控制与景观结合实例

或其组合。调蓄设施包括：收集回用蓄水池、调蓄排放池，以及入渗设施的储存容积部分等。

景观水体应设计建设为雨水储存设施，草坪绿地应设计建设为雨水滞留设施。绿地中至少应有 50% 作为用于滞留雨水的下凹式绿地。公共停车场、人行道、步行街、自行车道和建设工程的外部庭院的透水铺装率不小于 70%。当有天然洼地、池塘、景观水体时，应作为雨水径流高峰流量调蓄设施。屋面表面应采用对雨水无污染或污染较小的材料，不宜采用沥青或沥青油毡。有条件时可采用种植屋面。小区内路面应高于绿地 5～10cm，当路面设置立道牙时应采取将雨水引入绿地的措施（图 4-17）。

3. 绿化系统

绿化具有以下三个基本功能：生态环境功能——小区绿地应具备提供光合作用的绿色再生机制；休闲活动功能——应提供户外活动交往场所，要求卫生整洁、适用安全、景色优美、设施齐全；景观文化功能——通过园林空间、植物配置、小区雕塑等提供视觉景观享受和文化品位。

应以乔木为绿化骨架，乔、灌、草互相结合，形成具有一定面积的立体种植，使设计群落具有最大的自然性与生态效益；植物树种选择应以乡土树种和体现地带性植被景观为原则；宜选用病虫害少，无种毛果实污染、无刺、无毒的植物。应搭配一些开花结果的植物，引蝶招鸟，增加人工群落的生物丰富性；在住宅建筑的西侧应栽植高大乔木减少西晒；住宅建筑设计中可充分利用屋顶、阳台和错层布置空中绿化，利用墙面、自行车棚架、围墙等进行垂直绿化，增大立体绿化覆盖率；利用植物造景手法，创造具有个性的乔木-草本、灌木-草本或乔木-灌木-草本植物群落空间，同时充分展现植物的枝、干、叶、果、花等观赏特性，合理搭配，形成季相变化丰富的景观环境；充分利用绿地以外其他可利用的地面进行绿化。

4. 垃圾处理

生活垃圾收集率、生活垃圾收运密闭率、生活垃圾处理与处置率均应达到 100%；要尽快提高生活垃圾分类率和生活垃圾回收利用率。生活垃圾收集系统的规划、设计、建设应同小区的总体规划、设计、建设同步进行。体现"谁污染谁治理，谁排放谁负担"的公平原则，管理与处置应以无害化、减量化和资源化为基本原则。

应最大限度地实现生活垃圾的无害化、减量化和资源化。用于特种垃圾收集的器具，必须设有明显标志。采用焚烧技术处理生活垃圾的生态小区，其垃圾焚烧产生的热能宜用于小区。采用微生物技术处理生活垃圾的生态小区，应有残留微生物处理措施，以确保处理过程的安全。

4.5.3 紧凑集约型住区

紧凑集约，就是要顺应国家住宅政策发展导向，在户型设计、楼栋设计和住区规划方面进行精细化设计，既节约土地，又不以牺牲居住舒适度为代价。

1. 兼顾面积集约与舒适性的户型设计

2006 年国务院发布了关于调整住房供应结构的相关政策，代表着国家对节约城市建设用地，提高土地的配置效率在政策上的清晰导向。

面积适宜、舒适实用将成为住宅的主流发展方向（图 4-18），80 ~ 90m² 应满足三口之家的生活需要，设计精致，充分利用空间；80m² 以下则根据市场需求提供具有过渡意义的紧凑住房，主要满足刚工作的青年人、丁克族、单身族等的住房需要；40 ~ 60m² 是廉租房和低收入者经济适用房的主要户型。当然，并不是说完全排斥较大户型，但这些户型应在以往实践基础上进一步完善，力求功能的进一步突破，真正提升居住品质。以日本为例，70% 以上的公寓住宅套内面积都在 65 ~ 80m² 之间，折合中国住宅建筑面积在 90m² 左右。日本住宅设计精巧宜居，其经验特别值得借鉴。

确立更精细地使用空间的态度和措施。一方面，居室可进一步减少不必要的面积。另一方面，注重空间的多适性、变通性设计，多适性指通过空间的复合利用达到节约空间的目的；变通性则为小户型提供了随时间周期变化和家庭

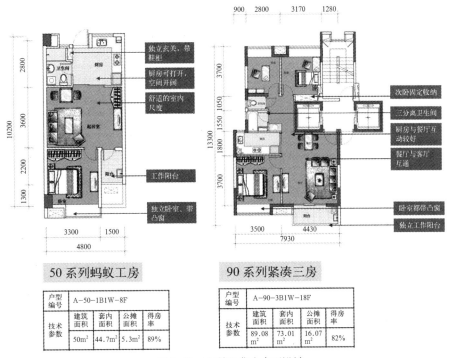

户型编号	A-50-1B1W-8F			
技术参数	建筑面积	套内面积	公摊面积	得房率
	50m²	44.7m²	5.3m²	89%

50 系列蚂蚁工房

户型编号	A-90-3B1W-18F			
技术参数	建筑面积	套内面积	公摊面积	得房率
	89.08m²	73.01m²	16.07m²	82%

90 系列紧凑三房

图 4-18　万科经典小户型设计

（资料来源：http://wenku.baidu.com/view/1de1f04927d3240c8447efc5.html）

结构不同对空间加以多方式利用的可能。

缩小户型面积，不应该牺牲或降低配套部分的功能。卫生空间的设计，应尽可能做到厕、浴、洗脸功能的分开，各种功能各得其所，互不干扰；厨房的设计，应结合管道布置和装修精细利用空间；储藏空间对于保证住宅空间整洁十分重要，应充分利用走道、立体空间、边角空间设置储藏空间。

2. 兼顾紧凑和均好性的楼栋设计

我国目前住宅面积计算是以住宅建筑面积为准，其中包括公摊的公共部分建筑面积。因此，如何通过楼栋设计减少公摊面积，提高使用系数，是中小户型集合楼栋设计的首要挑战。尤其是在容积率要求较高的城市地块，需认真考虑高层的中小户型楼栋的设计方法。对于高层住宅，由于消防和疏散的技术要求，公共交通面积较多层住宅多很多，故宜采取多套的紧凑组合单元，以平摊高层较高的公摊面积。

板式高层和点式高层特别值得研究。前者由于具有更高的均好性尤其受欢迎。但是多套的组合单元，对于单元的精细化设计提出了更高要求，首先要采取措施降低公共交通与住宅之间的干扰，其次要解决好各套之间的相互遮挡和视线干扰问题。

3. 兼顾节地与环境质量的住区规划

户型面积缩小，在同样容积率的情况下，意味着户数的增加。如何在容纳更多住户的同时，保证居住环境质量，住区规划布局需要更为深入细致地琢磨，兼顾节地要求和居住环境舒适性（图4-19）。

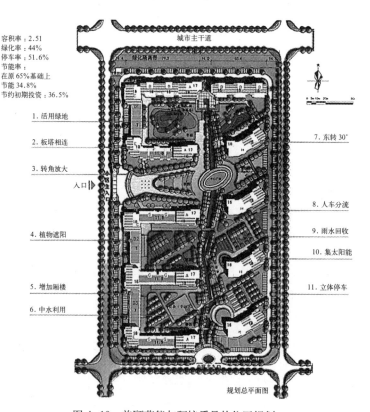

图4-19　兼顾节能与环境质量的住区规划

（资料来源：周燕珉，林菊英.节能省地型住宅设计探讨——2006全国节能省地型住宅设计竞赛获奖作品评析 [J]. 世界建筑，2006（11））

　　住宅楼栋应集中布局，留出足够的可承担公共活动和美化环境等功能的公共绿地空间；楼栋组合板、点结合，以拼接为主，特别是要充分利用边角空间巧妙布局多户组合的点式单元；结合转角等处适当布置东西向住宅；在某些情况下，在适宜的朝向角度范围内将住宅楼栋偏转一定角度布置，可节约用地间距。

　　当前，在土地集约利用的总体趋势下，新建住区进行高层高强度开发将成为常态。但是，高层住宅建筑由于其庞大的体量容易给住区环境带来压抑等负面影响，如何减弱这种负面影响、建构积极有活力的高层住区环境成为必需应对的一大挑战。

　　曾经获得多个奖项的新加坡 Tampines 新城中就运用了多层建筑穿插于高层建筑的方式，削弱高层界面的压抑感。日本的东云集合住区由山本理显设计，通过三维层面的空间建构创造了多种尺度和性格的场所——位于底层的尺度宜人的集商业、托儿所、会所和保健中心、保龄球馆等公共设施于一体的步行街，位于高架平台上的尺度较为开阔，布置了宁静安适的住区休闲绿地和广场，以及建筑内部的各类半公共空间，见图 4-20。

4.5.4 公共交通导向、步行友好型住区

　　以公共交通为导向的开发模式（TOD），由新城市主义代表人物彼得·卡尔索普提出，是为了解决二战后美国城市的无限制蔓延而采取的一种以公共交通为中枢、综合发展的步行化城区。这一模式通过公共交通和土地利用相协调的方式，尤其鼓励站点周边土地高强度开发，可应用于城市重建地块、填充地块和新开发土地，可提升公交使用率，缓解汽车出行带来的污染和交通拥堵等问题，是符合精明增长等可持续发展理念的开发模式。

　　1. 公共交通导向

　　公共交通主要是地铁、轻轨等轨道交通及巴士干线，然后以公交站点为中心、以 400 ～ 800m（5 ～ 10min 步行路程）为半径建立集工作、商业、文化、教育、居住等为一体的城区，组织紧凑的有公交支持的开发。

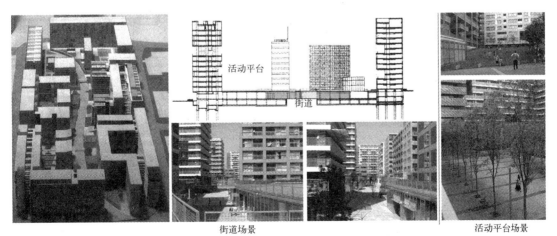

图 4-20　基于三维空间场所建构的日本东云集合住区规划

（资料来源：王承慧．转型背景下城市新区居住空间规划研究 [M]．南京：东南大学出版社，2011：269）

图 4-21 香港地铁规划图

（资料来源：http://www.jxgl.net/km05/km05/2012-07-28/151.html）

香港是世界上人口最稠密的城市之一。从 1980 年代开始，公共交通一直负担着全港 80% 以上的客流量。这一成绩很大程度上归功于 TOD 社区的土地利用形态。全香港约有 45% 的人口居住在距离地铁站仅 500m 的范围内，九龙、新九龙以及香港岛更是高达 65%（图 4-21）。东京也是成功采用 TOD 模式的城市，沿郊区铁路沿线发展出一系列典型的 TOD 社区。大型社区中心围绕车站布置，有景观良好的步行系统从中心通往附近的居住区，居民步行和乘公共汽车到铁路车站都很方便。

2. 步行友好

汽车导向的居住区，大量用地被汽车侵占，包括道路和停车设施。汽车化的生活方式，也导致了配套设施较大的服务半径，住区内缺乏有活力的公共设施，以及通常和公共设施关系紧密的适宜的交流环境。

公交导向的居住区，更加注重步行环境的营造，方便人们便捷舒适地以步行方式到达站点，提倡健康的生活方式，也提升了站点周边的街道活力和商业配套等公共设施的经营活力。如美国芝加哥公园大道，充分利用了周边的 CTA 地铁站建设，营造出步行友好的新社区（图 4-22）。围绕处于 TOD 中心的社区中心，建造适宜步行的网络，如空中连廊、步行街道等，将居民区各功能区连接起来。特别是向传统城镇学习，借鉴其场所空间形式，使广场、街道等成为导向丰富多彩的邻里生活的公共空间。

3. 混合开发

为了使站点周边步行距离内包容社区的各类功能，因此高强度的混合用途开发就成为一种经济且高效的选择。TOD 中心通常是一个城市综合体，混合有商业服务、文化娱乐以及社区公共服务等多种功能。在香港，一层以及

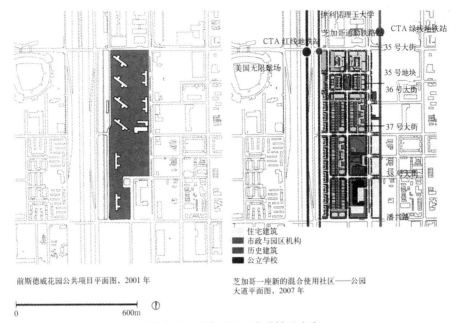

图 4-22　芝加哥公园大道社区改造
（资料来源：John Lund Kriken. 城市营造 [M]. 南京：江苏人民出版社，2013：76-77）

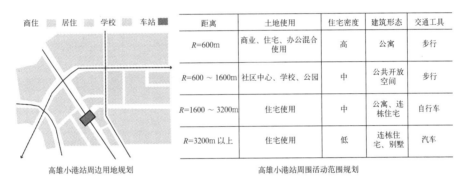

距离	土地使用	住宅密度	建筑形态	交通工具
$R=600m$	商业、住宅、办公混合使用	高	公寓	步行
$R=600 \sim 1600m$	社区中心、学校、公园	中	公共开放空间	步行
$R=1600 \sim 3200m$	住宅使用	中	公寓、连栋住宅	自行车
$R=3200m$ 以上	住宅使用	低	连栋住宅、别墅	汽车

高雄小港站周边用地规划　　　　　　　　　高雄小港站周围活动范围规划

图 4-23　高雄市小港地铁站周边土地开发
（资料来源：TOD 模式下的地铁系统边缘住区规划研究——以高雄地铁小港站为例 [D]. 西
南交通大学硕士学位论文，2012）

地下一层通常是轨道交通以及其他换乘设施集中的区域，底层至三层或四层是各类配套服务的集中区域，在这些配套设施的屋顶平台以上则是高层住宅或办公楼。而台湾高雄小港站，规划在站点 200m 内发展集中商业区；500m以内增加自行车停靠点；600～1600m 内，配合公园、学校建设社区活动中心；1600m 以上增设接驳车停靠点，结合邻里型商业，为居民提供基本服务（图4-23）。

　　4. 住房多样性

　　为了使各类人群均可以共享城市公共交通的益处，公交导向的社区倡导住房类型和价格多样化，使得不同阶层、不同收入、不同生活方式的居民都可以在社区中找到适宜自己的住房，共享公交的便捷性，也可以缓解不同阶层居民

的社会隔离。

4.5.5 宜老型社区

在宅养老、不脱离老人原有的社区，通过居家养老服务和社区养老服务让老人尽量在社区中延长独立生活时间，是宜老型社区发展的目标。一方面，社区物质空间环境要舒适安全、符合老年人身体机能逐渐衰退后的支持性需求；另一方面，还要能使其获得必要的与其健康状况密切相关的涵盖住房改造、家政服务、日常生活照料、工具性生活照料和医学护理乃至认知障碍护理的持续性服务，以及提供各方面咨询和教育、提升其文化生活品质的社会服务。

1. 适老化住宅

老人在社区养老，其住房要能够适应其年龄增长以及身体状况变化的情况，进行适当的整修，改造老化的、或者带来日常生活不便以及可能造成伤害的住房设施，对于提升老人生活独立性、避免迁居十分重要。这些维修包括卫生间改造、增加坡道、增加扶手、拓宽门和门厅等、降低洗涤台高度、移走近地面壁柜以能容下轮椅者膝盖、铺设防滑材料等技术要求并不高的房屋设施改造。此外，一些辅助老人生活的技术在住房里的应用，也将会非常有效地增强老人生活独立性，如电话改进技术、便携式应急响应系统，甚至看护机器人等。对于老龄化程度较高的没有电梯的多层住宅，应探索加装电梯的社区决策和资金筹措机制（图4-24）。

除了住宅的适老化改造以外，住宅的通用设计也成为研究热点，以适应年龄结构、家庭变化和身心需求的变化。通用住宅的特点是可以通过对内部的调整、增加或移动来适应健康人、老年人和残疾人的使用。通过考虑周全的空间组织、精心设计的细部构造、可调节高度的设备设施以及自动化控制系统，使得住宅能够适应所有人群的需要。

2. 宜老型社区环境

1）无障碍环境

在无障碍设计部分，主要强调社区与城市的交通衔接、社区内部步行友好

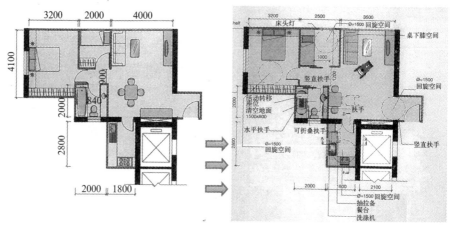

图4-24 适老化住宅改造

（资料来源：香港房屋协会编著. 香港住宅通用设计指南 [M]. 北京：中国建筑工业出版社，2009：138-139）

的交通系统的布置，以方便老年人出行。只有保证老年人便利地出行，才能扩大其生活范围，满足其对城市各类设施的使用要求。老年人的生理机能退化有多种，包括视觉能力、行动能力、听觉能力、认知能力等，无障碍设计也需要综合应对。适应老年人的无障碍设计包括无障碍公交设施、无障碍道路系统以及无障碍建筑设计。

居住区内道路系统的无障碍设计范围包括：居住区路的人行道（居住区级）；小区路的人行道（小区级）；组团路的人行道（组团级）；宅间小路的人行道、居住区公共绿地、居住区公园（居住区级）；小游园（小区级）；组团绿地（组团级）；儿童活动场等。居住区各级道路的人行道纵坡不宜大于 2.5%。在人行步道中设台阶时，应同时设轮椅坡道和扶手。

建筑无障碍设计方面，重点解决住宅建筑和老年人日常生活圈涉及的公共建筑无障碍设计，包括：商业服务设施、农贸市场、文化活动设施、社区卫生服务设施、社区服务设施、各类养老服务设施等。具体技术要求参见《无障碍设计规范》GB 50763—2012 的相关规定（图 4-25）。

2）户外休闲环境

休闲绿地布局方面，主要强调社区户外休闲活动场地要满足老人的需求，以丰富老人生活；在户外环境设施方面，强调建构宜老型的高品质户外环境，通过细节的考虑来提升老人的生活品质。户外环境的设计，不仅要考虑老年人对空间的敏感性，同时应注意他们在室外活动时的感情因素，如对安全感、舒适性和便捷性、环境的流通性、使用方便性的需求。

满足不同年龄老人、不同活动的多样性需求。既有满足老人集体活动的大型以硬质铺装为主的场地，又有适应小群体交流需求的小型活动场地，不同类型场地之间应进行过渡处理。

增强安全感。经常使用的室外区域应该注意自然保护，如一个"L"形建筑两边的区域或者是环绕住宅群的周围区域。

增强视线控制。老人对跌倒、受袭击、不被观察和受伤的关心程度很高，

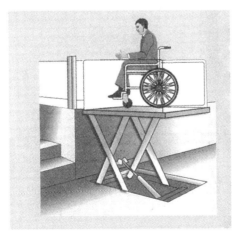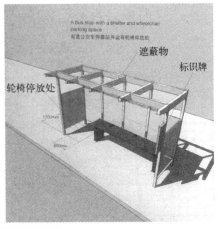

图 4-25　无障碍社区环境
（资料来源：香港房屋协会编著.香港住宅通用设计指南 [M].北京：中国建筑工业出版社，2009）

空间的视线通透有助于增加老年人的安全感。

增强活动场地的标识性。在居住区各级道路、绿地上设置住区总平面标识牌、方向指示牌，对标识牌所在位置进行指引，对主要公共建筑进行指引；老人活动场地宜竖立小品、雕塑等标志物，突出其特色和个性。无障碍设施更要设置清晰易辨别的标识。

服务设施齐全。设置老人体育锻炼设施、休息座椅、公厕以及呼叫系统。

3. 社区养老服务设施

围绕对应老人身体机能阶段性和需求多样性，社区养老服务设施涵盖规范管理、社会服务、预防性服务、支持性服务和保护性服务。这些政府主导的设施构成社区养老的核心基础和服务枢纽，但并不妨碍市场针对特定老人群体的养老服务经营。其中，管理和文化娱乐依托社区服务中心和文化活动中心／站，老人基础医疗和康复护理等依托社区卫生服务中心／站，相对独立运作的设施包括一站式提供社会服务的居家养老服务中心及其子站、提供支持性服务的日间照料中心以及提供支持性、保护性服务的社区养老院（全托、小规模养老院）（图4-26、图4-27）。

社区养老服务设施应设置于居住区环境较好、步行友好、交通方便的地段，使老年人不脱离社区生活。社区级的居家养老服务中心、日间照料中心、社区养老院可与社区卫生服务中心合建，小区多功能服务站中也涉及多种功能的组织。很有可能以混合用途的建筑形式出现，因此必须合理组织动静分区、不同人群流线的分别处理，以确保老年人获得安静的环境和充分的休息。

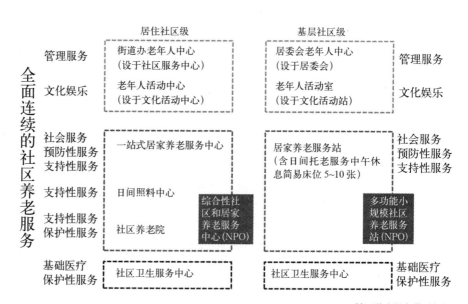

图4-26 社区养老服务体系
（资料来源：东南大学城市规划设计研究院有限公司.《南京新建地区公共设施配套标准规划指引》项目 [Z]，2014）

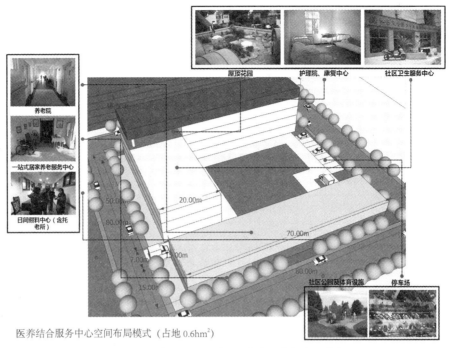

医养结合服务中心空间布局模式（占地 0.6hm²）

图 4-27　南京市医养结合服务中心空间布局模式

（资料来源：东南大学城乡规划系.《南京市公共设施配套规划标准》项目 [Z], 2014）

4.6　案例

4.6.1　案例一：浙江省杭州市余杭区绿城蓝庭修建性详细规划

资料来源：浙江省杭州市余杭区绿城蓝庭东地块修建性详细规划设计说明 2004，浙江省杭州市余杭区绿城蓝庭西地块修建性详细规划设计说明 2007（资料由浙江绿城东方建筑设计有限公司提供，设计负责人：凌建）

1．项目背景

基地地处 320 国道以南约 350m（以茅山相隔），临平山以北约 500m 的区域，属住宅用地，共计土地面积约 42hm²。60m 宽南北走向的中心大道将地块划分为两个独立区块，其中西地块共约 27hm²，东地块约 14hm²。

基地周围自然环境优美，北侧与茅山遥遥相望，南面接临平山。临平山山形舒缓，植被丰茂，是可以因借的良好自然景观。基地与杭州市城区便捷的车程也使得该项目具有吸引力。蓝庭是绿城首个以全方位服务为核心的大型现代生活社区，项目定位于"休闲生活"，在设计中力求良好的内部景观环境、宽松亲切的居住氛围、完善的配套设施，与周边秀丽的自然环境相融合，使之既能成为交通便捷的第一居所，也能成为周末放松休闲的度假公寓。

2．总体结构

基地被城市道路分隔为东地块和西地块。东西地块各有特色，却又服从于空间布局的整体性控制。东、西地块均采取若干组团围绕中心绿地的方式，对外服务的公共设施布局在中心大道两侧可达性高的地段；地块内结合中心绿地

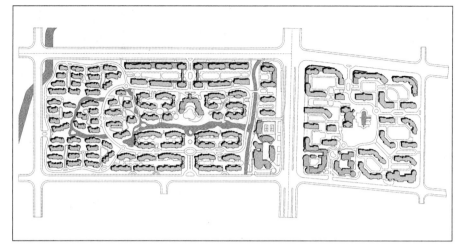

图 4-28　蓝庭整体总平面

布置对内服务的会所。西地块充分利用自然水系，组织开放空间景观；东地块则在中心绿地设置人工水池以示呼应（图 4-28）。

蓝庭东地块以小高层建筑为主，主要层数为 9 ～ 12 层，沿北侧道路为 14 ～ 18 层住宅，见图 4-29；西地块以低层排屋和 4 ～ 5 层住宅为主。虽然尺度不同、户型不一，但是均采用庭院式围合布局，东地块采取折线形拼接方式形成围合，西地块采取东西侧设置楼梯和连廊方式形成围合。

3. 空间层次

通过"社区—组团"两级空间形成从城市公共空间至私密室内的过渡，各种活动各得其所。社区入口有物管对人流和车流进行管理，而在组团还设有一道安保系统，仅供组团内的住户出入（图 4-30、图 4-31）。

1）社区

在社区的氛围营造上，绿城蓝庭着力于塑造一个步行的社区，中央花园、组团花园、广场等整个社区活动空间都可以通过步行来实现，尺度把握控制在 200、300m 的步行距离内。最终形成一个生动、安定、美好、充满活力的社区氛围。

2）组团

整个基地分为若干组团，每个组团由数个内向庭院空间组成。车辆不进入组团内部，有利于分组团管理。从组团之间的公共空间到组团内部的次级公共空间，再到半私密的底层门厅，形成了良好的空间过渡。组团中的庭院空间是居民们最多使用的户外场所。由于采用围合庭院，可以获得比一般行列式住宅排布更好的日照条件，图 4-32 所示即为东地块三期组团的日照分析。同时，加强了庭院的空间限定，使居民有较强的安全感，也利于组团内居民的相互交流。

4. 公共设施

根据城市公共设施配建要求，以及目标居住人群的消费需求，同时考虑到经营维护，蓝庭设置了系列公共服务设施。包括三个会所、一个商业中心、教

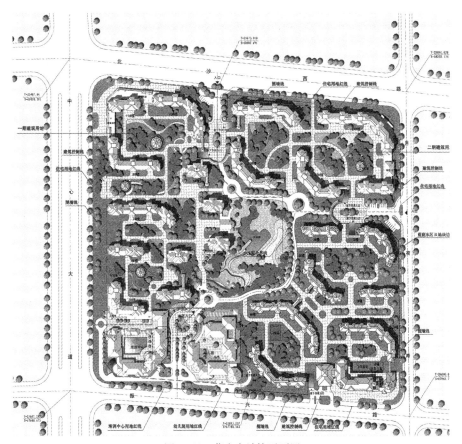

图 4-29 蓝庭东地块平面图

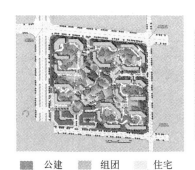

■ 公建　■ 组团　■ 住宅

图 4-30 蓝庭东地块空间布局

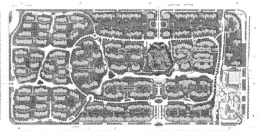

■ 住宅　■ 商业　■ 会所

图 4-31 蓝庭西地块空间布局

育配套和老人颐养配套等设施。

1) 三个会所

东区商务会所 7600m² (含会议室、多功能厅、放映厅、棋牌室、桌球室、雪茄吧、健身房、餐饮部等)，功能齐备，能召开小型会议或生日 Party，也能举行婚礼宴席；

东区少儿会所 1000m² (含阅览室、少儿体能活动中心、航模室、陶艺室、少儿影院、多功能厅等)，考虑周到的四点半学校，为家长解除照管孩子之忧；

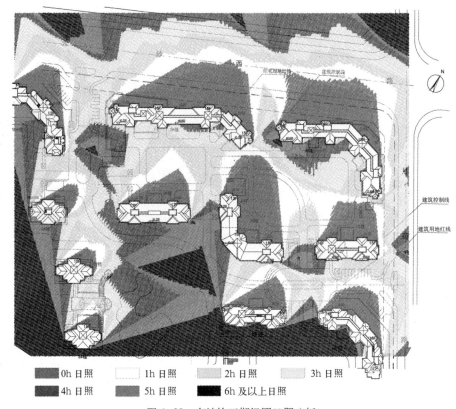

	0h 日照		1h 日照		2h 日照		3h 日照
	4h 日照		5h 日照		6h 及以上日照		

图 4-32 东地块三期组团日照分析

西区休闲会所 1500m² (含景观客房、游泳健身配套设施、简餐派对场所等)。

2) 大型商业运动中心

西区 1.8 万 m² 的商业运动中心,集休闲、娱乐、运动、餐饮、购物等功能为一体,为小区及周边业主提供完善的日常生活配套。

3) 教育配套

12 班幼儿园、老年大学等教育配套。

4) 颐养配套

东区规划颐养组团 (配大进深电梯,每层电梯厅设公共交流空间);老年活动中心,提供老年人活动交流的场所 (含手工室、棋牌室、阅览室、沙弧球康乐球室、茶室／放映室、多功能厅／乒乓球室等);酒店式装修的护理型颐养公寓。

5) 其他

健康维护中心,社区食堂,每期建筑在个别楼首层设有公共厕所。

5. 交通组织

1) 入口和道路

整个用地周边均为城市道路,除沿中心大道一侧有快慢车道隔离带和公共汽车站,不宜作为小区机动车入口之外,其余三面均可以作为机动车的出入口。整个道路系统采用人车分流的交通组织方式,机动车流分别从三个方向进入小

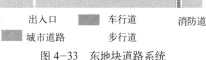

图 4-33　东地块道路系统

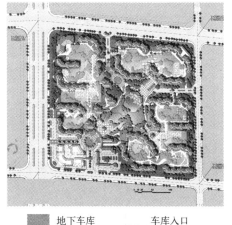

图 4-34　东地块地下车库

区，但采取短进入的方式，就近进入地下车库，不进入中心花园及组团内部庭院。这样的交通组织使得园区内部环境免受汽车干扰，享受最多限度的步行空间。南侧的车行入口结合幼儿园、培训中心等配套设施形成入口广场空间，成为整个园区的主入口（图 4-33）。

2）停车场所

合理设置地下车库，达 90% 以上的车位配比。在设计中尽可能多地利用自然通风、自然采光，设计许多下沉庭院空间。这些下沉庭院一方面是地面景观环境的延续，另一方面，结合地下室的门厅，给开车回家的住户一个美好的"到家了"的感觉（图 4-34）。

3）步行系统

步行系统由两个层次构成。第一层次是联系社区各主要出入口、组团出入口以及中心绿地的环状系统，这是社区内所有居民共享的空间，注重开放和交融，居民可以在其中晨练、散步、观景；第二层是由此环状系统向组团内延续的步行空间，更多变化和私密性，提供较多可以停留的空间，居民可以在这里聊天、休息、邻里交往等。

6. 绿化景观

1）景观层次

绿化景观主要分为两个层次：组团内庭院绿化和中心花园绿化。中心花园是整个社区活动的中心，结合会所的游泳池，是夏季活动的焦点，游泳池边的开放式草坪又是住户闲暇散步小憩的好去处。自然的水系为小区增添天然生态的景观元素。结合慢步道的水岸空间既是组团绿地和中心花园之间的联系，又为居民提供了良好的休憩交往空间（图 4-35、图 4-36）。

围合式的庭院在满足日照的情况下又加大了建筑间距，使最后形成的内部庭院空间有着宽松亲切的尺度，为庭院布置及景观绿化设计提供了良好的空间格局。不同的庭院空间，组团间的过渡空间，以及中心花园，结合不同的空间氛围，都有不同的景观主题，并能与自身或动或静的空间性

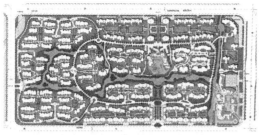

水系　　带状景观　　会所　　商业

图4-35　西地块绿地景观系统

图4-36　东地块绿地景观实景

格相一致。

2）场地处理

利用场地的高差变化，因地制宜地创造丰富的立体景观效果。首先利用坡地的起伏形成中心花园的自然落差，其次各个围合组团的地面均要高于外部道路，并通过主干道路两边的景观层次变化形成丰富的立体景观。另外，围合庭院内自然下沉的地下车库采光空间，也与地面景观形成良好的渗透关系，人在车库里也能感受到自然的光线、欣赏到地面的植物，车库不再是压抑、封闭的纯功能空间。

7. 技术经济指标

1）总指标

蓝庭项目总用地面积：431298m²

总建筑面积：702266m²

地上建筑面积：495650m²

其中：排屋39920m²；多层公寓88680m²；高层公寓329500m²；颐养公寓配套3495m²；会所4181m²；培训中心5393m²；幼儿园5876m²；社区中心9920m²；商业2792m²；物管用房（含办公及经营用房）4693m²；社区用房1200m²

地下建筑面积：206616m²

容积率：1.15

绿地率：38%

建筑密度：23%

总户数：4488户

地下车位：3001个

2）西地块

总用地面积：282900m²

总建筑面积：382400m²

地上建筑面积：255570m²

地下建筑面积：126830m²

容积率：0.90

绿地率：40%

建筑密度：24%

总户数：2588 户

地下车位：1584 个

3）东地块

总用地面积：146700m²

总建筑面积：328000m²

地上建筑面积：256000m²

地下建筑面积：72000m²

容积率：1.7

绿化率：35%

建筑密度：20%

总户数：1460 户（不包括公寓 198 户）

地下车位：1150 个

4.6.2 案例二：长辛店低碳社区控制性详细规划

1. 项目背景

基地位于北京市丰台区长辛店老镇以北 3km 处，用地面积约 5km²。地区现状生态环境破坏严重，是永定河综合治理工程重点地段，同时低碳社区已纳入中关村国家自主创新示范区政策内，将作为转变城市发展模式、以低碳生态环境和高端产业引导区域综合转型发展的示范功能区。

2. 规划理念

（1）全球低碳发展背景下探索本土低碳规划策略，研究可实施、可规模化、可市场化的低碳规划编制模式。

（2）探索建立符合北京地域特点，集交通、土地、能源、水资源、废弃物等发展策略于一体的低碳控制引导系统。

（3）探索低碳规划目标与控规相结合的技术手段，探索与规划管理体系相结合的低碳控制与引导内容。

3. 空间规划

规划范围内分南北两大组团：其中北部为中关村，南部为结合休闲、服务功能配置的居住地块。方案设计中建筑布局和朝向充分考虑夏季主导风向作用，按相关风向设定通风廊道。同时，中关村组团北面彦公路的楼宇放置在微风道末端，以阻拦冬季寒冷的北风（图 4-37、图 4-38）。

4. 规划指标

规划编制分为两个阶段：先是在可持续发展框架及绩效指标的指导下，制定低碳社区概念规划；然后在概念规划的基础上，研究将低碳规划的土地利用要求落实到控规中的办法，创新性地提出"低碳街区控制导则"和"低碳地块控制导则"。

第一阶段，规划对国内外相关评估体系、国家政策法规等进行梳理，以定量为主，选取构建了长辛店低碳社区可持续发展的指标体系。第二阶段，根据低碳、经济、社会、资源、环境的可持续发展目标，规划提出 19 项可持续发展的具体指标（表 4-15）。

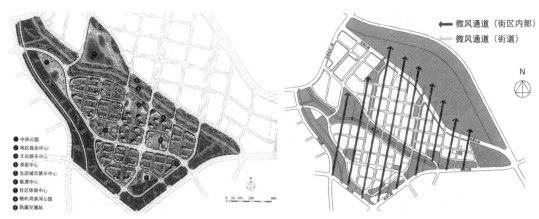

图 4-37 长辛店低碳社区总平面图　　　　图 4-38 长辛店低碳社区通风风道系统

长辛店低碳社区可持续怪展的指标体系　　　　　　　　表 4-15

序号	可持续发展目标	指标要求
1	密度	（1）人口毛密度：600 人 /hm² 居住用地
2	绿化环境	（2）绿地率：整个基地大于 50% （3）人均公共绿地：大于 40m²
3	本土植物	（4）本土植物指数：整个基地达 80%
4	开放空间	（5）开放空间的可达性：100%的人口至公共开放空间（公共广场和公园）距离不超过 400m
5	邻里中心	（6）邻里中心的可达性：100%的居住人口步行距离 500m 范围内
6	无障碍	（7）无障碍住房套数指数：20%的住宅建设为符合乘轮椅者居住的无障碍住房套型 （8）无障碍设施率：公共建筑、道路车站、园林广场等公共设施中无障碍设施建设率达 100%
7	生活垃圾	（9）垃圾分类收集率：生活垃圾 100%分类
8	公交出行	（10）公交出行比例（不包括步行）：在 M14 号线开通后，公交出行比例（晚高峰）达到 2020 年北京市中心城规划的公交出行目标
9	交通便捷性	（11）公交站点可达性：100%的人口至区内公交专用线站点小于 500m 100%的人口至区公交站点小于 500m
10	能源节约使用	（12）节能指标：减少 20%的能源使用（相对于现有的规范）
11	可再生能源合用	（13）可再生能源使用率：可再生能源的使用量占建筑总能耗的比例小于 20%
12	减少碳排放	（14）碳排放减少量：建筑二氧化碳排放比常规方案至少减少 50%，通过植林地比率指标，达到碳中和 35%（尚未包括公交使用比率的增加令二氧化碳排放减低的估算）
13	水资源消耗	（15）日人均生活耗水量：居民室内生活用水量不高于 110L/（人·天） （16）单位面积公建用水定额：以供定需，强化节水措施，按照北京市平均水平减低 10%控制
14	再生水资源 再利用	（17）再生水资源利用率：90%
15	雨水收集利用	（18）雨水收集设施率：一年一遇降雨量，径流实现零排放
16	建造中利用可 循环和本土材料	（19）可再循环材料使用重量占所使用建筑材料总重量：大于 10% （20）可再利用建筑材料使用率：大于 5% （21）施工现场 500km 以内生产的建筑材料重量占建筑材料总重量：大于 70%
17	中小企业产业 / 创业	（22）中小企业用房比例：建议产业发展总建筑面积的 20%为中小企业使用 （23）SOHO 用房比例：提供总住宅建筑面积的 3%为 SOHO 使用
18	旧村改造	（24）村庄拆迁安置率：拆迁旧村 100%在规划范围内安置
19	保障性用房	（25）保障性用房比例：住宅建筑总量的 15%作为保障性用房

5. 规划控制导则

在规划过程的第二阶段，需要有一系列可持续发展的城市规划导则为街区和地块明确现场工程、环境、生态、水资源、能源等方面的设计要求。而现有的法定规划体系中，法定性控制规划无法保障低碳规划目标完全实现，如控制减少能源使用、利用可再生能源、雨水回收利用、暴雨管理最佳方法等。因此，长辛店依据管理和一、二级开发需求采用分级控制，形成街区、地块两个层面的控制内容。街区层面控制要点突出结构性、系统性低碳要求，由政府主导一级开发落实；地块层面在常规控规指标基础上增加低碳控制体系，由二级开发建设主体采用具体的低碳措施进行落实（图4-39～图4-43）。

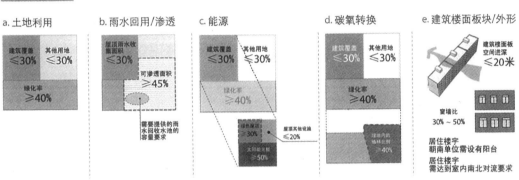

图4-39 城市设计导则例1

（资料来源：叶祖达. 低碳生态空间：跨维度规划的再思考[M]. 大连：大连理工大学出版社，2014）

图4-40 城市设计导则例2

（资料来源：叶祖达. 低碳生态空间：跨维度规划的再思考[M]. 大连：大连理工大学出版社，2014）

c. 能源　　　　　　示范地块 B-57

图 4-41　城市设计导则例 3

（资料来源：叶祖达 . 低碳生态空间：跨维度规划的再思考 [M]. 大连：大连理工大学出版社，2014）

d. 碳氧转换　　　　示范地块 B-57

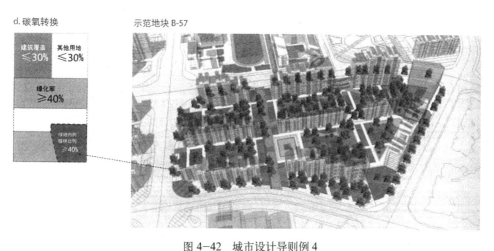

图 4-42　城市设计导则例 4

（资料来源：叶祖达 . 低碳生态空间：跨维度规划的再思考 [M]. 大连：大连理工大学出版社，2014）

e. 建筑楼面板块/外形　示范地块 B-57

图 4-43　城市设计导则例 5

（资料来源：叶祖达 . 低碳生态空间：跨维度规划的再思考 [M]. 大连：大连理工大学出版社，2014）

■ 思考题

1. 从城市整体发展的角度，思考不同类型住区建设和城市发展的关系。

2. 理解住区的共性特征和特色差异，掌握"基础分析—定位策划—规划设计"的过程性要求。

3. 理解住区各类指标的含义，掌握住区系统规划基本原理。

4. 了解住区规划发展趋势，思考如何在规划设计中体现出这些发展趋势。

■ 主要参考书目

[1] 城市规划资料集 [M]. 北京：中国建筑工业出版社，2011.

[2] 朱家瑾. 居住区规划设计 [M]. 2 版. 北京：中国建筑工业出版社，2007.

[3] 欧阳康，等. 住区规划思想与手法 [M]. 北京：中国建筑工业出版社，2009.

[4] 香港房屋协会. 香港住宅通用设计指南 [M]. 北京：中国建筑工业出版社，2009.

[5] 叶祖达. 低碳生态空间：跨维度规划的再思考 [M]. 大连：大连理工大学出版社，2014.

[6] 王承慧. 转型背景下城市新区居住空间规划研究 [M]. 南京：东南大学出版社，2011.

5 城市中心区规划设计

  导读：城市中心区作为城市发展建设的重点和城市中心功能的集聚地区，是城市历史文化、商业金融、公共服务、生活居住等综合功能要素集中地区。在我国城市发展进入新型城镇化阶段的背景下，城市空间的增长从以向外扩张为主回归到以城市更新为主导的模式，中心区更新是其中的热点。在本章学习中，首先需要了解中心区的基本概念、构成与结构，如中心区作为物质空间实体、经济商业实体以及社会文化实体具有哪些重要属性？单核与多核的中心结构有哪些形态特征？其形成的条件是什么？然后，学习研究中心区功能配置、规模大小、土地利用与空间形态特征等内容。最后，要求熟悉掌握中心区规划设计的内容和方法，诸如如何控制中心区的结构形态、如何规划设计中心区的公共空间和地下空间、以及如何组织中心区的交通等。

5 城市中心区规划设计

5.1 城市中心区概述

5.1.1 城市中心区的概念

《中国大百科全书（建筑、园林、城市规划卷）》指出："城市中心一般指城市中供市民集中进行公共活动的地方，可以是一个广场、一条街道或者是一片地区，又称作城市中心区，城市中心往往集中体现城市的特性和风格面貌。"

总的来说，城市中心区是城市的核心，是反映城市经济、社会、文化发展最为敏感的地区。从城市空间结构的演变过程看，城市中心区是涉及城市地域结构的概念，它是城市结构的核心地区和城市功能的重要组成部分，是城市公共建筑和第三产业的集中地域，为城市及城市所在区域集中提供经济、政治、文化、社会等活动设施和综合服务空间，并在空间特征上有别于城市其他地区。

城市中心区是城市功能、特别是公共服务功能的集中地，一般位于城市地域结构的中心位置，区位优越、土地价值高、交通可达性强，在土地开发市场化的今天，是城市各类开发主体争相开发的核心地区。其特征表现为以下三个方面：

（1）作为物质空间实体，城市中心区具有开发高强度、交通高强度、形态标志性等特征。

中心区核心的区位优势、交通优势、资源优势，使得中心区成为城市建设的热点区域，土地价值高，开发强度也普遍较高。以南京市中心区新街口核心为例，四个街区中容积率平均为3.3，有些地块容积率可以达到7~8（图5-1）。公共功能的集聚带来交通量的集聚，交通问题已经成为大城市中心区的痼疾。

图 5-1　南京市新街口

（资料来源：http://zuiqiangyin.dagaqi.com）

图 5-2　上海浦东天际线
（资料来源：维基百科）

图 5-3　香港中环天际线
（资料来源：维基百科）

同时，高楼林立的中心区形象通常会成为城市的标志性景观，中心区天际线成为一个城市形象的代表（图 5-2、图 5-3）。

（2）作为经济商业实体，城市中心区具有租金高昂化、功能多元化、服务集聚化的特征。

在城市经济发展过程中，城市中心区是城市生产—消费链条中关键的一环。由于它的区位优势，根据城市地租理论，中心区的土地地租最高，高昂的地租吸引了高利润的商务商业功能在中心区集聚，带动相关配套服务功能发展，形成中心区功能多元、服务集聚的特征。中心区不但聚集了公共服务和商务功能，而且还有文化娱乐、居住，甚至有的还包括一些都市工业职能。在土地利用上，中心区一个地块可以混合多种功能，如商住混合、商办混合等。还是以南京市新街口中心为例，混合用地占总用地的 23%，如果去除道路广场、特殊用地等用地，这一比例高达 50%，而且这一趋势会进一步发展。

（3）作为社会文化实体，城市中心区具有社会交往空间属性和城市文化属性。

公共职能的集聚带来的是各种城市公共活动的集聚，中心区空间成为城市社会最大、最集中的交往空间，是城市的客厅，由此也成为城市文化的展示地区，特别是一些历史性城市，中心区通常是历史文化积淀最为深厚的老城区，是城市中最具活力的地区（图 5-4、图 5-5）。

5.1.2　城市中心区的职能

城市中心区作为服务于城市和区域的功能聚集区，不但有商业商务公共服

图 5-4　南京夫子庙　　　　　　　图 5-5　罗马充满活力的老城中心区
（资料来源：王建国.城市设计［M］3 版.　　（资料来源：维基百科）
南京：东南大学出版社，2010:11）

务职能，还应该有居住、交通、管理等功能，用以支撑商务功能的正常运行，保持中心区活力。城市中心区的职能主要有：

（1）生产性服务职能：即商务职能，主要包括金融保险、贸易、总部与管理、房地产、文化产业、科技服务等类型。生产性服务职能的强弱能够反映城市的现代化水平和全球化程度，是体现城市在区域中经济地位的重要参照职能。

（2）生活服务职能：商业、服务等面向普通消费者的个人消费性服务职能，包括个人服务业、商业零售业等类型。

（3）社会服务职能：主要由政府提供的具有福利性质的社会服务，如卫生、教育、养老等设施。

（4）行政管理职能：政府行政管理部门办公职能。

（5）居住职能：居住功能可以保持中心区活力，减少中心区通勤交通，并为中小公司提供办公场所。

5.1.3　城市中心区的结构

从城市中心在城市整体空间结构中的构成来看，城市可以分为单核和多核两种形态。

1. 单核结构形态

集中型中小城市的结构一般都是单中心模式。城市的主要商业活动、商务活动、公共活动都相对集中在城市中心。就商业活动来说，全市性的商业中心在整个城市商务活动中居于绝对优势。这种中小城市单核结构的布局通常有两种形式：一种是围绕城市的主要道路交叉口发展，形成中心职能聚核体，这种中心布局形式常常出现在小城镇中，其结构形态都非常单纯；另一种则是集中于一段或几段街道的两侧，形成带形或块状的商业街区，这是中等城市单核中心常见的布局形式。

除集中型中小城市外，一些综合性大城市的城市中心区也属于单核结构形态类型。这类城市的城市中心一般是多功能性的，既有发达的商业服务业设施，也有相对发达的商务办公设施。另外，这类城市的一个主要特点是拥有相对完善的城市中心体系，除主中心外，还有若干次一级中心，但主中心的首位度很高，因此从总体上来说仍然属于单核结构形态类型。

2. 多核结构形态

城市发展到一定阶段，当原有的城市中心不能容纳快速发展的城市中心职

能时，也就是说城市中心规模达到其承载极限时，就会在另一个地方发展新的中心，形成城市的另一个核心或副中心，这是双核或多核城市发展的一般过程。这种情况通常出现在国际性大都市、历史性城市以及结构比较分散的城市中。

国际性大都市由于规模大，功能复杂，单个中心不足以支撑，多采用多核结构。其城市中心职能趋向多样化和高级化。在发展过程中，由于原有中心地域结构的限制，不可能满足日益增加的城市中心用地的需求。特别是国际性大城市中心职能主要是对外服务为主，辐射到都市群、整个国家、甚至全球，商务职能规模的增加最快、同时也最能代表城市地位，这就要求开辟新的商务中心，来配合城市结构和地位的变化。

东京在这方面具有一定的代表性。由于日本经济的迅速崛起，东京作为世界性城市是继纽约、伦敦之后的后起之秀。东京城市中心地区近20年来一直面临商务办公面积需求的巨大压力。东京千代田区的丸之内中心是东京传统的商务中心，1960年代以来，特别是1980年代这一地区金融办公设施激增，成为东京中心区中的核心。为减轻都心办公需求的持续高压，1970年代规划建设新宿副都心，1980年代规划并正在建设临海副都心。今天新宿建设已日趋成熟，临海副都心的发展是作为商务信息港，故东京商务中心分别由丸之内金融区、新宿办公区及临海信息港三个中心构成，形成东京的商务中心网络（图5-6）。

还有一些历史文化城市为了保护古城区，也在老城外面建立新城，从而形成了多核结构。巴黎的城市发展过程中历来强调历史文化风貌的保护，因此，当原有的历史中心区达到饱和时，其扩展自然是选择原中心之外的特定地点新建中央商务中心，形成老的中心与新的商务中心并存的结构。这些新中心包括西北郊的拉德芳斯，北郊的圣德尼，东北郊的鲁瓦西和博比根，东郊的罗斯尼，东南郊的克雷泰和龙吉，还有西南郊的维利兹和凡尔赛。特别是垃德芳斯，已发展成为法国面向21世纪的、欧洲大陆最大的新兴国际性商务办公区（图5-7）。

国内外的一些历史城市如苏州、罗马、马德里等，为保护老城而开辟了新城，将城市大部分新兴功能从老城剥离出来，形成两个并列的市区中心。

5.2 城市中心区功能配置与规模

5.2.1 中心区定位

中心区功能定位与城市的性质、规模，以及城市在区域中的地位和分工密

图5-6 东京新宿商业区
（资料来源：维基百科）

图5-7 巴黎拉德芳斯商务区
（资料来源：邹德慈．城市设计概论［M］．
北京：中国建筑工业出版社，2003：127）

切相关。大多数中小城市和大城市的卫星城的服务范围主要是周边的农村和城镇地区，提供商业、社会服务职能和少量的生产服务职能，其中心区以商业服务职能为主。地区性中心城市除了商业职能以外，商务办公、经济管理职能也在发展，形态上表现为与原有的商业职能混合发展，形成活力十足的城市中心，如南京的新街口中心，商业空间的聚集度非常高，近年来商务办公空间也在快速发展，此类城市的中心区功能以商业和商务混合发展为主。一般来说，只有少数国际性大都市才能以商务职能为主，中心区内有大量的跨国公司总部、生产性服务业和金融业。虽然这类城市的中心区也有很大规模的商业设施，但其主导职能是商务职能，在全球和区域发挥的主导作用也是商务职能。如美国纽约曼哈顿，它是一个世界性中央商务区，里面集中了大量的商务职能。

1. 上位规划的要求

通过对上位规划的解读，总结规划对基地的功能定位、设施配置、建设控制条件等要求。一般来说，从总体规划可以解读出基地所在城市分区或组团的主要功能定位，进而分析对基地的影响和要求。另外，基地在城市中心体系中的地位也决定了其功能定位的层级。控制性详细规划一般会对基地的土地利用作出详细规定。通过综合分析可知，城市设计在尊重总体规模、基本功能构成和市政设施等强制性规定的基础上，可以对用地功能进行适当调整和优化。其他非法定规划的相关要求可以作为城市设计的参考而灵活考虑。

2. 现状资源的优化

中心区现状功能是历史发展的结果，需要在新的发展条件下进行调整或优化提升。因此，通过现状研究，找出基地的主导功能、特色功能、支持功能，分析优势和问题，在功能定位和功能配置中充分考虑现状条件的优势和制约。

3. 城市特色的打造

城市中心区的特色资源通常包括历史文化资源、城市功能资源，少数城市中心区还具有鲜明的自然生态资源。充分发挥基地的资源优势，与其他中心区错位发展，打造特色，是功能定位中的重要内容。例如，郑州经三路地区利用周边医疗资源丰富的优势，规划提出医疗配套综合服务区的定位（图5-8）。

5.2.2 功能配置与土地利用

功能配置的确定是中心区规划首先要解决的问题，需要从各个角度进行分析。从城市规划角度来说，功能定位应该符合上位规划的要求；从城市整体角度来说，功能配套应该与城市环境相协调；从建设角度来说，功能的具体设置需要与用地现状的物质空间状况相结合。

1. 基于整体协调的功能配置

功能配置的影响因素很多，其中较重要的有以下两点。一是基地的区位条件，包括基地所在城市地区的主要功能、周边交通条件、自然和文化资源分布等。二是与周边地区的功能协调，特别是公共服务功能需要从较大的城市区域研究其分布、服务对象和范围，进而确定合理的公共服务设施类型和规模。

2. 基于中心特色的主导功能设置

中心区主导功能一般是商务商业或者公共服务等功能，中心区的功能特色主要来源于几个方面。对于旧城中心区更新来说，原有的主导功能需要进行考

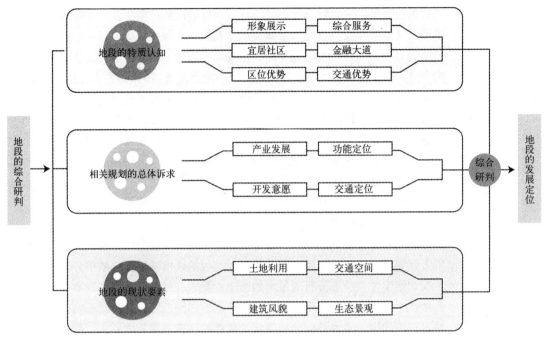

图 5-8 郑州经三路地区基于综合研判的发展定位分析
（资料来源：郑州市经三路周边地区城市设计 [Z]）

察和评估，确定是否需要优化提升或转型发展。我国大部分旧城中心通常是由商业中心发展起来，特色不突出，近 30 年来随着一些新兴产业的崛起，出现了金融商务中心、信息技术服务中心（前身是电子一条街）等。对于规划新建的中心区，由于新区定位、产业布局的差异，中心区功能会出现特色化的倾向，比如服务于工业的产业服务中心、依托高铁站点的高铁新城中心、大学城的综合服务中心等（图 5-9）。

3.基于功能复合的土地利用细化

通过对用地现状物质空间要素的调研分析和中心区形态的总体把握，将功能配置落实细化到每一个地块上。对土地利用的考虑分为几个方面：一是对经过评价的保留建筑的功能优化与更新，确定可以保持原功能的建筑和需要功能调整的建筑，对调整的功能细化到土地利用小类。二是对于可以重新开发或者未开发用地，在与已有功能协调的基础上，安排新的功能或开发项目。在这一阶段，项目策划是重点，也是空间形态设计的基础。三是对基本公共服务设施配套用地等强制性指标的落实，包括城市市政设施用地、城市道路用地、文物保护用地、绿地以及各种防护用地等。四是各类土地类别之间应该符合比例的平衡，保证城市功能能够平稳运转，比如一般来说，道路用地的比例通常在 15% ～ 25% 之间，超出与不足都可能造成交通体系的问题。五是中心区土地利用应该体现功能复合的特征，通过土地高强度混合开发，使各种功能的建筑群在城市中心区的空间分布上相对均衡，以兼顾不同时段对中心区各功能的有效使用，保证中心区的活力。

5.2.3 中心区规模控制

中心区需要多大规模取决于有多大的需求，表现在中心区等级和其服务的

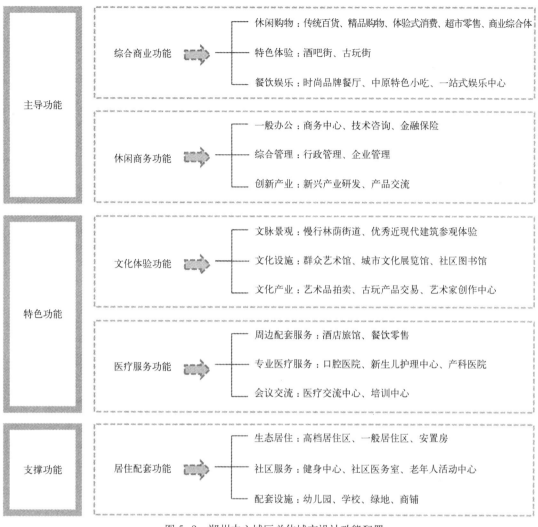

图 5-9　郑州中心城区总体城市设计功能配置
（资料来源：郑州中心城区总体城市规划 [Z]）

人口规模。城市主中心区服务于整个城市人口并向外辐射，等级较高的全球城市和国际大城市的服务对象会远远超出城市地域范围，这类城市中心区的规模主要取决于城市在全球城市体系和经济管理体系中的地位。区域性城市领导或参与区域城市群（带）的产业发展、产业分工、公共服务供给，其服务范围的人口的需求决定了中心的规模。

对于商务商业等中心区的核心功能来说，产业的集聚效应也是考虑的重要因素，只有集聚规模达到一定门槛，才能形成产业集聚的向心力，才能达到产业之间的配合与互补，形成中心区的内部活力和外部吸引力。

中心区的功能配置和规模控制取决于中心区等级和辐射区域对中心区的功能需求。以南京浦口中心区为例，它是长江中下游地区重要的生态滨江城市中心区、南京都市区的副中心，服务于江北约 250 万人口，并辐射到苏北、皖东地区。按照功能需求测算，并考虑与南京其他中心的关系，规划确定浦口中

功能设施配置建议表 表 5-1

功能类别		主要构成	用地规模 (hm²)	建筑面积 (万 m²)	备注
核心功能	商务金融	各种企业公司的办公、写字楼;银行、证券、保险	40～50	150	为区域生产服务
	商业服务	商业零售、大中型综合商场、专业商场、宾馆酒店、特色餐饮等	30	40	为区域生活服务
中心功能	行政办公	区级政府机构、部分区级局委办、市政广场及其配套附属设施	10～15	10	政府部门带动地区的发展
	文化娱乐	市级会展中心、科技信息中心——科技馆;文化中心——图书馆、博物馆(含美术馆)、影视中心(含音乐厅)、小型的文化休闲场所如咖啡馆、茶社等;文化广场	30	20	满足人们高质量的休闲娱乐生活
	科教信息	新型创意产业研发、创新人才培训区、科研创新、信息服务、新产品展示	35	—	服务高新技术产业和高校人群
特色功能	旅游休闲	娱乐、休闲、疗养	40～45	—	为江北旅游配套
基本功能	居住	高档公寓、中、高档住宅、特色住区	200～300	—	地区居住人口 10 万人
	体育健身	体育场、馆、游泳馆、各类室外运动场	15	—	满足居民体育健身

(资料来源:东南大学城市规划设计研究院. 南京浦口中心地区概念性规划专题研究 [Z], 2005)

心区核心区域(核心功能和中心辅助功能)的用地规模约 1.5km²。功能配置取决于中心区功能组织的需求和各项功能自身建设规模的要求(表 5-1)。

行政办公、文化娱乐、体育健身功能规模配置主要取决于各自功能建设的要求,例如大型行政办公建筑的通常的体量与规模、各种场所与场馆的建设规模等。

商业、商务金融功能主要是按照上位规划要求和南京市域总规模的平衡要求来测算,虽然目前南京市商业、商务金融用地基本处于过剩状态,但是浦口中心区的形成是一个中长期的过程,具有成长与阶段性的特征,因此从长远的要求来看,要满足辐射皖东、苏北乃至更大范围,这样的规模配置的目标是基本合理的。

居住、旅游休闲、科教信息功能的规模配置更多的是基于本地区的资源条件,并依据中心区弹性和可持续发展的需要。浦口中心区的资源优势(自然生态、高新技术、高校)有多大的需求力,要求市场的检验,尤其在目前南京市和浦口区房地产市场均饱和甚至过剩的情况下,上述的规模建议更多地要求用地的弹性,并为更新改造创造条件(图 5-10 ～图 5-13)。

图 5-10 南京浦口中心地区区位图
(资料来源:浦口中心地区概念规划 [Z], 2005)

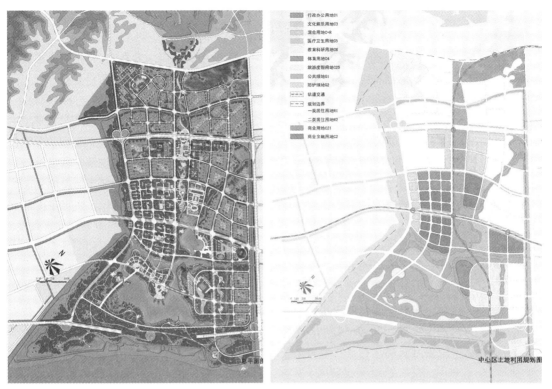

行政办公用地C1
文化娱乐用地C3
混合用地C+R
医疗卫生用地C5
教育科研用地C6
体育用地C4
旅游度假用地C25
公共绿地G1
防护绿地G2
轨道交通
规划边界
一类居住用地R1
二类居住用地R2
商业用地C21
商业金融用地C2

图 5-11　浦口中心总平面图
（资料来源：浦口中心地区概念规划 [Z]，2005）

图 5-12　浦口中心区土地利用规划图
（资料来源：浦口中心地区概念规划 [Z]，2005）

图 5-13　浦口中心地区概念规划效果图
（资料来源：浦口中心地区概念规划 [Z]，2005）

5.3 城市中心区空间结构与形态

城市空间形态的塑造是城市中心区规划的重要内容之一，一方面要求城市整体空间结构结合，融入到城市的整体空间环境中，另一方面需要结合中心区的特点，组织与中心区功能相适应的中微观环境，突出中心区的空间环境特色。

每个城市设计基地在城市整体空间环境中都具有独特性，承担着城市环境中某些特色要素的直接或间接的塑造角色。一般来说，城市整体空间环境的要素包括城市山水格局、城市轴线、功能片区或廊道、开敞空间系统等，城市设计需要分析基地与这些空间要素的关系，并对此作出回应。比如城市重要的生态片区中的城市设计需要重点考虑生态廊道的保护和衔接，保证城市生态空间的完整性；城市中心区的城市设计需要从城市天际线塑造的角度合理设置建筑高度。

基地内部空间组织包括开敞空间系统组织、建筑形态组织和交通空间组织等。常见的组织方式有轴线组织、层次组织、组团组织等。

轴线组织是通过空间轴线组织开敞空间和建筑形体，形成有秩序的空间系列。轴线组织一般应用于城市中心、重要公共设施地段（如火车站地区、行政中心地段、文体中心地段等），轴线的设置需要一系列功能作为支撑，以及重要的建筑物、构筑物或自然地形作为对景或背景。

层次组织一般应用于公园、广场等开敞空间和不同高度的建筑形态分区，形成不同等级的空间体系。对于开敞空间来说，根据服务范围的大小可以组织城市级、社区级和邻里级等不同等级的公园广场空间，形成开敞空间体系。对于建筑形态来说，通过用地潜力评价和天际线塑造的研究，确定不同高度控制的建筑分区，形成多层次的建筑形态景观。

组团组织主要针对基地内不同的功能设置，将相同或相似的功能集中设置成单一功能组团，或者形成各种功能搭配的综合组团，通过道路、水系、绿带等开敞空间要素分隔形成若干功能组团。根据组团的功能要求，分别建构空间场所，突出每一组团的空间特色。

5.3.1 空间结构

1. 基于区域协调的空间与功能结构

城市本身是一个复杂功能的综合体，城市中心区是城市综合体的组成部分与核心，其功能空间与城市其他地区有紧密的联系，空间结构必须置于城市整体结构的基础上，表现出多层次网络化的特征。

中心区空间结构应该落实已经形成的或上位规划确定的城市发展轴线，保证城市空间结构的完整性和连续性。例如，郑州花园路是城市重要的南北轴线，在这一地区的城市设计中应该通过功能布局和活动空间安排，强化和细化花园路轴线（图5-14）。

中心区功能结构需要与周边城市功能衔接。商业商务功能需相关的产业支撑，商务区需要商业配套，商业区也需要居住、文化等功能的支持。另外，功能配置也要与周边功能错位互补，形成有特色的中心区（图5-15）。

除了功能结构的衔接，道路交通也是区域连接的重点，必须保证道路交通的无缝连接，确保中心区交通的可达性和易达性（图5-16）。

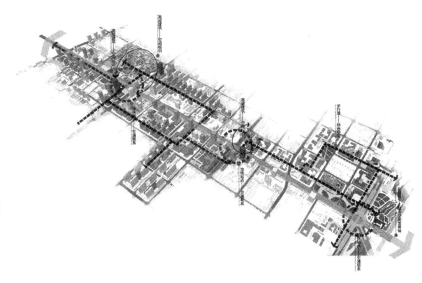

图 5-14　郑州中心城
区花园路城市发展轴
空间要素分析图
（资料来源：郑州中心
城区城市设计 [Z]）

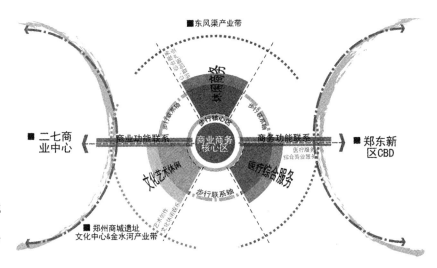

图 5-15　郑州中心城
区功能协调图
（资料来源：郑州中心
城区城市设计 [Z]）

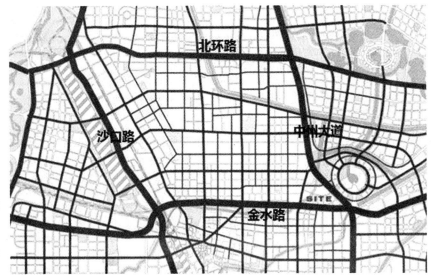

图 5-16　郑州中心城
区与外围道路网交通
衔接
（资料来源：郑州中心
城区城市设计 [Z]）

2. 中心区空间布局

中心区空间布局的影响因素包括土地利用性质、城市空间形态的演进、现状建筑空间构成，以及与城市整体空间结构的关系等。在中心区设计中，需要考虑建筑群的空间组织关系和组织方法，一般有以下几种方式。

1）向心集中布局

通常是一组建筑围绕一个核心集中布置，这个核心一般承载重要的公共活动功能，可以是城市广场、一个重要的交通节点或者是重要的公共建筑。集中布局的建筑群向心性强，容易形成强烈的组团感，通常用于城市中心或者相关功能聚集区等对某种公共活动需求较为强烈的地段。

2）带状序列布局

带状布局通常是建筑沿着主要道路、河道或者空间轴线等线性城市空间布置，形成一系列建筑群。在带状布局中，建筑群和串联其中的广场、绿地等城市空间形成富于变化和节奏的空间序列。在这种布局中，对建筑群布置所依托的道路、轴线、河道等公共空间与建筑形态本身的关系需要特别关注，通过建筑群与这些公共空间的拓扑关系界定，创造出富有整体性、丰富性和韵律感的总体空间景观。带状序列布局可以是城市的空间轴线，也可以是重要的发展轴带。中国和西方都有利用轴线组织城市空间的传统。如巴黎，它的轴线主要在塞纳河边上，通过卢佛尔宫、香榭丽舍大街和明星广场，形成了一个空间轴线。

3）网格规整布局

网格式格局是城市历史发展过程中形成的比较成熟、也比较常见的城市布局模式。在城市设计中，这种布局模式常见于城市中心区、城市新区，根据所处区位不同，道路网格的密度也有所差异。一般来说，相比其他地区，城市功能集聚的城市中心区和老城区的道路网络较密，街区的规模较小，地块四周都有界面。这样的格局，能够让街区四周的经济效益能够最大化发挥出来，如美国纽约曼哈顿，它是典型的网络结构。网格布局的建筑形态设计需要注意均衡性，强调在多个相似的街区中植入适当的公共开敞空间，形成城市整体和谐的建筑形象。

4）自由有机布局

自由布局一般是因地制宜，结合地形地势、河湖水系，因势布局，形成生动自然、有机错落的建筑群形态。这种布局方式强调建筑与自然环境的结合，建筑融入环境，并提升环境品质。这种布局方式常常应用于山地城市和滨水城市、以及风景区等自然要素集中的重要地段的城市设计。

由于城市空间的复杂性，在实际城市中心区设计过程中，常常采用多种布局复合的方式，体现城市空间的复合特征。郑州花园路地区是新中国成立后发展起来的中心区，集中了省级行政中心、商业中心、医疗中心、文化中心等多重功能（图5-17），规划设计以花园路为功能和空间轴，串联文化、商业商务等功能板块，连接金水河、东风渠等城市开敞空间，以两条慢行带联系各功能中心，形成"T"形的空间结构（图5-18）。

5.3.2 形态控制与设计

城市中心区形态包括建筑形态以及建筑围合形成的城市外部空间形态。建

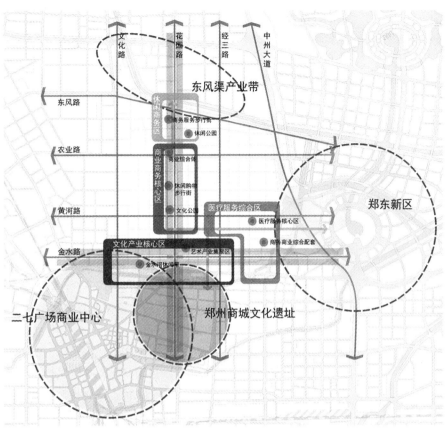

图 5-17 花园路地区周边协同分析
（资料来源：郑州中心城区城市设计 [Z]）

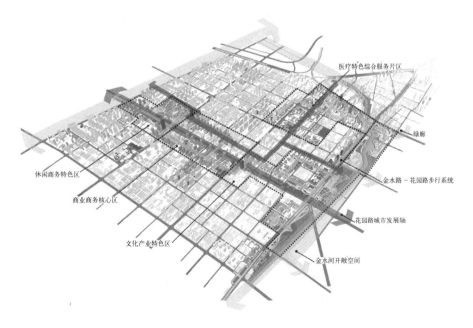

图 5-18 "T" 形空间结构
（资料来源：郑州中心城区城市设计 [Z]）

筑的外部形态是城市空间景观塑造的核心之一，在城市中心区设计中，需要从城市总体空间形态的角度控制和引导建筑的外部形态（如高度、体量、风格、色彩以及与其他城市空间的关系等），同时对于一些重要或者中心地段，特别是老建筑更新改造，还需要对建筑的内部空间进行详细设计。

建筑形态控制分为两个方面，一个是建筑本身形态的控制，包括建设强度、建筑高度、体量、风格和色彩等要素，另一个是建筑与相邻空间之间关系的控制，包括建筑密度、界面、建筑后退等要素。

建设强度与建筑高度之间有很强的正相关性，其控制涉及很多因素，诸如土地利用性质、土地价值（价格）、交通可达性、城市高度强制性规定（如历史保护要求、机场净空要求等）、城市景观等。一般来说，土地利用中公共设施、商务服务等用地利用强度相对较高，特别是城市中心商务功能聚集的地段，高层建筑集中，有利于形成中心区建筑景观。在市场经济条件下，土地价格高往往意味着较高的开发强度、较高的建筑高度。用地的交通可达性也是同样的道理。历史地段周边地区出于历史保护的需要、机场净空控制区出于飞行安全的需要，对建筑高度有强制性规定，城市规划必须遵守。另外，建筑高度控制还需要重点考虑城市天际轮廓线的塑造，特别是城市中心区、滨水沿山地区、城市出入口地区和重要道路沿线地区。

对以上要素的分析评价可以运用 GIS 技术，建构评价体系，综合各要素在强度和高度控制中的作用，得出强度／高度控制分区，然后再结合模型推敲、虚拟空间分析技术等手段，最终确定中心区用地的建设强度和建筑高度（图 5-19）。

建筑体量形态与建筑功能和业态相关，比如商业建筑应该有大体量的营业空间，而居住建筑对建筑间距、进深、通风、采光都有具体的要求。建筑风格与色彩要考虑两个因素，一个是纵向的，即关注历史环境的延续，体现历史文化的文脉传承，另一个是横向的，即应该与周边环境相协调，能够融入城市环境中去。

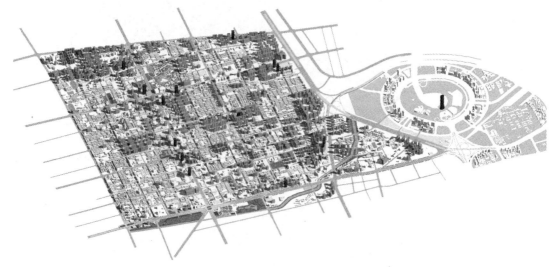

图 5-19　花园路地区建筑高度控制示意图
（资料来源：郑州中心城区总体城市设计 [Z]）

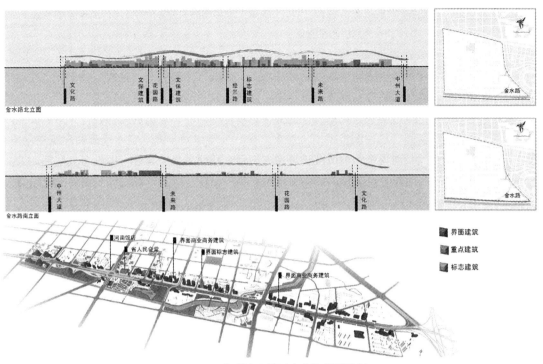

图 5-20 郑州中心城区金水路界面控制
（资料来源：郑州中心城区总体城市设计 [Z]）

建筑与相邻城市空间的关系一般通过建筑密度、后退道路红线、沿街建筑界面等方面控制。影响建筑密度的要素有建筑功能、对环境和公共开敞空间的需求、对停车空间的需求等，公共建筑要求配套一定面积的室外公共活动空间，居住建筑对环境质量的要求则比较高。临街建筑应该后退道路红线、留出交通、绿化空间，后退的距离与道路等级、临街建筑功能和高度有关。同一道路上建筑后退的距离应该相对同一，以形成完整连续的临街建筑界面。从行人的尺度来说，裙楼界面的塑造对道路空间的整体认知更为重要（图 5-20）。

重要建筑群的详细设计包括建筑的定位、高度、形态意向、建筑风格、场地交通组织和出入口、停车空间等。设计中应该重点关注外部空间、建筑群内部空间和建筑空间本身三者之间的关系，即城市空间与建筑空间之间的联系，通过院落空间、线形空间、交通节点空间等多种空间形式组合形成多层次、流畅而富于变化的空间序列。

在中心区历史地段、老工业区等地区的城市设计中，常常会有一些具有一定历史文化价值和再利用价值的保留建筑，城市设计需要对这些建筑的保护或再利用方式提出建议和设计意向。不同类型的建筑会采用不同的再利用方式，有些建筑可以保持原有功能，而原有功能衰退或者与地段功能定位不协调的建筑需要植入新的功能，以恢复地段活力。再利用方式的选择需要对建筑的内部空间格局、结构形式、风格、质量进行全面的调查和评估，对于建筑风格具有一定历史文化价值的，可以保持外观风格，对内部空间进行改造以适应新的功能。在老工业区的更新设计中，一些工业建筑代表了一个时代的产业发展印迹，

在更新中可以适量保留下来，并赋予新功能，以保持地区文脉的连续性。

5.3.3　公共空间设计

公共空间是指人们出于某种目的（如交流、游憩、购物、娱乐、生态等）而使用的、由城市提供的公共场所，是城市外部空间的重要组成部分，是城市公共活动的空间载体。城市中心区的公共活动的高强度决定了公共空间的重要性。城市中心区规划设计需要根据基地的功能和人们的需求设计一系列公共活动空间，包括城市街道、城市广场、公园绿地、滨水空间、公共建筑空间等。公共活动场所的设置应该考虑人们到达和使用的便利性，以及与其他活动的关系，比如一些类似的活动可以相对集中设置，而另一些活动则需要隔离设置以避免干扰。另外，在城市设计中还应该考虑活力的时间性和周期性，以适应不同时段活动的特殊需求。

1. 城市街道：流动的公共空间

城市街道是交通空间，是流动的公共活动空间。城市中心区的街道除了机动车交通外，行人步行是主要的交通方式，符合中心区商业活动的特征和要求。传统历史型中心区的街道空间能够反映城市空间发展的肌理，承载着富有生机活力的市民生活。现代型中心区要求拥有高密度路网，街道空间承载着无限的都市繁华。

1）连续性

连续性是街道空间的一个重要特征。通过街道将中心区内的公共空间连接起来，城市公共空间成为一个整体，城市广场是节点，街道就是网络，空间和活动的网络，而空间的连续性保证了人们活动的流畅、人们视觉感知的连续、人们出行交通的可达。

连续安全的步行空间：中心区规划设计都强调步行空间的建构，要求形成连续的步行流线，包括人行道、步行街、过街设施（天桥、地道、斑马线）等，要避免人车交叉的矛盾，还要与室内或半室内公共空间有良好的衔接，使步行活动与其他公共服务形成密切的互动，提高中心区的活力和吸引力（图5-21）。

连续便利的服务空间：城市中心区是高密度活动地区，街道作为中心区主要流动性公共空间，两侧用地的公共功能是影响街道活力和吸引力的重要因素。街道串联的是连续的服务科技，包括商业、文化、娱乐等公共空间（图5-22）。

连续有序的空间界面：街道界面是围合街道空间、承载街道功能、联系街道两侧用地的交接空间，连续的街道界面有助于形成完整、有序、易于感知的街道空间（图5-23）。

2）界面与尺度

作为人们感知城市、参与城市活动的空间载体，街道的界面和尺度影响人们对城市的体验。正如前文所述，连续的街道界面有助于提升街道空间的活力。影响街道界面的因素主要有两个，一个是界面的功能，即街道建筑的使用性质，对街道是封闭的还是开放的，会影响人们在街道上的活动；另一个是界面的形态，表现在街道建筑的贴线率，即建筑紧贴街道边界线的比率，贴线率越高，街道界面越连续完整。不同功能用地的建筑贴线率会有所区别，通常居住建筑贴线率较低，而商务建筑贴线率较高。

图 5-21　香港中环连续的步行
天桥系统
（资料来源：breadtrip.com）

图 5-22　韩国明洞商业街
（资料来源：m.ctrip.com）

图 5-23　英国摄政街曲线连续的界面
（资料来源：shocking.tuchong.
com/2230362）

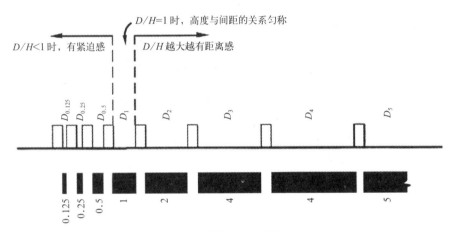

图 5-24　街道 D/H 的关系
（资料来源：芦原义信.街道的美学 [M].天津：百花文艺出版社，2006：47）

　　环境心理学认为，人的行为活动与空间关系密切，城市中心区街道的繁华与活力得益于适合人的活动的空间尺度的形成。不同的交通速度条件下，人对空间的视觉感受特性不同，城市交通性道路上车速较快，宽阔的道路能够适应快速运动的视觉感受，道路的高宽比（D/H）较大；而商业性或生活性道路的空间设计需要考虑步行者的视觉特性。道路的高宽比（D/H）较小，街道空间适合步行尺度，有利于形成舒适的步行环境（图 5-24）。对于步行街道来说，如果建筑高度与街道宽度的高宽比过小（小于 1：1），则显得压抑和拥挤；而过大（大于 2：1）则显得空旷、缺乏空间导向性（图 5-25、图 5-26）。

　　2. 城市广场：城市客厅

　　广场是城市中具有一定规模的户外公共活动空间，用以满足人们进行交流、休憩等社会活动的空间需求，是非常重要的城市开敞空间。城市广场根据功能不同可以分为交通广场、商业广场、纪念广场、休闲广场等类型，位于城市中心区的主要是商业广场和休闲广场。一般来说，城市中心区广场设计要注意以下几点特征。

图 5-25　上海里弄高宽比约 0.4，较为压抑
（资料来源：王建国.城市设计 [M].北京：
中国建筑工业出版社，2009：165）

图 5-26　瑞士苏黎世银行大街高宽比约 1.5
（资料来源：王建国.城市设计 [M].北京：中国
建筑工业出版社，2009：165）

图 5-27　纽约时代广场
（资料来源：王建国.城市设计 [M].第 3 版.
南京：东南大学出版社，2010：198）

图 5-28　洛杉矶珀欣广场
（资料来源：王建国.城市设计 [M].第 3 版.
南京：东南大学出版社，2010：159）

1）活动多样性

城市中心区广场是中心区功能活动的重要空间载体，一般来说，中心区广场可以分为商业活动为主的商业广场和社会交往为主的休闲广场。商业广场通常是中心区商业设施的配套外部空间，在功能上是街区步行空间的一部分，承担交通集散、商业交易、休闲休憩等活动，在空间上围绕商业广场可以布置各类商业建筑，是各种商业业态集聚的组织空间（图 5-27、图 5-28）。

广场活动的多样性取决于广场周边地区公共功能和环境的多样性和吸引力，广场活动具有时空变化特征，比如周末商业活动会比其他时段多，休憩交流活动通常更多地发生在咖啡店的室外部分，在一些大城市中心区，晚上的广场会比白天更热闹等。

2）场所可达性

广场的可达性包含多元的含义，一是交通的通达，能够避免人车交叉的矛盾，市民通过步行、公共交通或者私人交通能够方便安全地到达广场；二是公共空间的连接，好的广场空间与其他公共空间如街道、公共建筑的室内空间有良好的联系，共同构成中心区公共空间体系；三是广场提供丰富的活动，满足商业、文化、娱乐、办公、服务等多功能的要求，能够吸引市民前往；四是拥

图 5-29　上海人民广场具有较高的可达性
（资料来源：www.quanjing.com）

图 5-30　洛克菲勒中心下沉广场
（资料来源：breadtrip.com）

有舒适怡人的环境，有良好的照明，有绿化、水体等景观设施，有座椅、洗手间等服务设施，地面铺装有利于行走等（图 5-29）。

3）空间立体化

广场空间需要适宜的尺度，规模能够适应中心区活动的需求，围合方式通常有建筑物、树木、地形等，灵活运用组合界面，能够丰富广场的场所意向。在高密度的城市中心区，可以通过形状变化和竖向设计，形成小尺度的多用途活动空间，增加视觉纵深感和多样度，丰富广场的空间层次。比如纽约洛克菲勒中心的下沉广场与周边建筑联系密切，形成宜人的尺度与比例关系，可以容纳各种公共活动，成为城市中心区的公共客厅（图 5-30）。

3. 城市绿地：都市花园

城市中心区规划设计中绿地空间的设计往往会被忽视。其实绿地作为城市重要的休闲、生态、景观空间，对于城市空间的质量提升、活动丰富、生态环境都有不可替代的作用。绿地设计首先要确定绿地的使用功能，根据使用者的使用特征确定其服务功能和设施类型。其次要划分尺度合理、不同作用的绿地空间，以适应不同人群活动的要求。第三应配置层次丰富的绿化景观，乔、灌、草合理搭配，充分发挥城市绿地的生态景观作用。

城市中心区由于建设密度较高，绿地空间就显得非常宝贵。作为城市绿色开敞空间的重要组成部分，城市中心区绿色空间系统一般由"点"、"面"、"线"三个形态的绿色空间组成。小型的街头绿地、公共空间中的小块绿地等构成中心区内的点状绿地，这些点状绿地分布比较灵活，不需要大量的用地，可以与城市广场、交叉口、公共建筑内部空间等结合设置，是中心区分布较广的绿色空间。城市公园是中心区内开展步行、休息、交往的重要公共场所，是中心区内的面状绿地。在城市化成熟的欧美发达国家的纽约、伦敦等大城市，很早就通过在中心区规划设置城市公园并向公众开放来平衡中心区高密度建设带来的拥挤感，城市公园成为城市中心区的"绿肺"，著名的例子有美国纽约曼哈顿的中央公园、英国伦敦的海德公园等。纽约中央公园不仅是步行、休闲、娱乐、交往的场所，而且使城市中的人们方便地亲近自然，开阔视野并感受城市风貌和天际线，使中心区呈现出人与自然和谐相处的新景象（图 5-31）。

图 5-31　从纽约中央公园看城市天际线
（资料来源：维基百科）

图 5-32　作为南京特色之一的林荫道
（资料来源：www.quanjing.com）

图 5-33　巴黎香榭丽舍大街街景
（资料来源：www.nipic.com）

图 5-34　首尔清溪川
（资料来源：维基百科）

除了点状和面状的绿地以外，中心区的街道和滨水空间是线状绿地（绿廊）的空间载体。线状绿廊连接了城市公园等绿色斑块，形成城市中心区的绿色网络，增加了城市中心区的空间多样性。街道绿地包括行道树、建筑后退形成的沿街带状绿地等，通常会与其他街道设施结合设置，形成丰富多变的绿化景观（图 5-32、图 5-33）。

滨水地区在城市发展的某些阶段起着重要作用，由于滨水地区拥有水源、交通等便利条件，许多城镇起源于滨水地区。随着工业化的发展，许多城市中心区滨水地区原有功能逐渐衰败，滨水地区的更新和复兴成为城市中心空间发展的重要推动因素之一。复合了多种城市功能的滨水开敞空间是塑造城市特色的重点地区。

城市中心区滨水空间是复合了开敞空间和其他功能空间（如商业服务、文化娱乐、创意产业、旅游服务等）的综合空间，在设计中需要注重滨水岸线资源利用的公共性和公平性，尽可能让更多的人分享滨水空间和景观。在滨水特色景观的塑造上，增强滨水区与城市其他地区在空间和交通上的联系，控制

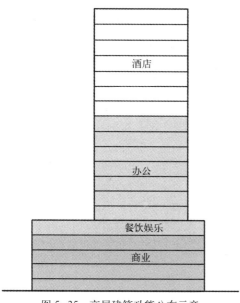

图 5-35　高层建筑功能分布示意

滨水景观的视线通廊，同时，对于原有建构筑物，可以通过价值评估的方式适当保留部分有一定历史文化特色的建筑，进行再利用，增加滨水地区的历史文化内涵。另外，河流水体是城市重要的生态廊道，滨水地区设计应该避免过度的人工化，必须保留一定宽度的防护绿带，保持河道的生态功能。中心区滨水地区的著名案例包括上海外滩、韩国首尔清溪川等（图 5-34）。

5.3.4　地下空间规划

城市中心区功能高度集聚，具有很高的开发强度，城市空间利用的一个重要特征就是立体化。中心区土地空间利用立体化表现为两个方面。一方面是向空中立体发展，高层建筑中包含多种功能，通过对南京新街口高层商务建筑的研究，发现不同功能在高层建筑中垂直分布具有一定的特征和规律（图 5-35）。另一方面是向地下发展，结合轨道交通、地下通道等交通设施，开发地下商业服务空间，增强中心区土地利用的效率。

1991 年《东京宣言》指出：21 世纪是人类地下空间开发和利用的世纪。城市中心区作为高强度开发地区，地下空间的开发利用具有强烈的紧迫性。目前我国城市中心区的地下空间开发普遍存在着被动开发、浅层开发以及各自开发等问题，地下空间的开发成为一种被动行为，类别和功能单一，单体建筑地下空间之间缺乏相互联系的通道，不能形成整体性的网络，使用不便，缺乏效率。随着城市中心区的逐步更新，特别是大城市地下轨道交通的大量建设，城市中心区地下空间的规划建设逐渐成为中心区更新和开发的热点，呈现出网络化、立体化、与地下交通紧密结合的趋势。

城市中心区地下空间开发需要在中心区整体空间协调发展的框架下进行。首先，地上地下相结合，将地上地下空间作为一个整体，充分发挥各自优势，共同发展。其次，开发与保护相结合，在地下空间开发时要做好评估，要充分考虑城市生态环境的保护因素，合理控制地下开发强度，不该开发的坚决不开发。第三，专业与综合相兼顾，应充分考虑交通、市政、商业等各专业功能的综合协调，同时兼顾防灾和防空要求。第四，远期与近期相呼应，远期综合考虑地下空间开发的功能、强度、时序，近期重点考虑可操作性，可持续开发中心区地下空间（图 5-36）。

1. 地下空间功能形态

中心区的地下空间一般都是综合性的，包括了商业、交通、市政、防空等多种功能，不同功能类型的地下空间拥有各自的空间特征。

1）商业空间

地下商业空间通常有三种类型。第一种是大型商业建筑的地下商业部分，是商业建筑向地下的延伸。早期的地下空间相对比较封闭独立，顾客不容易到达，人流量较少，通常安排家具、乐器等非日常的商业功能。随着中心区地下空间开发利用的系统化，特别是地下空间与地下轨道交通站点空间有效

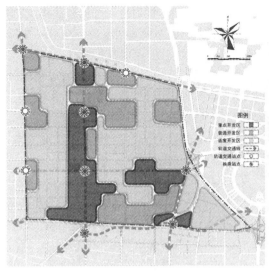

图 5-36　地下空间开发引导图
（资料来源：郑州中心城区总体城市设计 [Z]）

图 5-37　多伦多伊顿中心的地下商业
（资料来源：www.quanjing.com）

图 5-38　新加坡 City Link Mall 地下空间
（资料来源：www.flickr.com）

图 5-39　大阪地下商业街区
（资料来源：www.microfotos.com）

连接后，这类地下空间的可达性大大得到改善，功能也逐步转变为餐饮、时尚用品等人流量较大的业态（图 5-37）。第二种是地下交通型商业空间，一般结合地下过街通道、地铁通道空间设置商业，能够充分利用交通人流，保证商业运作的效益。这种商业空间一般是餐饮、时尚品等小型的、较为灵活的业态（图 5-38）。第三种是专门的地下商业街（区），一般位于中心区道路、广场的地下，与地面的步行街共同构成立体化的商业步行空间。这类商业空间要求流线要清晰，通过空间的序列和节奏、简洁易懂的标识，有效引导人流。地下商业街的出入口非常重要，应该有效地连接地面步行空间，形成空间转接的节点（图 5-39）。

2）交通空间

地下交通空间主要是指人行交通空间。地下行人交通流有多种目的类型，大致可以分为过街、乘坐地下公共交通、购物等，过街、公共交通通道等交通空间由于交通集散的要求，应该能够承担一定的步行交通量，保证步行交通集散的顺畅。同时，地下步行交通空间还是中心区地下空间的联系空间，是地下空间系统的骨架。地下步行交通空间包括线性步行通道、出入口节点、地下集散广场等空间类型。其中，与地上空间、其他地下空间链接的出入口节点是重要的过渡空间，而地下集散广场则是组织地下空间体系的核心。通常情况下，步行交通空间与商业空间会有一定程度的复合，如上节所述，形成地下步行街区（图 5-40）。

3）市政空间

地下市政空间包括地下铁路运行空间、地下道路、地下停车空间和市政管线空间等。地下铁路、地下道路、市政管线的综合管廊等空间一般是不开放的设施空间，需要与城市轨道交通、道路网络、市政管线充分对接，车流量较大的城市道路穿越中心区时，可以将道路引入地下，避免干扰中心区内部交通，同时为地面腾出更多的连续公共活动空间。比较著名的是美国波士顿的"大开挖"(the Big Dig)工程,1990 年代初，为加强波士顿东北部与城市中心区的联系，将穿越中心区的 6 车道高架路拆除，改为地下隧道，工程 2005 年竣工，拆除道路后的约 11hm^2 带形土地作为城市开放空间布置了公园、博物馆等公共设施，吸引了周边商业和商务功能的聚集，同时打通了中心区与海湾地区的空间联系（图 5-41）。

2．地下空间开发模式

地下空间开发是中心区空间开发的重要内容与趋势，由于中心区的空间强

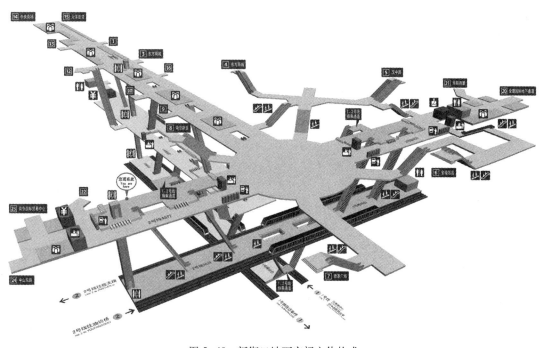

图 5-40　新街口地下空间立体构成

（资料来源：nj.bendibao.com）

图 5-41　波士顿大开挖
（资料来源：维基百科）

度和职能特征，地下空间开发通常采取地上地下一体的综合开发模式，一般来说中心区地下空间综合开发主要有以下模式。

1）交通空间综合体模式

对于大城市来说，地下轨道交通是公共交通的骨架，是城市中心区交通的重要空间载体，同时也是中心区地下空间开发的重要组成。以地下轨道交通站点空间为核心，组织地面地下人流，密集开发地下商业空间，形成中心区地下综合空间，这种方式的前提条件是中心区必须有地下轨道交通站点、最好是换乘枢纽站，能够带来大量人流，带动地下商业开发。这种开发方式以大型地铁站点空间为核心，依托交通功能，连接周边设施，完善地下人行系统，形成与地上紧密协调的地下综合公共活动空间。通过地铁站带动商业公共功能，形成以地铁车站为核心的地下综合体，并与地面广场、公交站、过街设施等有机结合，形成中心区综合换乘枢纽，地铁车站与城市商业设施、广场等空间整合，提升中心区整体活力（图 5-42）。

2）商业空间综合体（网络）模式

在一些高寒地区城市、或者地下空间开发比较成熟的城市，地下通道、大型商场等公共建筑的地下空间、人防工程等地下空间综合利用，形成功能齐全、舒适便利且独具特色的地下商业空间——地下城。加拿大蒙特利尔的地下商业城就是一个典型的例子。

蒙特利尔地下城（Montreal Underground City）位于加拿大第二大城市蒙特利尔中心城区地下，长达 17km，总面积达 400 万 m²，步行街全长 30km，连接 10 个地铁站点、2000 个商店、200 家饭店、40 家银行、34 家电影院、

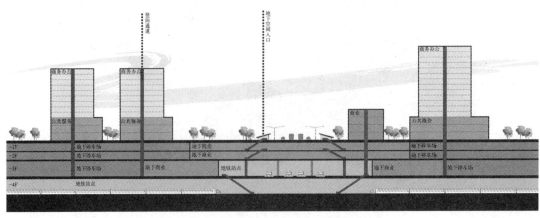

图 5-42　地铁站点结合商业设施开发
（资料来源：郑州中心城区总体城市设计 [Z]）

图 5-43　蒙特利尔地下城实景
（资料来源：news.cnwest.com）

图 5-44　上海人民广场地下商业
（资料来源：www.ccad.gov.cn）

图 5-45　西安钟鼓楼广场立体复合空间
（资料来源：blog.sina.com.cn）

2 所大学、2 个火车站和 1 个长途车站。与地下空间系统相联系的建筑物有 60 座，出入口有 150 个，整个地下城与地铁交通相连，在交通高峰时间可以缓解疏散人流，对地下城商业空间有很大的促进作用，地铁乘客可以利用下班之后的时间逛逛地下城、进行商业娱乐活动，而且这种活动不会受到地面交通的干扰，优良的步行可达性也减少了停车需求。经过几十年的持续建设，地下城一直保持着活力，成为蒙特利尔城市旅游的主要地区和标志性象征（图 5-43）。

3）广场空间立体化模式

在一些城市的中心区，结合广场开发地下空间是一种常见的方式，在广场的地下修建综合性商业设施和地下停车场，通过地下与地上空间的多功能复合利用，集商业、文化娱乐、停车和防灾等功能于一体，增加了空间形态的丰富性。例如上海人民广场地下商场、地下车库和香港街地下商业联合体，以及西安钟鼓楼广场地下商业综合体，将地面开放空间与地下空间充分融合，使得中心区空间层次更加丰富（图 5-44、图 5-45）。

在广场地下空间的设计中，为了解决大面积地下空间采光、通风等问题，需要创造一种自然化的地下人工环境，可以通过设置下沉广场、带玻璃顶的中庭等方式，将外部自然景观引入地下空间，缓解地下空间压抑的心理感知，创造良好的公共活动环境。

5.4　城市中心区交通空间组织与设计

城市中心区是城市的核心地区，交通网络发达，位于城市道路网络的核心，是公共交通最为密集的地区，交通方式多元、交通条件优越，是城市的交通中心。高效的交通系统是现代城市中心区发展的重要支撑要素。城市中心区的交通系统不仅满足人流、物流的流动，还与城市中心区的空间、景观、功能等有着密切的关系，是城市中心区规划设计的重要内容。

城市中心区交通系统应该满足大规模人流的出行要求，特别是作为就业中心的通勤交通要求。由于中心区活动的高强度特征，决定了交通的高强度，因此交通方式应该贯彻"公共交通优先"的原则，满足人们交通的多元化需求。良好的步行可达性也是中心区空间发展的基本要求，利用步行空间整合中心区公共空间，形成立体复合、设施齐全、环境舒适的步行网络。另外，交通空间还是中心区景观的重要组成部分，也是中心区空间特色的载体之一。

5.4.1 道路规划与设计

1. 道路网规划

城市中心区的道路网络应该能够满足中心区高强度活动带来的大流量、多元化的交通需求。我国城市的道路网密度一直偏低，城市建设多采用大街区模式，在当前机动车交通快速增加的冲击下，中心区交通拥堵成为大城市交通的顽疾。城市中心区的道路网络规划应该遵循以下原则：

·高密度路网：城市中心区道路密度应该比城市其他地区大，以适应高强度的城市活动和交通需求，同时，高密度路网条件下的小街区模式有利于增加土地价值，符合中心区土地开发的紧凑集约原则。美国纽约曼哈顿的道路网密度达 17km/km²，而上海浦东陆家嘴的路网密度只有 6km/km²，远远不能满足中心区交通的需求。

·通达结合：规模比较大的中心区可以考虑使用快速交通输配环的方式。在新城中心区配备交通输配环，围绕中心区建立快速交通系统，内部形成以公共交通和步行交通为主的系统，从而解决中心区交通问题。

·绿色低碳：中心区道路规划应该注重公共交通和慢行系统的空间需求，可以结合公共交通枢纽建设城市综合体。慢行系统应该将重要的公共活动场所串联起来，形成相对独立的流线体系，并注意与机动车交通的衔接（通过停车场、公共交通站点等）。在很多情况下，步行流线空间往往与一些功能性公共活动空间复合在一起，比如步行商业街不仅是步行空间，同时也是购物休闲的公共活动空间。

2. 道路空间设计

城市道路空间具有连续性、渗透性的特征，在城市中承担着交通、景观、社会生活等多重功能。因此，道路空间的设计不仅要满足交通的需求，还应该关注不同等级道路的景观功能和社会生活功能，在城市规划中，尤其需要重视后两者。

1）道路交通空间组织

现代城市交通方式和交通组织比较复杂，交通空间组织依据道路等级、性质、断面等因素确定道路各交通方式在空间上的安排。交通性干道主要承担城市机动车的快速通过和到达功能，在空间分配上应该保证机动车的通行。生活性或服务性道路（一些次干道和支路）需要满足机动车的到达（可达性），以及步行交通的安全舒适，在空间设计上应该以步行人群为重点，通过加宽人行道、限制机动车通行、设置人车分离设施，在必要的时候可以在公共活动集中的区域设置步行街（区），与地下空间结合形成立体的综合交通空间，以保证良好的步行交通环境（图 5-46）。

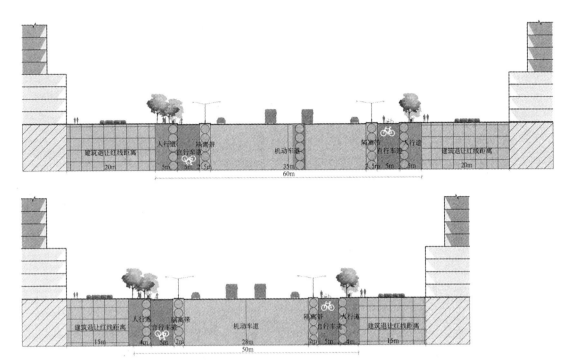

图 5-46　中心区典型道路断面图
（资料来源：郑州中心城区总体城市设计 [Z]）

2）道路空间景观设计

道路交通环境是城市景观的重要组成部分，作为城市各类交通活动的载体，道路空间设计应该遵循空间完整性、连续性、特色化的原则。道路空间是线性的开敞空间，其设计除了考虑交通活动的要求外，还要考虑交通主体在运动过程中对道路空间景观的感知变化。

首先是道路线形的变化，直线形的道路具有明确的方向感，视线通畅，可以在起终点或者重要节点设置标志性建筑（或自然地形）作为对景；而曲线形道路景观多变，在道路转折或弯曲的关键部位可以设置多个标志性建筑作为道路对景，在行进过程中给人的感知较为丰富。曲线形道路一般用于交通功能不强或者有地形限制的地段（图 5-47）。

其次，道路的空间尺度是人们感知道路空间是否舒适的重要因素，一般来说，与人们日常生活关系密切的生活性道路（如生活性次干道、支路、步行街等）空间应该适合步行者的尺度，街道空间围合性较强，道路宽度与沿街建筑高度（D/H）的比例在 1 ～ 2 之间比较合适；而交通性道路（如主干道、快速路等）由于宽度较大、车辆运动速度快，D/H 可以大于 2，当道路过宽时，可以在道路分隔带上种植行道树，减小道路空间的空旷感。

第三，根据不同道路空间的活动要求，道路沿街建筑界面对人们的空间感受也有重要影响。生活性道路以慢行交通为主，沿街建筑界面应该保持一定的连续性，特别在一些商业服务功能比较集中的路段，建筑裙楼的高度和建筑后退不宜有太多变化，以方便人们的购物休闲行为，同时形成良好的生活气氛

图 5-47　首尔光华门广场上的雕塑和远山作为道路对景
（资料来源：网络）

图 5-48　连续的建筑界面形成街道的场所感
（资料来源：网络）

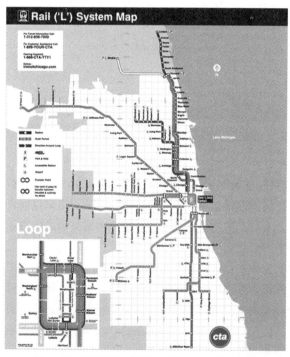

图 5-49　美国芝加哥地铁网络——放射状布局
（资料来源：http://image.haosou.com）

（图 5-48）。交通性道路的沿街界面则强调节奏性和韵律感，以适应在车辆快速的运动中对道路界面的感知特征。

5.4.2　公共交通空间设计

大城市中心区的人流中，七成以上都是由公共交通承担，特别是地铁系统，以其大运量、准点的特点成为城市中心区交通的主要方式。中心区轨道交通有如下特征。

1．交通线路与设施：高密度

高密度的表现之一是线路密度高，城市中心区是城市交通的中心，一般会有多条地铁线路进入，形成密集的网络，城市地铁线路一般以中心区为核心放射布局，例如美国芝加哥的地铁网络（图 5-49）。表现之二是站点密度高，设置多个站点，形成以枢纽站为中心、一般站点均衡布局的站点网络，美国纽约曼哈顿的站点密度达到 3.77 个 /km²，而上海陆家嘴地区的站点密度只有 0.59 个 /km²。

2．交通衔接与转换：无缝化

公共交通枢纽一般汇集了多条公共交通线路，包括常规公交和轨道交通的站点，有时还包括火车站、汽车站等对外交通站场。因此，首先要解决不同线路之间的换乘问题，一般采取平面换乘和立体换乘两种方式。对于常规公交来说可以通过设置大型换乘枢纽站解决多条线路的换乘，对于地铁等轨道交通，可以通过同站台平面换乘、或者通过不同层面的立体交通连接不同标高的站点之间的换乘（图 5-50）。

交通换乘设计需要注意以下几点：①注意进出站人流的组织，保证流线通畅，避免其他城市活动的过多干扰；②注意与停车设施的连接，方便不同交通方式之间的换乘；③通过设置地上地下广场集散人流，避免人流的拥堵；④通

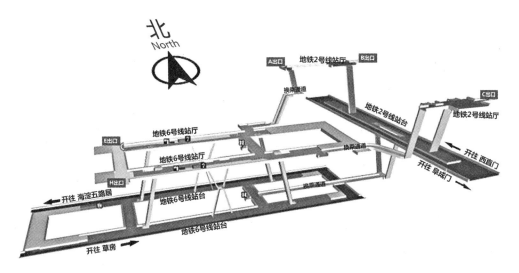

图 5-50　北京地铁某站点立体换乘示意图
(资料来源：http://image.baidu.com)

过下沉广场、天桥等方式组织垂直交通，与城市其他交通方式分离，同时有助于形成丰富的城市空间景观。

3. 交通空间与开发：复合化

公共交通空间是人流密集的交通集散空间，人流量大，非常适合商业服务功能的开发，因此公共交通枢纽地区往往会成为公共活动比较集中的地区，常见的空间利用模式是与交通枢纽空间联合开发，形成地上地下一体化的、包含交通、购物、服务等功能的大型城市综合体。

5.4.3　步行空间设计

城市中心区步行空间是中心区公共空间的重要组成部分，也是中心区交通的重要方式，通过与公共交通空间的紧密连接，步行空间承担着中心区主要的终端交通功能，同时也是中心区最具活力的空间之一。

中心区步行空间应该是一个多层次的网络。首先是功能上的多元化，步行空间除了交通功能外，还有公共交往、休憩、商业、景观等功能，是多元复合的公共功能空间。其次是空间上的多层级，中心区步行空间是包含了空中、地面、地下的立体化空间系统，链接中心区商业等公共服务空间，交织成一个以步行空间为骨架的公共空间集群。第三是等级上的多层次，中心区内既有人流如织、热闹非凡的大型步行街（图 5-51），也应该包括安静温馨的背街小巷，人们可以悠然享受都市慢生活（图 5-52）。

中心区步行空间从功能上可以分为人行道空间和步行街区空间两种主要类型。人行道空间主要承担步行交通的功能，通常依托中心区道路网络，与人行过街设施（斑马线、地道、天桥）一起，构成中心区基本的步行空间网络。中心区商业比较繁华，步行流量大，人行道可以适当加宽，过街设施应该体现行人优先的原则（图 5-53）。

步行街区是中心区内步行者的天堂，通常也是商业休闲街区，是中心区最

图 5-51　巴塞罗那热闹的大型步行街区
（资料来源：breadtrip.com）

图 5-52　斯德哥尔摩悠然的背街小巷
（资料来源：http://image.baidu.com）

图 5-53　中心区宽敞的人行道适合行人活动
（资料来源：http://image.baidu.com)

图 5-54　路边停车
（资料来源：http://image.baidu.com）

具活力的地段。步行街区应该与城市其他交通系统、特别是公共交通系统有紧密的连接，比如公交站、停车场靠近步行街出入口设置，地铁站地下靠近于地下步行空间一体化设计等。步行街区的长度应该符合人的步行承受能力，一般不宜超过 2km，其中应设置一些休息设施，提高步行街区空间的舒适度。

5.4.4　停车空间规划

城市停车空间是城市中心区规划设计中必须考虑的方面，一般来说，不同功能的用地对停车空间有不同的要求，在城市公共活动较为集中的地区，还应该单独设置社会停车场。从停车方式上说，停车空间可以分为路外停车和路内停车两种类型，其中路外停车又包括独立停车空间和附属停车空间两种形式。

路内停车是指停车空间占有部分道路空间，主要采用沿街停放的方式。这种方式一般应用于空间较为紧张的旧城区和中心区，利用城市低等级道路一侧或两侧的道路空间作为停车空间。适用路内停车的道路一般等级较低、车流量不大、车速较低、直接服务于用地。在道路密度较大的城市中心地区，可以采用路边停车和单行交通相结合的方法，以便理顺交通、提高道路空间利用效率（图 5-54）。

独立停车空间是指面向社会专门设置的集中式停车空间，一般是大中型地面停车场或者多层停车库。在土地较为紧张的城市中心地区，提倡采用多层立体停车方式，提高土地利用效率（图 5-55）。

附属停车空间是指利用主体建筑的地下空间作为停车场地，一般为主体建筑服务，也可以向社会开放，成为公共停车场。

路外停车空间的设计应该注意以下两点：一是停车空间位置选择，应该能够方便车辆的进出，尽可能缩短停车空间与其服务的城市空间之间的步行距离。二是与道路空间的衔接，停车空间应该能够比较方便地连接道路空间，同时停车空间出入口要具有易识性，不能对道路交通形成干扰。

5.5 案例

5.5.1 案例一：杭州钱江新城核心区

1. 概述

钱江新城位于杭州市城区的东南部，钱塘江北岸，是杭州市委市政府从城市总体发展战略角度出发作出的重大决策。1990年代以前，受到行政区划的限制，杭州城市格局一直以西湖为中心，城市处于西湖和钱塘江有限的范围之内，造成城区交通不便、功能过度聚集等问题。为此，在新一轮城市总体规划中，以"大杭州"都市区为规划目标，提出

图 5-55　芝加哥马利纳城停车楼
（资料来源：http://www.nipic.com）

将城市格局调整为沿江、跨江、以钱塘江为轴线的发展思路，希望使现在钱江新城所处的东部地区由城市边缘区转变为城市中心，从而改变杭州城市格局。并汇集金融服务和商务办公等功能，提高城市整体竞争力（图5-56、图5-57）。

图 5-56　钱江新城核心区鸟瞰照片
（资料来源：http://cn.bing.com/images/）

图 5-57　钱江新城核心区照片
（资料来源：http://soso.nipic.com/）

钱江新城总用地 15km²，核心区块为钱江新城中央商务区，占地 4.02km²。

2. 目标与定位

在"大杭州"都市区的规划中，钱江新城的地位与作用集中体现在以下两方面。

1）杭州市第三产业集聚中心

针对以往杭州市发展过程中，第三产业空间布局分散、缺乏集聚效应的问题，规划将钱江新城定义为杭州市真正意义上的第三产业集聚中心，有利于杭州市第三产业的进一步发展，从而促进杭州市经济结构的合理化与高级化，以提升杭州的城市综合竞争能力。

2）杭州市经济发展增长极

钱江新城汇集杭州市优势产业与未来主导产业，以写字楼经济、会展经济和旅游经济为经济增长点，推动区域内部经济高速增长，实现区域"经济增长极"作用，带动杭州市整体经济的快速发展。

综合考虑多方面因素，将钱江新城的功能定位为：

杭州市的 CBD，在功能上集行政办公、商务贸易、金融会展、文化娱乐、商业服务、居住和旅游服务等功能于一体，发挥着中央商务区所具有的综合服务、生产创新和要素集散等作用。

3. 功能构成

根据功能定位，钱江新城重点将发展银行、保险、证券、信息、咨询等行业，鼓励发展物流、商业、文化、体育、住宅等产业，以吸引国内外的大公司、大集团、知名民营企业总部入住新城。在布局分布上，分商务办公区、证券金融中心、行政办公区、文化休闲区、商业娱乐综合区、滨江游憩区和精品商住区。

另一方面，钱江新城作为城市级 CBD，强调商务功能的高强度集聚，为了避免因商务功能过纯而导致 CBD 人气不足、夜间空城等问题，规划提出了丰富功能内涵的相关策略。

策略一：发展混合功能，鼓励综合开发

钱江新城在规划及土地出让中，鼓励办公、酒店、酒店式公寓等多种功能混合的综合开发项目及功能丰富的街区营造，以提高 CBD 的功能混合性，增加生机与活力。

策略二：创造外部环境，增加商业氛围

新城规划中位于主轴线上的市民中心两侧重点打造了两处商业街区，规划建议通过商业建筑临街连续的骑楼空间及空间丰富、适合步行的商业内街的设置，创造优良的商业氛围。

策略三：结合广场开发地下空间，弥补大尺度空间的人气不足

在新区设计中，忽视人性尺度的大广场、大绿地做法已饱受质疑，在钱江新城核心区主轴线上，"波浪文化城"是一处结合地面景观广场开发的大型地下综合体，其设计通过坡道、扶梯、敞廊等方式将地上与地下商业文化空间连成一体，极大地提高了广场空间的利用效率，弥补了大尺度空间的人气不足。

4. 用地布局

钱江新城以城市主轴线、富春江路发展次轴线和两条楔入城市的绿带为纽带和分隔，形成由六个中心、两个居住社区、两个混合功能发展区、两条旅游服务走廊、三条金融商贸走廊和两条购物走廊构成的功能框架（图 5-58），具体如下。

1）六中心

规划将在钱江新城核心区范围内构筑六大类中心，它们既相对独立，具有一定的建筑围合性，又通过道路、绿化相互联系在一起。包括行政中心、文化

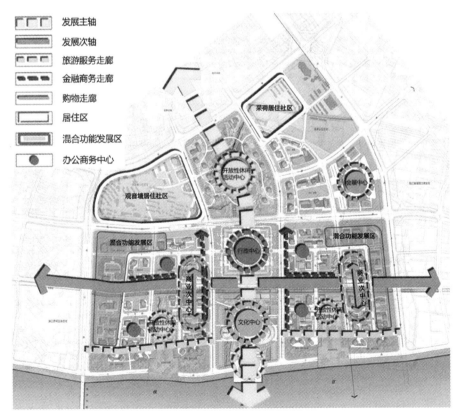

图 5-58　钱江新城核心区结构图
（资料来源：钱江新城核心区块城市设计 [Z]）

中心、开放性休闲活动中心、会展中心和两个商业中心。

2）居住社区

位于中央公园两侧的观音塘社区和采荷社区。

3）混合功能发展区

核心区周边的沿清江路和庆春东路、钱江路局部地区强调功能的混合性，由商务办公、酒店式公寓、宾馆、裙房商业等多种功能构成。

4）旅游服务走廊

即在主轴线两侧沿钱塘江边结合高架城市阳台设置的宾馆、酒店式公寓带，与滨江绿带、休闲服务设施一起成为吸引游客的重要空间区域。

5）金融商务走廊

沿富春江路、新安江路和灵江路形成三条以金融、证券、高档商务办公、知名企业总部构成的金融商务带，它们处于核心区的显要位置，将成为体现新中心城市形象的重要标志性建筑群。

6）购物走廊

结合地下空间规划中的新安江中心和奉化江中心，在地面利用区内支路形成两个购物商业步行街。

5．空间景观组织（图5-59）

钱江新城核心区的空间景观组织坚持"以人为本、以活动为中心"，其构成可以从以下几个方面概括。

1）空间骨架

由城市主轴线和富春江路形成核心区"十"字形开敞空间主骨架，将中央公园、市民中心和波浪文化城三个主要的公共开敞空间串联起来。

2）绿轴与水轴

沿规划4号路和9号路通过自然流畅的绿化与休闲步道结合形成以市民中心为对景的绿轴，并在另一端以街头绿化广场结束；沿之江大堤以观江为目标形成水轴，沿线绿化结合高架城市阳台伴随地形的起伏而富于变化，创造不同视角与环境的观江氛围。

3）界面

沿几条核心区主干路形成连续界面，采取统一的建筑后退、连续的裙房与

图5-59　钱江新城核心区天际轮廓图
（资料来源：http://soso.nipic.com/）

建筑布置；各界面注重高层建筑的组合关系与韵律感的塑造。

4）核心开敞空间

中央公园是观赏现代化杭州城市中心的主要开敞空间，也是市民中心西北部的重要开敞空间；其设计注重体现对人的关怀，同时兼顾不同视点瞭望新城风貌的景观要求，形成以两侧密林与建筑结合限定中部开敞大气的绿化空间的布局形态。

5）标志性节点

设计中结合现状建筑形成三组高层群，成为整个核心区的标志。

6）视线组织

重点考虑主要道路与标志性建筑之间的视线通廊，包括几条重要道路与市民中心、高层标志性建筑群的视线关系等。

7）水体景观处理

钱江新城水体景观主要从观水和亲水两个层面来处理。针对钱塘江防浪墙的特点，运用城市阳台的理念，形成江边生态带，最大限度地接近水体；充分利用区域内外的丰富水系，沟通诸多水体，体现杭州以"水"闻名于世的城市特征。

6. 道路交通组织（图5-60）

1）道路系统

钱江新城在道路系统规划中，从现有杭州城市整体道路交通网络出发，注

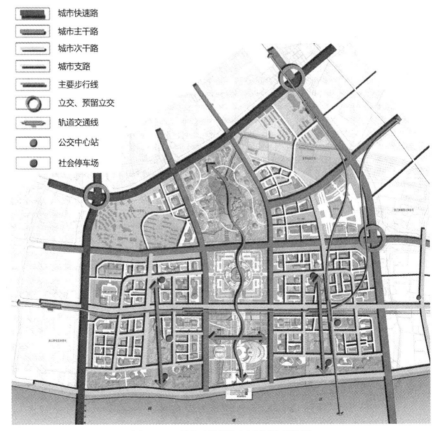

图 5-60　钱江新城核心区交通系统图
（资料来源：钱江新城核心区块城市设计 [Z]）

重核心区域路网的科学、合理布置及与老城区、钱塘江南岸交通连接的可达性和便利性。

2）公共交通

杭州市规划建立多元的公共客运交通结构，形成以轨道交通和地面快速公共交通为主导，以高效方便的换乘系统为依托的现代化公共交通系统。

轨道交通规划方面，强调轨道交通站与城市主轴线市民中心、波浪文化城的便捷关系；常规公交方面，为避免地面露天的公交站场对城市景观产生不利影响，要求两公交站场与绿地统一规划设计，并结合地形的高低起伏变化设置地下或半地下停车场。

3）慢行交通

良好的慢行交通系统是城市公共交通的重要支撑。钱江新城核心区块在步行系统的打造上，强调与地下空间和换乘枢纽的紧密结合，并与商业形态构成、绿化开敞空间有着密切的联系。一方面，通过步行系统将核心开敞空间、滨水绿带、商业街区等串联起来。另一方面，在区块内部通过建筑群体组合形成内向型的步行商业街区，设置停留性强的商业功能，如咖啡馆、酒吧、各种餐厅等。

5.5.2　案例二：伦敦金丝雀码头金融商务区

1．概述

金丝雀码头是英国首都伦敦重要的金融区和购物区，坐落于伦敦道格斯岛的陶尔哈姆莱茨区。泰晤士河在此由北向南 U 形转弯，金丝雀码头在东、西两侧与泰晤士河直接相接。

金丝雀码头拥有悠久的历史和辉煌的过去，曾经是伦敦东部重要的港口，在英国人心中具有浓重的历史感和认同感。随着经济转型，港区逐步没落直至关闭。1980 年起，金丝雀码头开始了区域再生计划，目标是以符合国际最高标准的商务空间和高品质的城市环境建设一个"绿地上的大型商务中心"。经过 30 多年的建设，其从一个没有任何商务基础的工业区，发展成为伦敦重要的金融商务区（图 5-61、图 5-62）。

2．总体结构布局

在总体格局上，金丝雀码头的用地为规则的长方形，共 71 英亩，被方格网道路分为 26 个地块。其以大型的结构性开放空间作为整体形态的构架，并以轴线组织开放空间。主要建筑为中高层，形体规整，严谨地限定开放空间的界面，对称的建筑布局形成垂直相交的一条东西向主轴线和南北向两条次轴线。中轴线开放空间也由建筑群由西向东围合出四个几何形广场，形成空间序列，同时广场作为连接不同标高基面的立体化节点。三栋超高层呈三角形对称布置在中轴线的中心和东部的尽端，形成建筑群体的空间视觉焦点（图 5-63）。

图 5-61　金丝雀码头实景照片

（资料来源：http://cn.bing.com/images/）

图 5-62　金丝雀码头鸟瞰照片

（资料来源：http://cn.bing.com/images/）

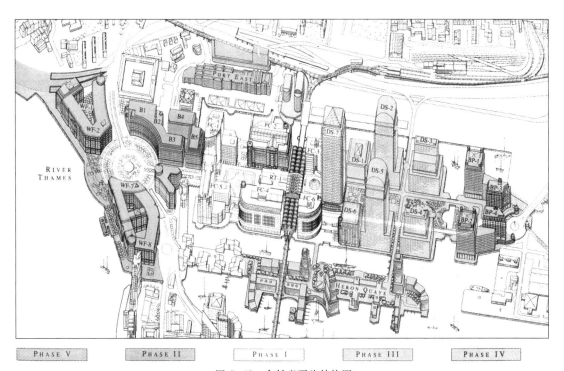

图 5-63　金丝雀码头结构图

（资料来源：http:// cn.bing.com/images/）

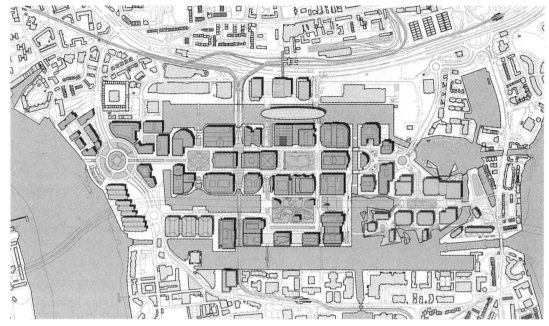

图 5-64 金丝雀码头平面图

（资料来源：http://cn.bing.com/images/）

在功能布局上，金丝雀码头以高档办公为主要功能，以大型金融机构总部为核心客户。其现有办公物业约 139 万 m^2，由 28 栋办公楼组成。为了满足不同规模客户的需求，办公楼面积从 1.3 万 m^2 至 11.5 万 m^2 不等。金丝雀码头商业配套规模不大，以在此工作的商务人群为主要服务对象。商业配套中 43% 为零售业态，餐饮和各种便利店占约 50%，休闲娱乐仅占 9%，主要为一家大型健身中心。金丝雀码头大部分商业分布于走廊层，它把各个办公楼的地下联通成为商业街，并与轨道交通站点连接（图 5-64）。

3. 空间特色塑造

在中心区规划设计中，自然要素和历史要素是城市空间环境的重要组成部分。金丝雀码头依托泰晤士河和码头区，将其整合到新的建成环境中，为地区赋予空间特色和活力。

策略一：重塑水系

金丝雀码头的四面都被水环绕，规划设计在保留水系总体格局的同时，并不机械地完全维持现状水面，而强调对水系的重新梳理，结合整体的空间布局进行填埋和开挖，使得水绿系统与结构性开放空间融合在一起，在强化用地自然环境特征的同时创造了新的特色。

策略二：营造滨水空间、整合步行系统

金丝雀码头的滨水空间分为两种，一种是线性空间，作为空间界面的高层建筑全部在步行尺度后退形成宽敞的骑楼；另一种是广场，有使用建筑界面围合而成的广场，也有完全开敞的水景广场。滨水的线性空间和广场全部种植绿化，并同咖啡馆、餐厅等商业休闲娱乐设施整合在一起，成为适合人停留、活动的场所。通过将不同的滨水空间与连续的步行体系整合，充分发挥其公共可达性。

策略三：融入历史的象征性空间

金丝雀码头不仅拥有码头区的历史资源，还恰好位于伦敦城市发展的空间轴线上。规划设计在空间布局中整合了以上两个历史要素。一方面，通过能唤起人们对旧码头生活记忆的特殊空间布局，实现空间意象的整合；另一方面，通过空间轴线的重叠、视觉通廊的建立和新的视觉要素的切入，使金丝雀码头与伦敦的城市空间产生强烈的视觉联系，从而实现对伦敦城市历史要素的整合。

4. 交通要素整合

金丝雀码头涉及的交通要素非常多样，包括大型城市轨道交通 DLR 轻轨、Jubilee 地铁线，还有公共交通、大型停车场等。在规划设计中，对众多交通要素进行分层和整合变得尤为重要。

金丝雀码头复杂的交通要素被分层于不同的标高，这样有利于提高土地使用率，也解决了各要素间的矛盾。其中，上层的环状道路系统用于公共交通，下层的环状道路系统用于各办公楼的小汽车交通和服务交通，两层道路系统间在基地内可通过坡道转换。此外，轻轨高架桥位于用地基面上空 7.5m，地铁站厅层位于基面标高负 13m，站台层位于负 22m，停车场位于抬高基面的下方。

金丝雀码头通过将交通要素与空间进行整合，避免城市形态被交通割裂，从而充分发挥整体效率，创造具有活力的三维空间。其具体分为两类，第一类是交通要素与建筑的整合，这主要以轨道交通站为主，通过将交通站点与建筑整合形成高效的换乘中心，并且能形成新的视觉景观。第二类是交通结合点、公共步行交通与开放空间、水景和不同建筑功能空间的整合，通过交通结合点不断高速聚散的人流极大地促进了商业的发展，绿化、水景、完善的服务设施、熙熙攘攘的人流也为公共空间带来巨大的活力。

5. 地下空间体系

针对高容积率、高密度的开发，金丝雀码头在规划设计中充分利用地下空间，形成连续完整的地下空间体系，并将地下空间与地上空间进行三维整合，使其共同形成城市空间的有机组成部分。

金丝雀码头的地下空间有功能综合化、分层化的特点。功能综合化表现为其地下空间集商业、休闲、服务、地铁站和停车场功能为一体；分层化表现为地下空间不是在平面上扩展，而是通过三维分层，将不同的功能、不同的活动设置在不同的层上。

金丝雀码头地下空间的特点对其形态有很大的影响，规划设计针对这样的特点，将被分隔的地下空间单元整合为一个完整的地下空间体系。具体的方法包括：设置互相关联的功能空间将地下空间串联起来，通过建立连续的地下步行交通体系连接不同的地下单元，并在地下空间中设置公共空间节点，增强地下空间的方向性、识别性（图 5-65）。

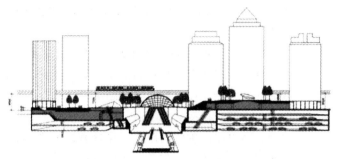

图 5-65 金丝雀码头立体结构图
（资料来源：http6://cn.bing.com/images/）

■ 思考题

1. 城市中心区的功能构成及其特征是什么？影响中心区功能布局的因素有哪些？

2. 结合国内外案例，思考城市中心区的空间特色及其与城市整体空间结构的关系。

■ 主要参考书目

[1] 阳建强．城市规划与设计 [M]．南京：东南大学出版社，2012．

[2] 沈磊．城市中心区规划 [M]．北京：中国建筑工业出版社，2014．

[3] 韩晶．伦敦金丝雀码头城市设计 [J]．世界建筑导报，2007（4）．

[4] 茹文，等．都市空间结构重组时期的 CBD 建设——杭州钱江新城规划建设思考 [C]//2006 中国城市规划年会论文集，2006．

[5] 金祎.杭州钱江新城中央商务区城市公共空间建设管控研究 [D]，2010．

6 历史街区保护规划与设计

导读：历史街区是历史文化名城保护的重要内容，也是历史文化名城保护工作中的重点和难点。主要由街区内的文物古迹、历史建筑、近现代史迹与外部的历史环境等物质要素，以及人的社会、经济、文化活动、记忆、场所等精神要素共同构成。历史街区保护不仅是保护历史建筑外壳和街巷空间格局，更重要的应保护其承载的文化和历史信息，保存历史街区居民生活的多样性。在学习本章时，首先需要学习了解国际历史文化遗产保护发展过程，清晰掌握历史街区的基本概念和内涵，在一般情况下它主要包括哪些要素和类型？其保护应遵循哪些基本原则？在此基础上，重点学习历史街区保护规划设计的原理与方法，应对历史街区的价值与特色分析、保护范围划定、保护与更新方式，以及人口与用地、道路交通、开放空间、绿地景观等相关规划能够熟练掌握。最后，通过不同类型的示范案例，学习掌握历史街区重点地段保护与整治设计的基本方法。

6 历史街区保护规划与设计

6.1 历史街区的概念与类型

6.1.1 "历史街区"概念的由来与发展

1. 国外相关的"历史街区"概念

"历史街区"这一概念的由来，源于1933年8月国际现代建筑学会在雅典通过的《雅典宪章》。宪章中提出"有历史价值的建筑和地区"这一概念，不过宪章中"地区"一词，所指的是以历史建筑或文物建筑为其中心的局部地段，与后来出现的"历史街区"、"历史地段"等概念有一定区别。

在1964年通过的《国际古迹保护与修复宪章》（即后世著称的《威尼斯宪章》）中，首次提出历史地段是指"文物建筑所在的地段"，应作为一个整体进行保护的原则。当然，与《雅典宪章》相同的是，《威尼斯宪章》中所提到的"历史地段"和现在人们使用的"历史街区"概念仍然有所不同，它指的是"文物建筑周围的地区"，其保护修复的原则悉与文物建筑相同。

1976年11月，联合国教科文组织（UNESCO）大会在肯尼亚首都内罗毕召开，通过了《关于保护历史的或传统的建筑群及它们在现代生活中的地位的建议》，后人又简称为《内罗毕建议》。它明确地提出了"历史地区"的概念，指"在某一地区（城市或村镇）历史文化上占有重要地位，代表这一地区历史发展脉络和集中反映地区特色的建筑群。其中或许每一座建筑都够不上文物保护的级别，但从整体来看，却具有非常完整而浓郁的传统风貌，是这一地区历史活的见证。它包括史前遗址、历史城镇、老城区、老村落等"❶。《内罗毕建议》提出了历史街区在立法、行政、技术、经济和社会方面的保护措施。

1987年由国际古迹遗址理事会（ICOMOS）在华盛顿通过了《保护历史性城市和城市化地段的宪章》即《华盛顿宪章》(The Washington Charter：Charter on the Conservation of Historic Towns and Urban Areas)。宪章中提出"历史城区"(historic urban areas)的概念，并将其定义为："不论大小，包括城市、镇、历史中心区和居住区，也包括其自然和人造的环境……它们不仅可以作为历史的见证，而且体现了城镇传统文化的价值。"《华盛顿宪章》明确了历史街区以及更大范围的历史城镇、城区的保护意义和保护原则。

关于历史街区的保护，欧洲国家制定了相应的保护政策。如法国于1962年颁布了保护历史街区的《马尔罗法令》，将保护的范围从对单体建筑的保护扩展至对历史环境的保护。英国政府在1967年颁布的《城市宜居法》明确提出了"保护区"的概念，之后在《1990规划法》中对保护区的法律定义是"那些有着特殊的建筑或历史价值，其特色值得保护或加强的地区"。而意大利的"历史中心区（centre storico）"保护主要指历史纪念物和其赖以生存的历史建成环境的整体保护，其中心区的概念并不仅仅特指城市的中心老城，还包括其他的历史环境集中区。

---

❶　陈志华. 介绍几份关于文物建筑和历史性城市保护的国际性宪章[J]. 世界建筑，1989(4)：73-76.

2. 我国"历史街区"的概念

1982 年，国务院首度公布了我国第一批国家历史文化名城，要求对集中反映历史文化的老城区采取有效措施，严加保护，并要在这些历史遗迹周围划出一定的保护地带，对这个范围内的新建、扩建、改建工程应采取必要的限制措施。在这一时期，虽然还没有形成历史街区的概念，但已经注意到了文物建筑周边地区的保护问题。

1985 年 5 月，建设部城市规划司建议设立"历史性传统街区"的概念。1986 年，国务院采纳了这个建议，并在国务院公布第二批国家级历史文化名城时，正式提出了"历史文化保护区"的概念。当时的历史文化保护区不仅包含了城区中有传统风貌的历史地段，也包含不在城区范围的历史文化村镇、建筑群，在《关于请公布第二批国家历史文化名城名单的报告的通知》中提出"对一些文物古迹比较集中，或能较完整地体现出某一历史时期的传统风貌和民族特色的街区、建筑群、小镇、村寨等，也应予以保护。各省、自治区、市可根据他们的历史、科学、艺术价值，核定公布为各地各级历史文化保护区。"

1989 年，在同济大学城建干部培训班上，王景慧先生作了题为"城市规划与保护遗产"的学术报告，首次提出了"三个层次"的保护体系。三个层次是指文物、历史文化保护区和历史文化名城，每个层次的任务和重点都不相同，其对应的保护方法也有很大的区别。对于一直模糊不清的历史文化保护区的保护方法，王景慧先生认为应保护其整体的环境风貌，保护建筑物的外观和道路、绿化等，建筑物内部允许改造和更新，要能与现代化生活相适应，使历史文化保护区为现代社会生活继续发生作用。

1994 年，我国颁布的《历史文化名城保护规划编制要求》规定：对于具有传统风貌的商业、手工业、居住以及其他性质的街区，需要保护整体环境的文物古迹、革命纪念建筑集中连片的地区，或在城市发展史上有历史、科学、艺术价值的近代建筑群等，要划定为"历史文化保护区"予以重点保护。

1996 年 6 月，建设部城市规划司、中国城市规划学会、中国建筑学会，在屯溪联合召开了历史街区保护（国际）研讨会，经过讨论达成共识，认为"历史街区的保护已成为保护历史文化遗产的重要一环"，首次出现了"历史街区"的概念，但这时"历史街区"和"历史文化保护区"含义基本相同，区别在于前者是一个学术概念，后者是法定概念，而历史地段则是比较笼统的说法。1997 年 3 月 30 日，国务院发布《关于加强和完善文物工作的通知》，明确指出"保护好历史文化名城是所在地人民政府及文物、城建规划等有关部门的共同责任。在历史文化名城城市建设中，特别是在城市的更新改造和房地产开发中，城建规划部门要充分发挥作用，加强城市规划管理，抢救和保护一批具有传统风貌的历史街区，同时加强对文物古迹特别是名城标志性建筑及周围环境的保护"。1997 年 8 月建设部发出《转发〈黄山市屯溪老街历史文化保护区保护管理暂行办法〉的通知》，通知指出"历史文化保护区是我国文化遗产的重要组成部分，是保护单体文物、历史文化保护区、历史文化名城这一完整体系中不可缺少的一个层次，也是我国历史文化名城保护工作的重点之一"，明确了历史文化保护区的特征、保护原则与方法，并对保护管理工作给予具体指导。

1998 年,《城市规划基本术语标准》GB/T 50280—1998 定义"历史地段"为:保留遗存较为丰富,能够比较完整、真实地反映一定历史时期传统风貌或民族、地方特色,存有较多文物古迹、近现代史迹和历史建筑,并具有一定规模的地区。并定义"历史文化街区"为:经省、自治区、直辖市人民政府核定公布应予以重点保护的历史地段。

2002 年 10 月修订后的《中华人民共和国文物保护法》正式提出"历史文化街区"这一法定概念,正式将"历史文化街区"列入不可移动文物范畴,"历史文化街区"成为法定名词取代了"历史文化保护区",并且不再包含历史文化村镇。规定"保存文物特别丰富并且具有重大历史价值或者革命纪念意义的城镇、街道、村庄,由省、自治区、直辖市人民政府核定公布为历史文化街区、村镇,并报国务院备案。"❶

2004 年,建设部颁布的《城市紫线管理办法》依据《文物保护法》采用了历史文化街区的名称❷,在其第二条指出"本办法所称城市紫线,是指国家历史文化名城内的历史文化街区和省、自治区、直辖市人民政府公布的历史文化街区的保护范围界线,以及历史文化街区外经县级以上人民政府公布保护的历史建筑的保护范围界线。"

2008 年颁布的《历史文化名城名镇名村保护条例》❸强调历史文化名城申报"在所申报的历史文化名城保护范围内还应当有 2 个以上的历史文化街区"。

6.1.2 历史街区的基本定义与类型

历史街区指文物古迹、历史建筑集中连片,或能较完整地体现出某一历史时期的传统风貌和民族特色的街区、建筑群、小镇、村寨等。具体由街区内部的文物古迹、历史建筑、近现代史迹与外部的自然环境、人文环境等物质要素,以及人的社会、经济、文化活动、记忆、场所等丰富的精神要素共同构成。主要包括历史文化街区、历史风貌区和其他具有保护价值的历史地段。

1. 历史文化街区

历史文化街区是指经省、自治区、直辖市人民政府核定公布的保存文物特别丰富、历史建筑集中成片、能够较完整和真实地体现传统格局和历史风貌,并具有一定规模的区域(图 6–1、图 6–2)。

根据《历史文化名城保护规划规范》GB 50357—2005 规定,历史文化街区应具备以下条件:

(1)有比较完整的历史风貌;

(2)构成历史风貌的历史建筑和历史环境要素基本上是历史存留的原物;

(3)历史文化街区用地面积不小于 1hm^2;

(4)历史文化街区内文物古迹和历史建筑的用地面积宜达到保护区内建筑总用地的 60% 以上。

---

❶ 中华人民共和国文物保护法 [S],2002.

❷ 城市紫线管理办法(中华人民共和国建设部令第 119 号)[S],2003.

❸ 历史文化名城名镇名村保护条例 [S]. http://www.gov.cn/flfg/2008-04/29/content_957342. htm.

图6-1 屯溪老街历史文化街区

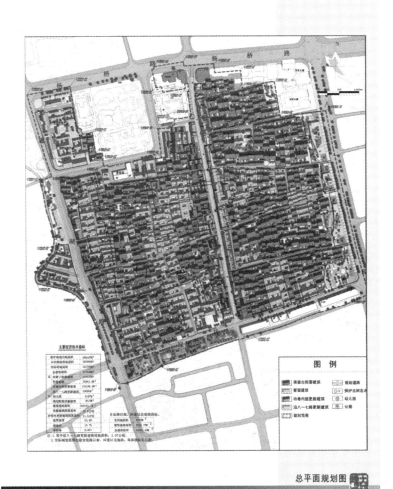

图6-2 福州"三坊七巷"历史文化街区

（资料来源：仇保兴主编. 风雨如馨——历史文化名城保护30年 [M]. 北京：中国建筑工业出版社，2014：123）

2. 历史风貌区

目前，历史风貌区不是法定概念，也没有统一的定义。与历史文化街区相比，历史风貌区指一些历史遗存较为丰富或能体现名城历史风貌，虽然达不到历史文化街区标准，却保存着重要的历史和人文信息，其建筑样式、空间格局和街区景观能体现某一历史时期传统风貌和民族地方特色的街区。对于历史风貌区的保护可以参照历史文化街区，但具体要求可适当灵活（图6-3、图6-4）。

图6-3　南京南捕厅历史风貌区

（资料来源：东南大学城市规划设计研究院. 南京南捕厅历史文化风貌区保护规划 [Z]，2003）

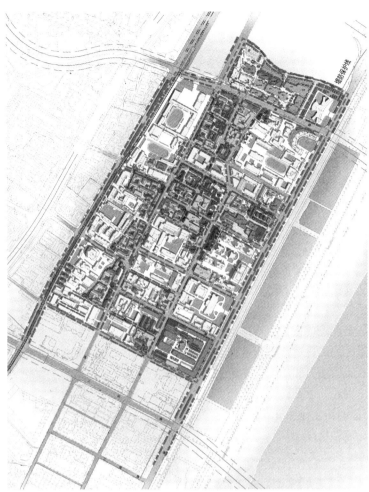

图 6-4 武汉六合片历史风貌区
（资料来源：东南大学城市规划设计研究院.武汉六合路片历史风貌区保护规划 [Z].2012）

3．一般历史地段

一般历史地段是指保存一定的历史遗存、近现代史迹、历史建筑和文物古迹，具有一定规模且能较为完整、真实地反映传统历史风貌和地方特色的地区。历史地段与历史文化街区、历史风貌区一样，是城市历史文化的重要组成部分，对保护城市传统风貌与格局肌理，以及延续城市记忆与历史文脉起着重要作用。对于一般历史地段的保护，根据各历史地段的具体情况，按照最大化保存历史信息的原则，采取灵活多样的保护方法。

6.2 历史街区保护的核心内容

6.2.1 价值与特色

1．历史街区的价值与特色

1）历史街区的价值

（1）历史价值

历史街区的每一项文化遗产，乃至整体风貌，都是特定历史活动的结果，

记录着特定的历史活动信息，这些信息对于人类了解时代文明的价值观、科学技术、社会组织、传统文化都起着无法替代的作用。

（2）艺术与美学价值

历史街区内的所有保护对象都代表了一定的艺术个性与风格，是人类创造性活动的成果，具有很高的观赏性。一般来说，历史街区所反映的民族性、地域性和个性越典型，其艺术与美学价值也就越高。

（3）科学与技术价值

历史街区作为人类劳动的产物，凝结着作为一般的无质差别的人类抽象劳动所形成的价值，在本质上体现的是人的智力和体力的对象化。主要包括在建筑结构、用材、施工方面的科学技术成就，及其所反映出的历史上的科学技术成果和水平。

（4）精神价值

历史街区是每一个文明在历史中精神文化的有机组成部分，有着丰富的精神蕴涵与价值功能，尤其可以通过宗教崇拜、象征意义、认同感、归属感、惊奇感等情感表现其精神价值。

（5）使用价值

历史街区不是静态的摆设，而是为人类活动提供场所的、有功能的地域范畴。在对历史街区的文化遗产进行合理改造与利用后，历史街区能为城市丰富的历史底蕴注入新的活力和动力。在历史街区内集中的文化创造活动、文化经济更是城市经济发展的重要动力。

2）历史街区的特色（图6-5）

（1）物质环境特色

历史街区传统的建筑形式、宜人的街巷空间以及优美的自然景观，使它们呈现出极具魅力的整体风貌形象。历史街区通常具有独特的街区肌理、道路、建筑和空间环境特征，有着自身地域特色的传统建筑风格。主要体现在以下几个方面：

建（构）筑物特色——包含建（构）筑物的形式特色、文化内涵特色、保存状况特色以及建筑群整体风貌和景观特色等。

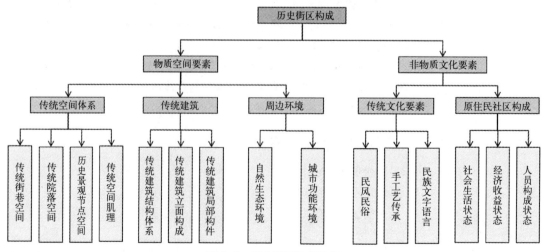

图6-5　历史街区构成示意

街巷特色——包含街巷空间尺度特色、街巷界面空间特色、街巷节点空间特色、街巷文脉空间序列特色等。

环境特色——包括街区所在地的地理和区域背景、街区选址、街区的自然环境特色等。

(2) 非物质文化特色

历史街区的特色魅力不但体现在历史形成的物质空间环境上，更主要的在于它是当地历史文化的主要载体，并由于其特定历史环境特征，使之拥有明显的历史文化优势与潜力，蕴藏于其无形的、深厚的非物质文化特色上。具体体现在以下几方面：

地域文化特色——历史街区的地域文化特色包括街区特有的文化艺术传统如民族文字、文学诗歌、音乐、菜肴、服饰、传统工艺、传统艺术、民俗习惯、名人轶事、民俗风情等内容。

社区网络特色——历史街区的社会网络特色主要是因原住民在历史街区中的长期居住、工作、生活而建立起的一种紧密的社会联系，包含人际交往、社会生活等。历史街区的原住民都有自己的生活方式与民俗活动内容，作为文化的重要组成部分，对物质与人文环境发生了长期的影响。

2. 价值与特色评定

历史街区作为一个价值综合体，其价值评价应是从要素到整体、由表象到内涵的研究过程，对它的评价既需要基于真实性的保存状况的价值评价分析，同时也需要有对应于代表性的综合价值评价分析。由于历史街区是一个具有丰富传统文化内涵的信息载体，不但需要对它的历史遗存稀缺性、历史建筑保存状况、空间格局及要素等有形状态进行价值评价，也需要对社会文化价值、艺术价值等无形状态进行价值评价。而且，历史街区不是一个尘封不变的历史，它作为城市功能体的一个有机组成部分，为今天的人们继续使用，因此，需要将其作为一个动态整体，进行历史演进及现代适应性评价（表6-1）。

历史街区价值评价指标体系　　　　　　　　　　表6-1

评价内容	一级指标	二级指标	三级指标	指标含义
综合价值	代表性	历史价值	历史格局关联性	街区是否是历史城市系统功能的组成部分，代表地域的空间组织特点，有一定的空间特色或代表性；或在历史空间格局中处于什么样的位置，地位及类型
			历史实际关联性	街区出于某种重要的历史原因而造，并反映了这种历史实际情况，或称为这种历史实际的佐证与见证
			历史事件或人物活动环境代表性	重要的历史事件或重要人物的活动，并真实地反映了这些事件和活动的历史环境
			特定历史时期代表性	体现了特定历史时期的某些特征，如生产、生活方式，思想观念，风俗习惯和社会风尚等
			文献与考古价值代表性	可以证实、订正、补充文献记载的史实，具有历史和考古价值
			历史遗存类型稀缺性	在现有的历史遗存中，年代和类型珍稀、独特，或在同一种类型中有突出的代表性价值
			历史演化代表性	体现了街区或者区域自身的演化发展变化

评价内容	一级指标	二级指标	三级指标	指标含义
综合价值	代表性	艺术价值	建筑艺术代表性	街区历史建筑遗存的建筑艺术，包括空间构成、造型风格、装饰装修等
			景观艺术代表性	街区的景观环境艺术，包括街道景观、园林景观、人文景观和遗址景观等类型
			造型艺术代表性	街区中是否具有年代、类型、题材、形式、工艺独特的不可移动的造型艺术品
		科学技术价值	城市规划与设计价值代表性	在城市建设、规划与设计领域的价值，包括选址布局、生态保护、灾害防御等
			城市工程技术价值代表性	在城市的工程领域，在建筑结构、材料和工艺，以及所代表的当时的科学技术水平，或科学技术发展过程中的重要环节
		社会文化价值	历史事件或人物纪念与教育价值	场所对重要历史事件和人物的纪念意义以及相关的教育意义
			传统文化延续性	传统的生产、生活方式、社会风尚、民俗和宗教文化活动的延续性
			社会认同，情感与精神价值	场所对社会群体的精神意义和认同感，集中表现为情感价值
			其他潜在价值	场所的稀缺性、实用性及相关市场条件下的潜在经济价值，如功能使用价值、政治价值等
保存状况	真实性	历史建筑保存状况	历史建筑遗存久远度	现存文物保护单位，传统建筑、文物古迹，历史建筑的最早修建年代
			历史建筑风貌真实性	街区内占主要比重的建筑是否反映了真实的历史面貌
		空间格局及要素	空间格局真实性	空间结构、布局、空间尺度等特征的真实性。主要指历史形成的道路与巷、弄系统及其线形、宽度、空间尺度等
			空间肌理真实性	主要是指历史形成的由街巷、地块、建筑及其布局所形成的城市肌理特征，如原有道路和街巷格局、地块的尺度与形状、建筑的体量、建筑密度与群体空间布局等
			空间景观真实性	空间景观保存的真实性，包括各类公园、街头绿地、绿化庭院、广场、街道交叉口等
			空间要素真实性	空间要素保存的真实性，包括室外铺装的材料，主要空间节点、标志物等
		生产与生活形态	传统生产功能真实性	街区是否仍延续了传统的生产方式、生产功能等
			传统生活功能真实性	街区是否仍延续了传统的生活方式、生产功能、生活形态等
			传统风物民俗真实性	街区是否保持了传统的思想观念、风俗习惯和社会风尚，如传统节日、传统手工艺、传统风俗、宗教、习惯等，以及传统戏剧、诗词、传说、歌赋等非物质文化遗产
	完整性	功能结构	功能结构保存完整性	现存的功能结构以及相关各要素较于历史的功能结构和要素的保存完整程度
			现代功能适应性	街区满足现代生产、生活需求的适应程度
		建筑与风貌	历史建筑丰富性	历史建筑和传统风貌建筑的用地占街区建筑总用地的百分比，或拥有的各类文保单位数量
			历史建筑集聚性	街区拥有的各级文保单位、优秀历史建筑以及有较高价值历史建筑、一般历史建筑的空间集聚性、连续性或面积规模等
			建筑风貌连续性	街区拥有的各级文保单位，登录历史建筑，有较高价值历史建筑、一般历史建筑是否构成了连续的建筑风貌群，以及其面积规模的大小

续表

评价内容	一级指标	二级指标	三级指标	指标含义
保存状况	完整性	建筑与风貌	景观环境完整性	空间景观环境较之于历史上的完整性，包括各类公园、街头绿地、绿化庭院、广场、街道交叉口等
			建筑及空间格局完整性	建筑及空间结构、布局、空间尺度等特征的完整性。主要指历史形成的道路与巷、弄系统及其线形、宽度、空间尺度等
			建筑及空间肌理完整性	建筑及历史形成的由街巷、地块、建筑及其布局所形成的城市肌理特征，如原有道路和街巷格局、地块的尺度与形状、建筑的体量、建筑密度与群体空间布局等
		自然与人文环境	自然环境完整性	自然环境主要指山脉、水系、绿地、湿地、农田等城市自然地理环境。其作为城市生态基质，具有独特、优美的自然景观特色的完整性
			人文环境保存性	人文环境主要指历史、文化、社会生活和社会结构等方面的无形文化遗产，包括节庆习俗、革命事迹、文化渊源、地方特产等
策略措施	操作性	管理与使用状况	使用状况合理性	对街区的使用、利用是否合理，社会干扰因素是否可以控制
			管理机构及人员状况	区域内是否有特定的管理部门或机构，负责对该区域的综合管理，以及管理人员的能力、级别、规模等
			规划编制与保护范围合理性	已审批的保护规划范围、建设控制地带范围以及风貌协调区范围是否合理，已有的保护规划编制是否合理
			日常管理与保护状况	日常管理、保养、保护与监测状况
			展陈与服务设施状况	用于展示、开放、陈列等服务设施状况
			防灾及保障机制状况	街区的保障法规制定，防灾减灾布置与能力以及财务保障能力
		已有研究状况	已有研究的相关性	对该区域或者街区的研究是否具有保护的相关性，可为保护规划及措施提供依据
			已有研究的丰富性	对该区域或者街区的相关研究是否充分、丰富

6.2.2 保护的基本原则

1. 真实性原则

尊重历史文化的真实性是历史街区保护的伦理与技术基础，每一个历史街区的认定和保护，在对其设计、材料、工艺或背景环境，以及个性和构成要素方面，都要经得起真实性的考验。保护历史街区的真实性必须保护历史街区形成所具备的特定的历史环境与文化意义，在历史街的后期发展中，不得随意更改或增添历史要素、环境或活动。在物质衰败等不得已的情况下，应小心翼翼地选取原样恢复或部分复制与替代的技术手段和方法。应遵循《中华人民共和国文物保护法》《历史文化名城名镇名村保护条例》和《城市紫线管理办法》，对历史街区的传统风貌及街道格局进行保护，对文物古迹进行保护和修缮，对历史建筑进行维修和改善。同时，对历史街区的非物质文化遗存进行研究，挖掘展示历史街区的传统文化魅力，延续历史街区的居民生活，保持历史街区的历史环境氛围。此外，根据文态系统的真实共生关系，真实地反映在同一街区内不同历史时代发展的空间叠合，明确传达历史文化遗产在纵向时间长河中的演变过程，构成历史街区从过去到现在的延续性、丰富性与真实性。

2. 整体性原则

历史街区的保护需要遵循整体性原则，历史街区作为城市历史文化遗产的

集中区域，不能仅对遗产本身进行保护，要将遗产及其周边的自然、人文环境作为不可分割的整体进行保护。强调保护街区的整体空间格局和传统风貌，除文物古迹、历史建筑外，对构成街区历史风貌的各类要素，包括历史环境、空间形态、道路骨架、空间骨架、自然环境特征、建筑群特征、构筑物特征（如围墙、桥梁、古树、古井等）等都应仔细研究，予以保护。同时，需要认识到历史街区的非物质文化为历史街区的物质空间环境提供了丰富生动的社会、文化和经济背景，共同构成了历史街区的集体记忆，因此，应注意保护历史街区历史文化内涵，包括社会结构、居民生活方式、民风民俗、传统商业和手工业等方面，保持街区的历史环境氛围。

3. 可持续原则

在历史街区的保护与发展中，应确保其社会结构、经济发展的可持续性，真正实现历史街区历史文化价值的长久续存。强调对街区内历史文化遗产的利用不能急功近利，保护成果应为非终结性并强化对未来的可适应性，历史街区的保护与整治应是不断完善与深入的过程。同时，遵循可持续发展的原则，保护实施着重于对街区的肌理、形态以及氛围进行多阶段的动态保护，而不应将其维持为一个静态的缺乏生机的场景。历史街区保护的可持续原则同样也包括历史街区复兴、基础设施改善、土地利用调整、居民生活环境改善、经济问题的解决和历史街区的长远发展策略等方面，应保证政府在历史街区保护规划中的引导作用，规范历史街区开发的经济行为，在协调多方经济利益、激发文化经济的基础上，实现历史街区的复兴与经济的可持续发展。

4. 渐进保护原则

历史街区内丰富的物质、非物质历史遗存，构成了十分复杂的空间、社会、经济关系，大规模的更新方式极易导致历史街区文脉的断裂。并且城市本身就是新陈代谢、循环发展的有机体，小规模、渐进式的更新改造方式尺度小，灵活度高，受到周边现状环境的限制，往往容易形成与环境协调一致的结果，更符合历史街区复杂、综合的改造需求，有益于历史文化的延续。因此，面对历史街区内更新需求不同的保护对象，可以采取分类更新和渐进式整治的方式，有针对性地采取保护与更新措施，最大程度地保留原有的历史文化风貌。

5. 公众参与原则

公众参与是指街区内的社会群众／组织、单位或个人作为主体，在其权利、义务范围内有目的的社会行动。历史街区保护中的公众参与有利于调动历史街区原住民保护的主动性、积极性，不仅确保了规划的可操作性、实施性，也能更有效地保护历史街区的物质空间环境，延续其社会网络体系。因此，保护规划应充分考虑历史街区原住民的构成与权益，保证原住民的传统生活方式代代相传，保证原住民的居住权益不受侵害。应将原住民生活质量的提高，作为保护规划的重要目标，在酝酿和实施历史街区保护规划的开始，对原住民的现状生活状况与构成进行普查，了解其生活诉求与文化愿景，鼓励其参与规划编制的全过程，加强历史街区内传统社区的归属感与凝聚力，促进历史街区的和谐与可持续发展。

6.2.3　保护范围的划定

历史街区保护范围的划定采取分类保护的思路，主要本着最大化和有效保护

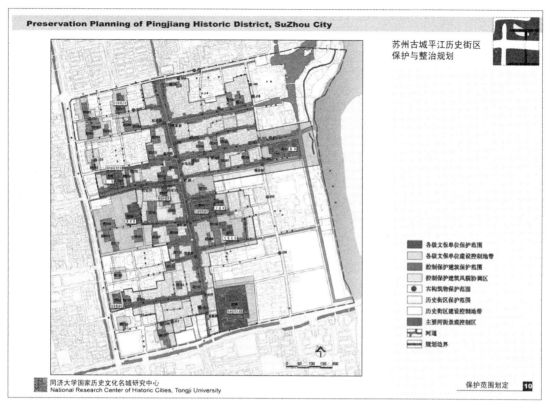

图 6-6 苏州古城平江历史街区保护与整治规划——保护范围划定
（资料来源：仇保兴.风雨如馨——历史文化名城保护 30 年 [M]. 北京：中国建筑工业出版社，2014：119）

街区内历史信息的原则，依据历史街区的具体情况，将遗产本体及其周边环境划分为不同层级，分别制订有针对性的保护策略。一般来说，分为两个层次或三个层次，即核心保护范围与建设控制地带两个层次，以及核心保护范围、一般保护范围与风貌协调区三个层次。有的情况也可直接划定保护范围（图 6-6）。

1. 核心保护范围

指文物古迹、历史建筑较为集中，空间格局保存完好，风貌特征明显的核心区域，通常以紫线等的法定形式出现，必须采取严格的保护与控制措施。

具体而言，核心保护范围内不得随意改变历史建筑物、构筑物的高度、体量、外观形象及色彩，除必要的公共设施与基础设施外，不得进行新建或扩建活动，现有损害街区风貌的建筑物和构筑物应予拆除，任何建设性活动必须获得有关部门的批准认可。并且核心保护范围内对建筑的保护和修缮行为，必须保证与历史环境相协调；原则上不得改变历史化街区的主体功能和用途。保护更新方式宜采取小规模、渐进式，不得大拆大建。

2. 建设控制地带

指在核心范围外，为保护核心保护范围内历史文化遗产的安全、环境、整体风貌等，对建设项目加以限制的必要区域。建设控制地带内的建筑高度、体量、风格应与历史文化街区整体风貌相协调，保护其历史文化环境的整体风貌以及周边视觉景观，严格控制新建建筑，有选择地适当恢复古建筑。建设控制

区内新建或改建的建筑，要与重点保护区的整体风貌相协调，或不对重点保护区的环境及视觉景观产生不利影响；要控制用地性质、建筑高度、体量、建筑形式和色彩、容积率、绿地率等；避免大拆大建，注意历史文脉的延续。

3. 环境协调区

指在核心保护范围、建设控制地带之外，为保证历史街区环境风貌的整体协调，而采取适当控制措施的协调区域。历史街区环境协调区内的新建建筑、构筑物，应当符合保护规划确定的环境协调要求，其建筑形式要求不破坏历史街区传统风貌的前提下可适当放宽。

6.2.4　历史街区的分类保护

1. 历史文化街区的保护 ❶

历史文化街区的保护主要包括：保护历史遗存的真实性，反对拆真建假，保护好现存各类历史文化遗存，确保历史信息的真实载体不受到人为破坏和自然损毁；保护历史风貌的完整性，避免擅自改变和侵占历史环境保护街区的空间环境；维持社会生活的延续性，应保持一定比例的原住民，延续生活，继承文化传统，改善基础设施和居住环境，保持街区活力；划定核心保护范围和建设控制地带界线，制定相应的管理规定；对保护范围内的建筑物、构筑物和环境要素进行分类保护；保护街区内的非物质文化遗产与传统文化。

与此同时，应注意到历史文化街区保护不能完全等同于文物保护单位保护的自身特点。历史文化街区保护与文物保护单位保护的最大区别在于当地居民要继续在里面居住和生活，因此要维持并完善它的使用功能，保持活力，促进繁荣；要积极改善基础设施，提高居民生活质量。其次要采取逐步整治的做法，鼓励居民参与，维护社区的使用功能。切忌大拆大建，对历史性建筑要按原样维修整饰，对后人不合理改造的地方，可恢复其原貌，对不符合整体风貌的建筑要予以适当改造。

保留居民及其传统生活方式，是历史文化街区活力延续的关键所在。世代生活在这一地区的人们所形成的价值观念、生活方式、组织结构、风俗习惯等，都构成了街区甚至是历史文化名城的文化信息，是活态的、无形的文化遗产，体现着街区特殊的文化价值。因此，需延续承载文化记忆的居民及其生活方式、风俗等生活形态，考虑原住民的保有率，尽可能延续街区原有的功能，不过度改变社区生态环境，通过设计相应的政策措施，保持街区的社会网络、生活方式等，延续社区的生态环境。

2. 历史风貌区的保护

历史风貌区的保护要求较历史文化街区更加灵活，保护方法更加多样化，在风格、形式和精神内涵上在尊重历史和重现历史风貌的基础上，更加突出保护与利用相结合，通过建筑保护和修缮、功能置换、风貌重造等，达到历史与现代的共生和融合。

在历史风貌的保护中，一是要求对包括原有城市景观、传统建筑以及历史环境要素的保护；二是指在新的建设活动中，应该通过控制建筑高度、创造与

---

❶　仇保兴．风雨如馨——历史文化名城保护 30 年 [M]．北京：中国建筑工业出版社，2014．

图6-7　北京旧城二十五片历史文化保护区保护规划（景山八片）——建筑的保护和更新方式规划图
（资料来源：仇保兴.风雨如馨——历史文化名城保护30年[M].北京：中国建筑工业出版社，2014：111）

传统风格相协调的建筑形象等规划设计手法，尽量做到既满足现代生活需要，又不失历史传统特色。一般来说，通过控制建筑的高度、体量、色彩、屋顶形式等，可以较好地保护古城的风貌。

6.2.5　建筑物的分类保护

历史街区内建筑遗产的保护与整治，必须严格遵循《中华人民共和国文物保护法》、《历史文化名城保护规划规范》GB 50357—2005和《历史文化名城名镇名村保护条例》的有关规定和要求，在保证建筑遗产真实性和安全性的前提下，对现有建筑提出不同分类标准，并提出相应的处置模式（图6-7）。

1. 文物保护单位

根据《中华人民共和国文物保护法》，文物保护单位指具有历史、艺术、科学价值的古文化遗址、古墓葬、古建筑、石窟寺和石刻，可根据其保护等级分为国家级、省级、市级、县级文物保护单位，也包括未经公布的不可移动文物。

历史街区内文物保护单位的保护工程措施，应严格遵循"不改变文物原状"的原则，兼顾保护与使用要求，充分考虑使用安全性，尽可能减少干预。具体而言，历史街区内重要的史迹及代表性的建筑类文物，其本体修缮工程，建筑的结构、屋顶、外部装修等都要以现存实物为依据，尽可能地恢复原貌。禁止出现改变、遮挡原有立面材质，或用贴面、粉刷、涂画方式进行"仿古、复古"建设的行为。在安全性方面，应对文物本体进行结构安全评估，定期实施日常保养、安全加固。对暂时无须安全加固的文物本体，应在基本维持现状的前提下进行修整，并在修整中保留详细记录以供后续护养参考。

2. 历史建筑的保护 ●

历史建筑指经城市、县人民政府确定公布的具有一定保护价值，能够反映历史风貌和地方特色，未公布为文物保护单位，也未登记为不可移动文物的建筑物、构筑物。由于保护地位不同，历史建筑的保护要求相对来说没有不可移动文物严格。不可移动文物侧重文物本身的保护，历史建筑强调高度、体量、外观和色彩的保护，目标是保护名城整体风貌。具体要求包括如下几点：

（1）对历史建筑实施原址保护的，建设单位应当事先确定保护措施，报城市、县人民政府城乡规划主管部门会同同级文物主管部门批准。因公共利益需要进行建设活动，对历史建筑无法实施原址保护、必须迁移异地保护或者拆除的，应当由城市、县人民政府城乡规划主管部门会同同级文物主管部门，报省、自治区、直辖市人民政府确定的保护主管部门会同同级文物主管部门批准。

（2）历史建筑应当保持原有的高度、体量、外观形象及色彩等，并可以对内部设施予以适当改造。这一要求体现了和不可移动文物保护要求的不同。条例还要求历史建筑进行外部修缮装饰、添加设施以及改变历史建筑的结构或者使用性质的，应当经城市、县人民政府城乡规划主管部门会同同级文物主管部门批准。

历史建筑的保护是落实名城整体风貌的重要内容，也是需要加强管理的重要方面。条例颁布以来，国家尚未颁布针对历史建筑保护的实施细则和相关规范。各地针对具体情况，颁布了一系列的保护规定，如《杭州市历史文化街区和历史建筑保护条例》。在具体管理上，要求县（市）城乡规划主管部门应当会同同级文物、历史文化街区和历史建筑保护主管部门和历史建筑所在地的区、乡（镇）人民政府或者街道办事处，编制每处历史建筑的保护图则，内容包括：基本信息、风貌特色、保护范围和使用要求等。

3. 风貌建筑的保护

指除文物保护单位和历史建筑以外，能够反映一定历史时期城市风貌和地方特色，且建筑质量尚可的建（构）筑物。风貌建筑是整体反映历史街区整体格局和风貌的重要基础。由于保护地位不同，风貌建筑的保护要求相对来说没有不可移动文物和历史建筑严格，强调与历史街区传统风貌的协调，其保护方式更为灵活，以修复、整治为主。

6.3 历史街区保护的相关规划

6.3.1 人口与用地规划

1. 人口规划

应在对现状人口、原住民意愿和社会经济发展现状等进行调查和研究，以及深刻把握人口自身的发展规律以及人口与社会经济之间的互动规律的基础上，对未来历史街区居民的人口构成、人口容量、人口密度、原有居民保有率以及生活方式的变化发展作出合理预测。

根据使用功能和保护要求，统筹考虑保持历史街区活力和保存传统生活氛

● 仇保兴. 风雨如馨——历史文化名城保护 30 年 [M]. 北京：中国建筑工业出版社 ,2014.

围的因素，避免历史文化街区"空心化"。

依据延续传统居住生活形态、改善历史文化街区居住生活条件的原则，考虑居民的居住意愿，科学制定历史文化街区人口疏散与回迁目标，将人口容量控制在合理范围。

制定因地制宜、符合历史街区承载力的人口策略，保护原住民，疏导过多的人口，引入活力人群，延续原住民的社会网络体系，使历史街区的社会生活步入良性发展的轨道。

2. 用地规划

以保护传统环境风貌、提升历史文化街区空间质量和延续历史文化街区活力为前提，依据历史文化街区的功能定位，在综合分析历史文化街区的传统风貌保护、居民生活环境与条件改善的基础上，明确提出历史文化街区用地布局调整目标，合理确定用地的布局结构与功能要求，合理调整用地布局结构和相关用地比例。

应当注意保持历史街区原有小尺度、密集型、高度混合的土地利用方式，延续历史街区肌理、脉络的走向、形制，避免大规模、低密度、单一的土地利用模式。

保持历史文化街区的历史与文化价值，明确历史文化街区保护与整治的控制管理要求，提出历史文化街区内部的用地兼容和功能引导要求，促进街区的功能完善协调，提升历史街区的空间环境品质。

6.3.2 公共活动空间规划

1. 公共活动空间布局

依据保护与提升历史文化街区空间环境品质的原则，通过分析现状公共活动空间布局形态、分布特征和使用状况，综合考虑土地利用、交通组织和空间景观，对现有公共活动空间进行梳理，明确规划目标与原则，确定保留、整治和新增的公共活动空间，提出优化的公共活动空间布局结构。

应保护原有的空间风貌特性。对需要整治的公共活动空间，依据传统街巷的生活氛围和风貌特征，在空间形态、风貌特征、活力保持等方面提出相应的整治原则和措施、建设控制指标和引导要求。

对新增的公共活动空间，应以完善和提升历史文化街区活力为目的，注意保持历史文化街区的风貌协调和空间分布的均衡性，充分研究历史文化街区空间格局和现状公共活动空间分布特征，提出新增公共活动空间的原则、相应要求和措施，合理确定新增公共活动空间的规模、形态、分布等规划要求。

2. 街巷空间

历史街区的街巷空间与肌理，是历史街区公共活动空间的重要组成部分。应该考虑保护传统街巷空间基本格局的真实性，使其能够较好地承载和延续历史街区的传统风貌格局。

保护历史街区传统风貌与景观特色，明确需要保护和整治的街巷空间，分别提出保护与整治的目标、原则、对象、内容和措施，在街巷尺度、比例、格局、景观特征和两侧建筑高度、风貌和界面等方面提出保护和控制措施。

应保护街巷的宽度及断面形式及线形；保护和控制传统街巷两旁及外围的

建筑高度；保护街巷轮廓线、空间高宽比等尺度要素；从围合街道空间的建筑界面上对传统街巷空间进行保护，对传统街巷两旁的传统建筑进行维修和改善。

对需要整治的街巷，在保证尺度、比例和格局的前提下，根据当地的传统做法对街巷要素（例如地面铺装、商店招牌等）进行适当的恢复和改善整治，针对性地制定保护与整治模式及策略。

结合街巷开发和居民出行，在不破坏历史文化街区风貌完整性的前提下，根据历史文化街区内部和外部的交通状况，适当开辟部分符合传统尺度的街巷为公共步行通道。

6.3.3 建筑营造与绿化景观控制

1. 建筑营造控制

历史街区空间系统与整体风貌是通过人的视觉进行感知与体验的，在历史街区的保护中，必须有意识地控制建筑的高度、体量、色彩等视觉要素，以充分挖掘与展示历史街区的空间魅力，保持历史街区传统空间格局的原真性，加强街区与城市其他地区的景观利用及功能联系。

对在传统街巷内部和周围新建、扩建、改建建筑，在高度、体量、材料、色彩等方面应提出相应规划控制措施，以保存原有的空间环境特征。

文物保护单位和历史建筑应严格保持原有高度、体量、材料和色彩。修缮类建筑本体的外部应采用原有建筑材料和色彩。

新建建筑应分区域提出建筑形式、高度、体量和色彩的控制要求。在保持和优化原街道肌理的原则下，确定体量控制要求；以协调、融合为原则，明确色彩控制要求。

2. 绿化与景观控制

结合历史街区的空间格局和水系等自然环境，应在保护历史街区传统空间风貌特性的前提下，明确绿地系统规划的目标和原则、结构与类型，改善历史文化街区外部空间环境。

根据历史文化街区的绿化率较低的特点，合理确定绿地率指标，适度增加公共绿地空间和扩大绿地面积，注意保持传统街巷绿化特色。

保护传统景观风貌的完整性、丰富空间景观的层次性、突出历史文化的真实性。划分景观分区，确定主要的视觉通廊、景观轴、景观节点，并提出控制与整治措施。对街巷、河道宽度与周边建筑高度的比例关系，以及标志性建筑物前方退让的尺度等作出控制。

对历史文化街区景观极易产生影响的小品和空间界面及相关设施，如广告、招牌、室外家具、空调机、太阳能热水器、护栏、雕塑、路面铺装、机动车道、人行道、街坊内部巷道、绿化庭院铺砌、广场铺砌等，应提出位置、尺寸、材质、形式、色彩及安装方法的要求，有效保证历史文化街区传统风貌的延续。

6.3.4 道路交通规划

1. 道路交通

梳理、优化历史街区的道路交通体系，首先应在保护街区传统街巷的前提下进行，重在对街区原有道路格局的复原和交通改善，而非随意新建和拓宽道路；重在组织引导而非道路建设。应强调对历史街区及其周边区域道路格局的整合，延续原有的街区道路格局，遵循街区街巷保护的类别，在保护的基础上和街坊内部通道共同形成合理密度的支路、通道系统。

1）对外交通

城市道路网作为一个完整的系统，应尽可能保持各级道路合理的级配，发挥整个路网疏散交通的能力。制定合理交通政策，进行交通需求管理，合理整合交通与土地利用模式间关系，优化片区道路资源等，结合历史街区交通的特殊性，从交通组织和交通管理上入手，满足交通需求的可达性而不是机动性。

应充分保证历史街区对外交通的可达性，保持现有道路等级，避免过大交通量对历史街区的干扰与影响。通过定性、定量分析，以动静态交通平衡为基点，对街区现状及未来的交通吸引、交通方式进行分析和预测。

正确处理城市整体交通与街区交通间的关系，通过区域交通重组及交通管理措施，减少过境、进入历史街区的机动车交通量，合理安排街区内外交通的衔接转换，创造高品质的对外交通环境。

2）内部交通

历史街区内部的交通组织应以疏解为主，不宜将穿越式交通、转换式交通引入历史街区内部。尽量将机动交通组织于历史街区的核心范围之外，对历史街区内的车辆实行交通管制，限制机动车通行。

在历史街区内，尽量以自行车和步行为主，优先"步行"，完善步行系统，可设立步行优先区，非特殊及紧急情况不得有机动车辆进入。与此同时，通过工程和管理措施，进一步完善街区路网结构配置，优化道路功能，提高通行能力。

充分重视支路和街巷网络在路网体系中的作用，提高低等级道路的系统性和可达性，重点梳理道路系统中的瓶颈、堵头和错位交叉，保持交通网络的完整、连续和安全。街区内部的街巷应尽量维持现状道路的线形和宽度，红线宽度和后退距离不要求整齐划一，力求保护历史街区逐步形成的不规则道路系统。

2. 交通设施

历史街区在交通设施方面的建设，应协调街区传统风貌保护与城市道路交通需求之间的关系，合理均衡地提高交通设施供应水平。梳理历史街区内部道路交通设施，尽可能共享交通资源（出入口、停车场／库），开辟公共通道以连接历史街区内各区域，减少对周边城市道路的影响，提倡在历史街区内以地面和地下公共交通为主要交通方式。

1）道路设施规划

街区内道路、轨道交通、公交客运枢纽、社会停车场、公交场站等交通设施的形式应满足街区的历史风貌要求；不宜设置高架道路、大型立交桥、高架轨道、货运枢纽等设施；保障街区非机动车合理的通行条件，实施非机动车与机动车的分流，提高交叉口通行能力，保障行人过街安全；运用先进技术和理念，优化交叉口的设计，减少和消除路口车流冲突。

2）停车设施规划

在街区内应注意优化现有静态交通，减少地面停车，取消和禁止沿主要道路地面停车，限制路边、门旁停车，以降低机动车行车与停车对历史街区整体

风貌的影响。尽可能在核心范围以及建设控制地带之外设置停车场，减少历史街区的停车压力。在不影响文物保护的前提下，可在部分区域采取地下停车的方式。提倡住户停车位、单位专用停车位和社会停车场（库）共享的社会化管理模式，提高各类停车空间的利用效率，可采用垂直或旋转式机械停车设施在空间不变的情况下增加停车泊位，在提高土地使用效率的同时改善街区内部的空间景观。

6.4 重点地段保护与整治设计

6.4.1 建筑布局与环境设计

1. 建筑布局

历史街区重点地段的建筑布局应尊重原有的空间肌理，注重与周边环境相协调，延续历史街巷空间的传统风貌。在明确重点地段空间特色的基础上，使用疏密不同的建筑布局方法，创造出不同感受的空间。例如，在核心的公共空间周边，建筑的布局应当密集，形成围合的空间形式，突出空间的收放变化；在主要的街道两侧，建筑的布局应当在界面上延续、错落，在高度上保持整体一致，形成具有引导作用的空间形式，同时通过建筑的错动，创造出丰富变化的空间；在具有地形变化的山体上，建筑的布局应当注重剖面上的设计，整体顺应山势，同时通过垂直的交通体系，创造出山地建筑的特色空间关系。

2. 景观环境设计

重点地段的环境设计主要包括绿地系统与活动空间系统。在绿地系统方面，应当以原有历史要素为依托，根据现存河流、绿地的状况进行适当的增补，不可随意增加大面积的绿化或水面。此外，重视古树名木、林荫道在历史街区中的重要景观作用，突出绿化环境对历史街区的烘托效果，沿重要道路设计绿化，梳理出符合历史街区风貌的景观空间。在活动空间系统方面，可以以线串面，设计有趣味的游览线路。通过重点的街道串联不同的展示要素，如重点的历史建筑、开放的景观空间、休憩的广场步行道，构建完整的体验线路。

3. 景观植物设计

景观植物是景观环境的重要组成部分。历史街区的景观植物设计，主要包含两方面的内容：首先对承载街区历史、具有地标性意义的街区原有植物（例如古树名木等）及其周边环境空间进行保护性设计；其次是根据街区原有植物和当地基本特色植物种类，根据街区的不同地段的功能性和环境特色，选用不同的植物绿化形式；并按照植物的时序性进行设计；不仅使原有植物与新种植植物相互协调，而且充分体现了街区的传统文化内涵，并同时优化了视觉效果，满足了人们的审美需求。

4. 景观小品设施设计

街区的景观小品设施设计一方面应从街区原有的传统文化特征出发，结合街区视觉连续性、复杂性的要求，使街区景观小品设施发挥空间的界定、转换、点景等作用，成为街区整体风貌景观的有机组成部分；另一方面则需要参照人体工程学原理，满足公众活动的基本需求，打造舒适优美的街区公共景观空间。

6.4.2 主要街道立面的保护与整治

历史街区主要街道立面的风貌质量直接影响到街区的整体空间景观，规划应根据沿街立面保存的实际情况，本着保护好历史街区传统风貌的原则，提出针对性的保护与整治方式（图6-8、图6-9）。

1. 保护修缮

针对文物古迹的保护方式。结构、布局、风貌保护完好，未遭破坏的，对此类建筑保持原样，不得翻建，可按原样并使用相同材料进行修缮。包括日常

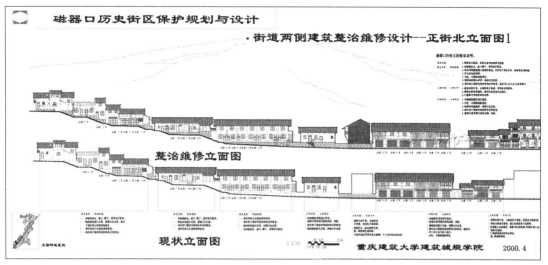

图6-8 重庆磁器口历史街区保护规划与设计——街道两侧建筑整治维修设计——正街北立面图1
（资料来源：仇保兴.风雨如馨——历史文化名城保护30年 [M].北京：中国建筑工业出版社，2014：117）

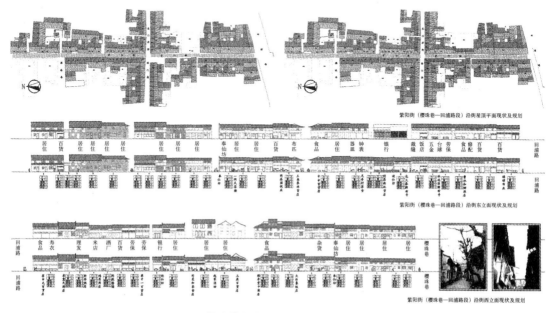

图6-9 临海紫阳街历史街区建筑整治规划设计
（资料来源：清华大学建筑学院.城市历史保护与更新 [M].北京：中国建筑工业出版社，2007：111）

保养、防护加固、现状修整、重点修复等。针对文保单位和历史建筑中建筑立面形式完整、建筑质量较好，但建筑局部有损坏、改造的建筑，可通过对建筑保留历史构件的分析研究，应注意不改变其外观特征，可以根据其建筑质量、设施情况，进行不改变外观特征的保护性修复，对建筑结构进行维护，整治门窗、屋顶及周围环境。其中，历史建筑还可根据保存状况，采取对建筑外部进行维修改善，以及对建筑内部结构进行适度调整更新的方式，以提高使用质量，适应新的功能。

2. 修复改善

针对建筑质量较好，风貌基本协调，但建筑立面局部发生一定程度改变的历史建筑，可维持建筑结构，改善门窗细部及屋顶，展现传统风貌。对局部改变但仍保留原有风貌的传统建筑和外观上基本符合传统风貌的建筑，可根据保存状况，按照整体风貌协调要求，对建筑结构、立面、内部装修进行较全面整治，或采取平改坡、降低层数、加建等改建措施，与传统风貌协调。内部可对其功能进行置换，并改造内部的生活设施，以提高生活质量和居住条件。

3. 整治改善

针对建筑风貌尚存，但建筑质量不好和破损严重的历史建筑，重点维护其建筑结构，改善门窗细部以展现传统风貌。针对建筑质量较好，但建筑立面不符合历史街区传统风貌特征，且暂时不能拆除的现代建筑，需要对其立面进行统一设计改造，并通过景观改造等工程措施对建筑立面进行整饰。不强求对该等级建筑进行某一年代的复古式改建，而是建议建筑外立面设计充分汲取历史风貌元素，在体量、空间组合、材质与色彩上注意与历史风貌相协调。

4. 更新拆除

针对与历史街区传统风貌极不协调的或建筑质量极差的建筑物，采取更新拆除手段，根据功能要求重新设计建造的建筑应充分汲取历史风貌元素，在体量、空间组合、材质与色彩上与历史风貌取得协调。

6.4.3 城市设计引导

1. 建筑风貌引导

建筑风貌引导一般基于历史街区本身的传统建筑风貌，并在此基础上兼顾建筑风格的保护与发展。一般按照保护区和协调区对建筑风貌进行控制引导，使历史街区的传统建筑风貌得到有序的修补和编织（图6-10）。

1）建筑组合形式

通过对历史建筑组合的空间形态现状进行原型分析和研究，由此解析和梳理出基本的片区空间组合原型，并在此基础上提出建筑平面组合形式的引导模式。

2）建筑色彩

历史街区中具体的建筑色彩运用、色彩搭配方案应遵循"统一中求变化"的原则，在建筑选用推荐色谱基础上，根据建筑功能、材料和环境进行精心设计来实现，不排除有创意的色彩搭配成分。

3）建筑材质

在对传统风貌建筑进行建筑材质取样和汇总的基础上，规定新建建筑以及修复的传统建筑应以当地传统建筑材质为主。应严格禁止与传统风貌无法协调

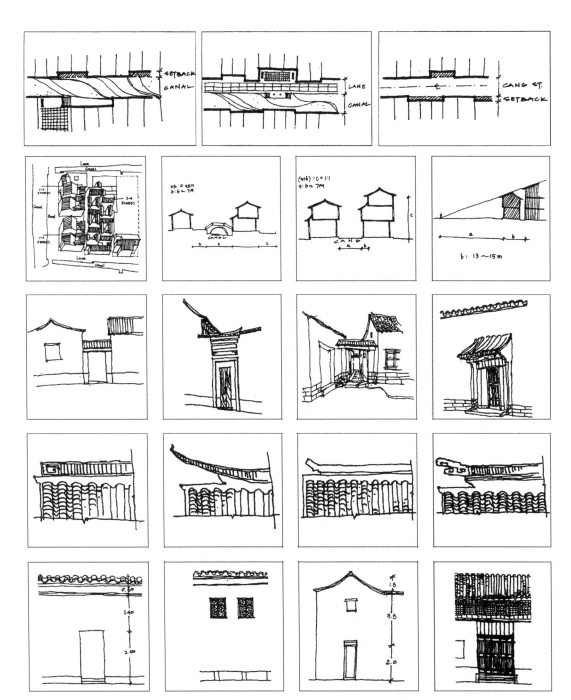

图6-10 苏州平江历史街区建筑风貌城市设计引导

（资料来源：苏州平江街区规划国际研习班，苏州平江历史街区保护更新规划 [Z]，1996）

的现代材质在文物保护单位和历史建筑上的运用,特殊现代材质的运用应经过专家论证。

4)建筑附属设施

建筑外部附属设施如空调、太阳能热水器、商业店招、灯箱、广告牌等,应尽量隐蔽,并经过统一设计,以之与历史街区的传统风貌相协调。

2.环境空间引导(图6-11)

1)景观轴线、节点

景观节点是城市景观的突出部位,通常位于景观轴线的端部或交汇之处,可以分为门户节点、交汇节点和对景节点,往往需要设置地标建筑或公共开放空间(如广场和绿地)。

2)空间界面

基于轴线和节点作为公共开放空间的景观重要性,有必要对其周边或沿线建筑物空间界面的围合程度和风貌特征提出控制引导。界面的围合程度包括连续性和贴线率两种要求。连续性指开放空间沿线建筑物的连续程度,指在步行者习惯的视野范围内,一般是指沿街建筑物在10m高度以下部分的连续性程度。贴线率指开放空间沿线建筑物的外墙落在指定界线上的程度,是建筑物的长度和临街红线长度的比值。既连续又贴线的界面是公共空间的围合程度最高的界面。

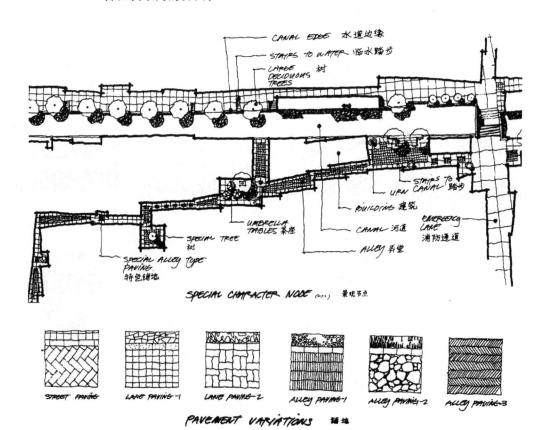

图6-11 苏州平江历史文化街区街巷环境要素城市设计引导

(资料来源:苏州平江街区规划国际研习班.苏州平江历史街区保护更新规划[Z],1996)

3）街巷肌理

保护历史街区的整体肌理，新建区域应采用街区传统布局形式，尽量减少现代肌理与传统肌理的冲突。同时，风貌区改造时应注意保持传统肌理的多样性，避免改造后多样性的缺失。

4）景观小品设置引导

通过对街巷环境要素（主要包括铺地形式、绿化树种、路灯、垃圾箱和地下管道井盖等）、广场和绿地环境要素（主要包括铺地、绿化和小品等）、庭院环境要素（主要包括庭院景观小品等）的设置引导，使之最大限度地与历史街巷的传统风格相融合。

6.5 历史街区保护规划的编制与成果

6.5.1 编制流程

1. 进行详尽深入的基础研究与价值评估

对历史街区的形成与演变机制、各历史发展时期的整体空间进行研究，对其空间结构与形态特征，以及在城市文脉中所扮演的角色和地位等作出分析和概括。

对历史街区的自然地理、历史沿革、民俗文化等自然和人文资源进行调查，评估历史街区的建筑质量、建筑风貌、建筑年代以及环境景观、传统格局、风貌特色等物质空间，总结提炼出历史街区自身独有的价值特色，明确保护和发展利用重点。

对历史街区的现状土地利用、功能特征、空间尺度、道路格局、基础设施等进行综合调查与分析，找出历史街区保护现实面临的危机与挑战，研究未来可发展潜力与需求。

2. 针对具体情况制定切实可行的保护规划

根据历史街区的价值特色、社会经济和保护内容等情况，制定历史街区的保护框架、重点和保护策略。

根据历史街区文物古迹、古建筑、传统街区的分布范围，并在考虑历史街区现状用地规模、地形地貌及周围环境影响因素的基础上，划定核心保护区、建设控制区和风貌协调区，并分别提出保护的要求、建设控制的指标、风貌协调的内容。

明确历史街区自然环境、传统格局、历史风貌的保护要求和策略。

根据保护区内建筑物和构筑物的现状，将现存建筑物和构筑物分为两大类：保护类和整治类。对历史街区的保护类建筑物和构筑物，建立档案、挂牌公示，并分别提出有针对性的保存、维护、修复等保护方式。对历史街区的整治类建筑物和构筑物，分别提出有针对性的保留、整饰、拆除等整治方式。

根据历史街区内传统街巷格局形态，在保持原有历史风貌的前提下，对街巷的空间尺度、建筑高度、街巷立面和铺地形式等提出保护要求和整治措施。

针对历史街区保护区内重点地段和空间节点的现状情况，对空间布局提出具体整治方案，确定具体建筑的平面形状、位置，以及小品和布置等；对具体建筑的立面和门、窗、屋顶等建筑构件提出相应整治和保护要求。

按照整体性保护的目标，对历史街区内部的历史环境和周边的自然环境，提出保护和整治的要求。

确定分期修缮、整治的重点，详细列出要修缮、整治的街区和建筑，以及需要改造的设施项目，作出相应的技术经济分析及投资估算，作出实施的时序安排，提出环境整治的具体措施。

提出历史街区非物质文化遗产的保护要求和物质文化遗产的合理利用策略。

3. 制定行之有效、可操作的实施保障机制

加强规划实施跟踪评价以及管理措施研究，提出分阶段的实施建议、政策保障与行动纲领。提出保护规划的强制性内容，运用灵活的诱导和转移机制，提出保护规划实施措施和方法建议，实现历史街区保护的可持续发展。

6.5.2 编制成果

1. 保护规划总体要求

历史街区保护规划的成果应当包括规划文本、规划图纸和附件。规划说明书、基础资料汇编收入附件。保护规划成果的表达应当清晰、规范（包括纸质和电子两种文件）。

规划文本表达规划的意图、目标和对规划的有关内容提出的规定性要求，文字表达应当规范、准确、肯定、含义清楚。

规划说明书的内容包括分析现状、论证规划意图、解释规划文本等。

基础资料汇编应包括以下内容：自然地理、历史沿革、传统格局、社会经济、人口结构、文物保护单位、历史建筑清单、历史街巷清单、历史环境要素清单、非物质文化遗产及其空间载体清单等各类基础资料和现状分析。其中，历史建筑、历史街巷、历史环境要素和承载非物质文化遗产的文化空间清单的内容包括所记录对象的名称、位置、历史年代、规模、价值、保护状况等信息。

2. 规划内容

历史街区保护规划文本内容一般应包括价值与特色评价、规划原则与目标、保护框架与内容、保护范围与要求、各类遗产保护要求和措施、展示和利用规划、规划实施管理措施等基本内容。

（1）明确历史文化价值和特点；

（2）确定保护原则和保护内容；

（3）确定保护范围，包括核心保护范围和建设控制地带界线，制订相应的保护控制措施；

（4）提出保护范围内建筑物、构筑物和环境要素的分类保护与整治要求；

（5）提出保持地区活力，延续传统文化的规划措施；

（6）提出改善交通和基础设施、公共服务设施、居住环境的规划方案；

（7）提出规划实施管理措施。

3. 规划图纸

规划图纸要求清晰准确，图例统一，图纸表达内容应与规划文本一致。规划图纸应以近期测绘的现状地形图为底图进行绘制，规划图上应显示出现状和地形。图纸上应标注图名、比例尺、图例、绘制时间、规划设计单位名称。

1）现状分析图

（1）区位图；

（2）历史演变分析图；

（3）历史建筑及环境要素分布图；

（4）现存建筑的年代分析图；

（5）现存建筑历史功能分析图；

（6）现存建筑风貌分析图；

（7）现存建筑层数分析图；

（8）现存建筑质量分析图；

（9）现状人口分布图；

（10）用地现状分析图；

（11）道路交通现状分析图；

（12）绿化与景观现状分析图。

2）保护规划图

（1）保护范围规划图：标明不同保护范围的层次、界线；

（2）空间格局保护规划图；

（3）环境风貌保护规划图；

（4）建筑遗产保护规划图；

（5）古树名木保护规划图；

（6）高度控制和视廊控制规划图；

（7）建筑分类保护与整治规划图；

（8）功能分区规划图；

（9）用地布局规划图；

（10）绿化与景观规划图；

（11）道路交通规划图；

（12）公共服务设施规划图；

（13）基础设施规划图：标明给水、排水、供电、环卫、防灾等基础设施改善后新增设施的定位、工程管网的布置情况，以及空中线路、地下管线的走向，并对其进行综合协调；

（14）沿街立面整治图；

（15）重要地段、院落和节点整治图；

（16）分期实施规划图。

6.6 案例

6.6.1 案例一：南京湖熟姚东姚西历史街区保护与整治规划 ❶

1. 历史街区概况

1）区位

姚东姚西历史街区为南京市湖熟古集镇，位于南京市江宁区湖熟镇区东南，面积约 28.51hm^2（图6–12）。

2）整体空间形态

街区位于古秦淮河南岸，街区内主要的姚东、姚西大街与古秦淮河平行，

---

❶ 东南大学城市规划设计研究院．南京市湖熟姚东姚西历史文化街区保护与整治规划［Z］，2012．

图 6-12 姚东姚西历史街区现状影像图

（资料来源：东南大学城市规划设计研究院．南京市湖熟姚东姚西历史文化街区保护与整治规划 [Z]，2012）

在整体环境上，形成"古秦淮河—街区—农田"丰富而有层次的水乡环境风貌。

　　3）建筑空间形态及遗存

　　街区内现状有市级文保单位1处，重要文物古迹2处，建筑文化遗存137栋，沿街建筑主要由明清时期的传统民居组成（图6-13、图6-14）。

　　4）建筑年代及风貌

　　姚东姚西历史街区的建筑主导风貌是"明清与近代建筑风貌"，主要包括明清建筑、民国建筑以及1950～1980年代的建筑（图6-15、图6-16）。

　　2．历史街区保护规划目标、原则与框架

　　1）保护原则

　　（1）保护历史真实载体的原则；

　　（2）保护历史环境的原则；

　　（3）合理利用、永续利用的原则；

　　（4）保护历史真实共存性的原则。

　　2）规划目标

　　（1）保护明清街道空间格局及明清传统建筑风貌；

　　（2）延续历史街区的传统文化和生活气息；

　　（3）展示历史街区的传统文化特征。

　　3）保护总体框架

　　形成"一河五街四区多点"的保护总体框架（图6-17）。

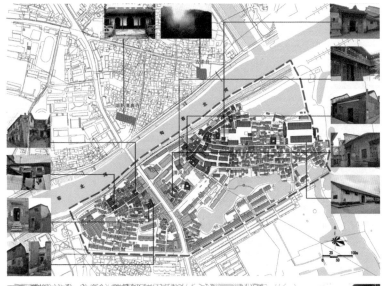

图 6-13 姚东姚西历史街区建筑文化遗存分布图

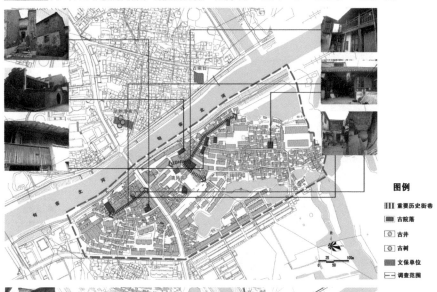

图 6-14 姚东姚西历史街区其他历史遗存分布图

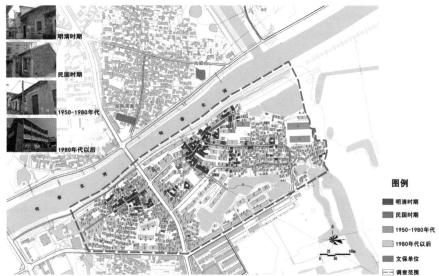

图 6-15 姚东姚西历史街区现状建筑年代图

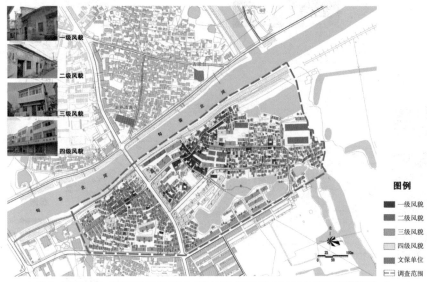

图 6-16 姚东姚西
历史街区现状建筑
风貌图

图 6-17 姚东姚西
历史街区保护要素
规划图

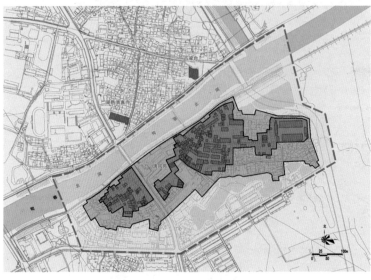

图 6-18 姚东姚西
历史街区保护范围
规划图

3．历史街区保护规划

1）历史街区的保护范围

将规划区的分级保护范围划分为核心保护范围、建设控制地带和环境协调区三个层次的保护等级（图6-18）。

2）空间格局与街巷肌理保护

（1）保护历史形成的空间格局、尺度与传统风貌，严格控制姚东姚西沿街建筑高度，对沿街风貌障碍建筑和街区环境进行整治，强化历史格局。

（2）加强对街区历史街巷的保护，保持和延续其传统格局、肌理和尺度，保护和恢复传统街巷的历史名称。

3）文物保护单位保护

（1）保护范围要求

该范围内的建筑及环境应严格按照《中华人民共和国文物保护法》的要求进行保护；只能进行日常保养、防护加固、现状整修、重点修复等维护和修缮性建设活动；其建设必须严格按审批手续进行，坚持不改变文物原状的原则，保存真实的历史信息；现有严重影响文物原有风貌的建筑物、构筑物必须坚决拆除；并保证满足消防要求。

（2）建设控制地带保护要求

建设控制地带中影响文物原有风貌或对文物的安全构成影响的建筑物、构筑物必须予以拆除，保证满足文物的消防、环保等要求。建设控制地带内的建设工程应当根据文物保护单位的级别征得相应文物行政主管部门同意后，报城乡规划行政主管部门批准。

当文物保护单位的建设控制地带与历史街区的保护范围出现重叠时，应服从历史街区保护范围的建设控制要求。

文物古迹的迁建与重建必须严格按照《文物保护法》的要求进行。

4）推荐历史建筑保护

（1）经过对街区历史遗存进行详细勘察和审核后，本规划将街区内除文物保护单位外具有一定的历史、科学、艺术价值，能够反映某个历史时期（包括新中国成立后）历史风貌和地方特色的建（构）筑物，确定为推荐历史建筑。

（2）保护推荐历史建筑的立面、结构体系和建筑高度、典型装饰风格与建造材料以及其他体现本地区历史文化特征的建筑元素。

（3）推荐历史建筑不应成片拆除，应参考历史建筑的整治方式，根据历史文化价值和完好程度进行维修、改善。

5）建筑遗产的保护（图6-19）

（1）需要保护的建筑

采用修缮、维修、改善的整治方式，不宜采用其他方式。

（2）非保护的一般建（构）筑物

采用保留、整修、改造、拆除的整治方式。

6）其他物质文化遗存

7）非物质文化遗存

4．用地、人口与空间规划（图6-20、图6-21）

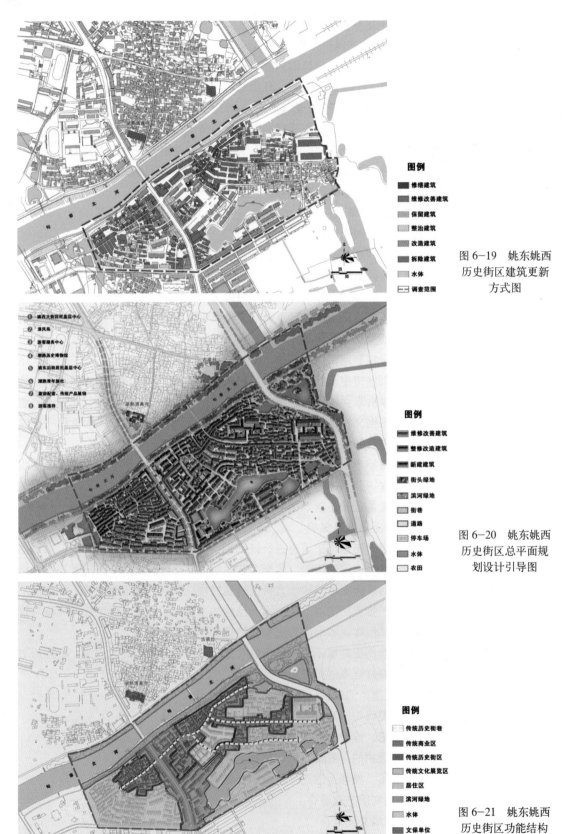

图 6-19　姚东姚西历史街区建筑更新方式图

图 6-20　姚东姚西历史街区总平面规划设计引导图

图 6-21　姚东姚西历史街区功能结构规划图

1) 功能结构规划

用地功能结构上将整个规划区划分为"五街九片三节点"的功能布局。

2) 人口容量规划与人口疏解

规划确定本地区人口发展的策略以适当疏解人口为主。

3) 公共活动空间规划

保留主要巷弄和公共活动空间，强化近人尺度的庭院空间，提倡居民对各自的庭院进行绿化布置，为街区内部的老屋旧街增添生机。

4) 绿化景观规划

加强对古树名木的保护工作，增强居民对保护古树名木重要意义的认识，加强对古树名木的养护管理。

5) 高度控制规划

6) 景观视廊控制

(1) 历史街区内不建高度制高点，以体现街区的肌理特征。

(2) 严格控制姚东大街、姚西大街、狮子门巷——景观视廊两侧建筑的高度，保证传统风貌的完整性。

(3) 对景观视廊除入口节点景观空间外，还应适当设置空间节点，以丰富步行街景观视廊的空间效果。

7) 道路交通规划

(1) 外部交通规划

贯穿街区的灵顺南路和街区南侧的河南东街、河南西街，是街区对外联系的道路，应充分保证历史街区的对外旅游交通和公共交通可达性。

(2) 内部交通及停车场规划

街区内部以步行为主，恢复街区传统风貌，机动车静态交通在街区主要入口处解决。历史街区核心保护区内部不允许机动车进入。

(3) 传统街巷保护及步行区规划

对于路面传统风貌保存完整的街巷要以修缮为主，保持街巷尺度和两旁建筑的高度。

5. 重点地段整治与设计

1) 重点地段图

(1) 姚东大街（图 6-22）

(2) 狮子门巷（图 6-23、图 6-24）

2) 立面整治（图 6-25 ~ 图 6-27）

针对姚东大街、姚西大街、狮子门巷的沿街建筑现状，分为保护维修、整治改善、修复改善、保留改善和更新拆除五个分类进行适当的整治，保护和恢复原有的历史风貌。

姚东大街

　　本地段为姚东大街老街地段，沿街为清朝时期建造的民居等，规划保留其居住功能，对现状建筑及环境进行梳理，以恢复格局，尤其重点恢复几处保护建筑风貌；沿河堤规划绿化带，部分节点放大做街头绿地。

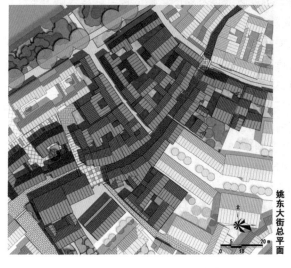

姚东大街总平面

地段区位

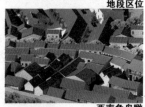

西南角鸟瞰

街景

图 6-22　姚东姚西历史街区重点地段规划——姚东大街

狮子门巷

　　本地段为狮子门巷及部分姚东后街地段，沿狮子门巷保存了不少清朝等历史时期建造的民居，规划保留其居住功能，对现状建筑及环境进行梳理，以恢复历史格局，尤其重点恢复几处保护院落的风貌；将原粮仓改造设计成为老年活动中心和青年旅馆，激活老街活力；沿河堤规划绿化带，部分节点放大做街头绿地。

地段区位

东南角鸟瞰

街景

狮子门巷总平面

图 6-23　姚东姚西历史街区重点地段规划——狮子门巷

图 6-24　姚东姚西历史街区姚东大街——狮子门巷效果图

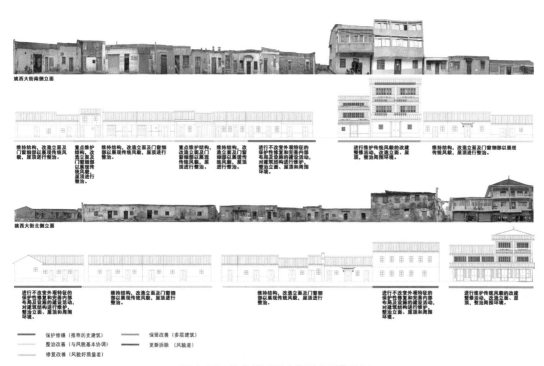

图 6-25　姚东姚西历史街区立面整治图

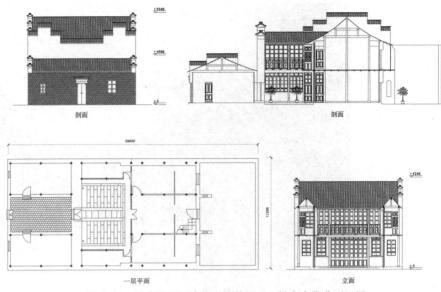

图 6-26　姚东姚西历史街区测绘图——姚东大街典型民居

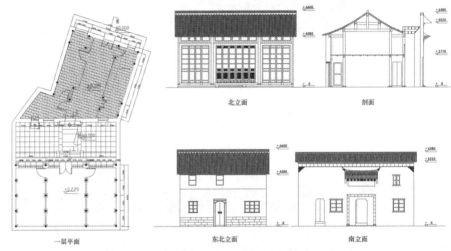

图 6-27　姚东姚西历史街区测绘图——狮子门巷典型民居

6.6.2　案例二：无锡惠山古镇历史文化街区保护修建性详细规划❶

1. 概况

惠山古镇地处无锡锡惠风景名胜区内东北部，以自然环境优美、文物古迹荟萃、历史文化丰厚而闻名于海内外，是名副其实的无锡"露天历史博物馆"，现为无锡历史文化街区，修建性详细规划将古镇的整体保护及保护文化遗产的原真性定位于古镇历史文化有机体的保护，着力于自然、社会、人文、空间环境以及古镇肌理、风貌的多方位、多层次的保护，力求形成保护发展的可持续性（图 6-28 ～图 6-31）。

❶　云南省城乡规划设计研究院，无锡市园林局，昆明理工大学. 惠山古镇保护建设修建性详细规划[Z]，2003.

图 6-28 惠山古镇历史文化街区航摄图

图 6-29 惠山古镇历史文化街区建筑使用现状

图 6-30 惠山古镇历史文化街区建筑年代现状

图 6-31 惠山古镇历史文化街区建筑质量现状

2．保护规划目标与原则

1）规划设计的指导思想

（1）以保护古镇的历史、文物、艺术、环境诸价值为基础，重点突出古镇祠堂群的唯一性、独特性；从规划区内外的整体着眼，着力于总体控制，为惠山古镇的各项保护措施提供指导性和约束性的依据。

（2）全力凸现祠堂群遗存。

（3）强化祠堂文化的典型性、代表性和人类文化活动的可持续性。

（4）保护祠堂群形成、发展、演化的古镇社会历史背景和历史文化环境。

（5）保护祠堂群的自然环境和古镇传统的生活环境。

（6）将古镇和祠堂群的保护置于首位，以保护求发展，并在保护中支持、推动、完善发展，力求在保护与发展上构成一个可动态控制的良好规划框架，提高古镇持续发展的能力。

2）规划设计的原则

（1）确保文化遗产的原真性，维护历史环境、风貌的历史真实性。

（2）坚持整体保护。

（3）以保护、显现文化遗产的价值、激活历史文化生命力作为发展的前提和动力；以保护发展的可持续性作为策划、建设的出发点和归宿。

（4）凸现文化遗产的唯一性和地方文化的独特性、典型性，延续、发扬优秀传统文化，发挥历史遗产在现代社会发展中的作用。

（5）以完善现代基础设施作为持续保护与发展的保障。

（6）人文景观环境的保护恢复和自然生态环境的保护与建设并重，积极发挥文化历史遗存包括非物质的民间民俗文化遗存在现代城市发展中的作用。

3．历史街区保护规划（图6-32）

1）古镇的整体保护

（1）历史环境痕迹的保护；

（2）历史文化体系的保护；

图6-32　惠山古镇历史文化街区规划总平面图

(3）历史空间环境肌理的保护；

（4）历史文物价值的保护；

（5）历史事件的保护；

（6）历史过程的保护及历史的原真性与可读性；

（7）传统工艺、园林技艺的保护；

（8）保护优秀的传统道德和民族精神；

（9）传统民俗风情的保护。

2）历史遗存与传统风貌环境的保护

（1）历史遗存的保护；

（2）历史空间及风貌环境的保护。

3）惠山古镇保护范围

整个规划区分为核心保护区和风貌协调区。并建议从保护世界文化遗产的角度扩大周边相邻的风貌控制地带。

4．重点地段规划

1）二泉里（图6-33～图6-35）

保护设计的重点是恢复历史的空间肌理；恢复祠群的原有空间；恢复并强化山泉景观和茶文化；强化人文景观和提高历史景观环境质量。

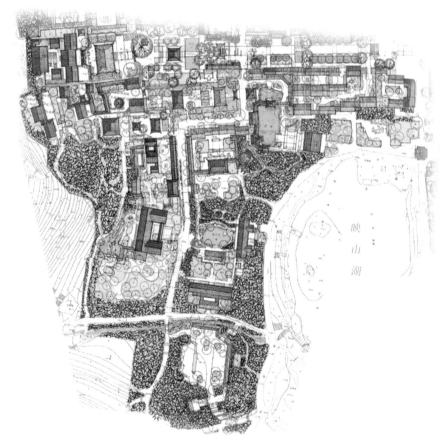

图6-33 二泉里规划平面

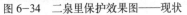

图 6-34　二泉里保护效果图——现状

图 6-35　二泉里保护效果图——设计

2）听松坊（图 6-36～图 6-38）

保护惠山寺的文物和宗教、历史文化及其历史空间轴，保护依惠山而筑的古镇陆轴端部完整的山地建筑群和保护听松坊祠群带。

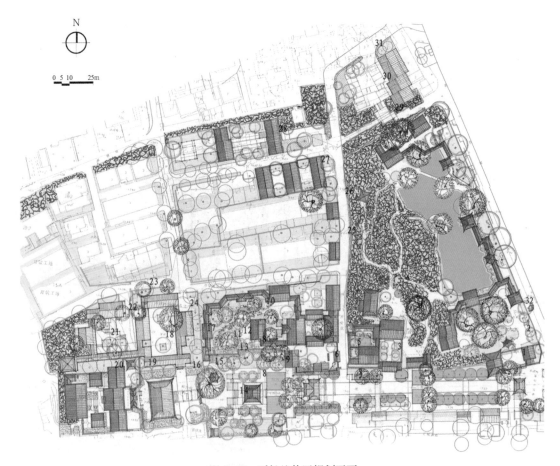

图 6-36　听松坊片区规划平面

图 6-37 听松坊寄畅园立石记痕效果——现状

图 6-38 听松坊寄畅园立石记痕效果——设计

3）直街（图 6-39～图 6-41）

本片的保护重点是保护直街至锡山山麓之间的祠、庙群体和显山露水的古街环境。

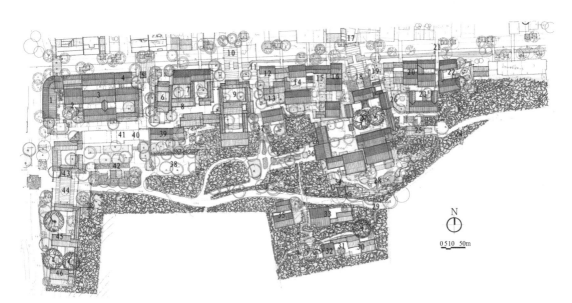

图 6-39 直街片区规划总平面

图 6-40 直街张巡庙口部保护效果——现状

图 6-41 直街张巡庙口部保护效果——设计

4）下河塘（图 6-42 ～图 6-44）

本地段为惠山祠堂群的核心地段，祠堂数量多而密集、年代跨度大、规模不一、形态各异。在大力保护遗存的同时，全部拆除包括多层住宅在内的非传统性建筑，为本地段的历史遗存"松绑"。因而，环境设计成为重中之重。

5）宝善街（图 6-45 ～图 6-47）

本片为沿现锡惠路段的传统风貌带，是惠山古镇核心不可缺少的风貌环境保护层。空间层次主要为由北向南，北次入口至宝善桥镇街端娱乐接待空间—宝善桥水陆空间—桥南至泥人博物馆为餐饮服务中心—泥人博物馆工艺品展售及公共活动中心—向锡山开敞的李公祠内惠山公园—场院至街南口旅游服务中心—绿化空间与停车场聚散空间—直街端山、水、林、塔空间。

图 6-42　下河塘片区规划总平面

图 6-43　下河塘龙头河烧香浜交口——现状

图 6-44　下河塘龙头河烧香浜交口——设计

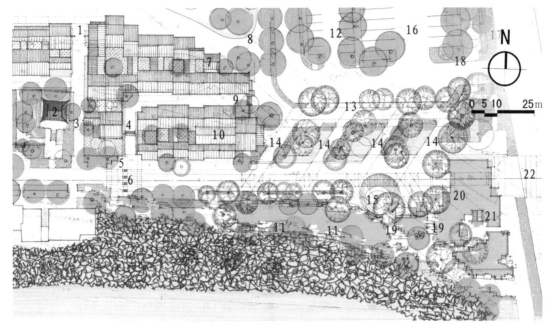

图 6-45 宝善街直街口片区规划总图

图 6-46 宝善街古镇入口效果

图 6-47 宝善街效果

■ **思考题**

1. 请简述历史街区概念的发展。

2. 历史文化街区与历史风貌区的保护方法有哪些共同点与不同之处？

3. 历史街区的价值与特色评价的基本要素有哪些？

4. 历史街区保护规划中的核心内容有哪些？并请结合实践案例谈谈历史街区中的历史建筑保护。

5. 如何处理好历史街区保护中的街巷空间保护与现代道路交通组织的问题？

■ 主要参考书目

[1] 王景慧，阮仪三，王林．历史文化名城保护理论与规划 [M]．上海：同济大学出版社，1999．

[2] 仇保兴．风雨如馨——历史文化名城保护 30 年 [M]．北京：中国建筑工业出版社，2014．

[3] 单霁翔．文化遗产保护与城市文化建设 [M]．北京：中国建筑工业出版社，2009．

[4] 清华大学建筑学院．城市历史保护与更新 [M]．北京：中国建筑工业出版社，2007．

[5] 阮仪三,孙萌．我国历史街区保护与规划的若干问题研究 [J]．城市规划，2001（10）．

[6] 王景慧．论历史文化遗产保护的层次 [J]．规划师，2002（6）．

[7] 赵中枢．再议历史文化街区保护 [J]．小城镇建设，2012（11）．

[8] 阳建强，等．文化遗产 推陈出新 [J]．城市规划，2001（5）．

7 道路交通与市政规划设计

导读：城市基础设施建设是保障城市运行和发展的先决性物质条件，其中道路交通工程规划与城市空间布局密切相关；市政工程规划系统直接支撑城市经济社会发展和城市建设，对提高城市生活质量和改善地区宜居环境具有重要作用。在学习本章时，首先需要初步了解城市道路工程中的系统性要求和具体的路线，对交叉口设计方式与参数，道路附属设施设计的布局原则与规模要求，以及步行街和城市自行车专用路设计的系统构成与类型等内容进行学习；其次，是重点认知由各个专项组成的市政工程系统规划和综合规划，学习了解市政工程的系统构成、规划任务与内容，以及与用地布局相关的各类工程设施设置要求与控制指标等内容；最后，学习掌握竖向工程规划的主要内容、方法原则与技术规定。

7 道路交通与市政规划设计

7.1 城市道路交通工程规划

7.1.1 城市道路规划设计

1. 城市道路系统

城市道路系统首先是一个基础设施系统，通衢广陌往来泊散；其次是一个空间景观系统，轴廊骨架城坊界至。道路系统作为承担城市各类用地之间人和物的流动的载体空间，形成与城市布局相匹配的交通空间网络架构，融入到城市空间形态之中。

城市框架性道路、轨道交通线与城市绿地系统等共同构成了城市的基本骨架结构，城市道路交通建设的重要影响甚至会起决定作用，如方格状路网的棋盘式城市形态、放射状路网的指状城市形态结构。同时，城市的中心节点或区域的集结点一般来说均是交通较为发达、道路性质多元的地段，不同等级交通枢纽的可达性将道路网络形态与城市土地利用形态连为一体，不同供给能力和通行状况道路则促进沿线经济活力的聚散，引导或抑制地区的发展。

城市道路一般按照在道路网中的地位与功能差异分为四类：

(1) 快速路，城市大运量、长距离、快速交通服务，是大城市组团间交通联系或与城市外围高等级公路连接的通道。

(2) 主干路，连接城市各主要分区的干路，如居住区、产业区和主要公共中心、交通枢纽以及郊区公路干线之间的联系。

(3) 次干路，与主干路结合组成道路网，起集散交通的作用，兼有服务功能。

(4) 支路，次干路与街坊路的连接线，以局部地区的到达性交通服务功能为主。

此外，在老城区还有通路巷道之分。按照不同交通方式的限制，还包括自行车专用道、步行街、公交专用道、防灾通道等专用道路。

2. 道路间距和红线宽度

城市各级道路间距应结合路网密度、功能区类型和等级等要求确定。

城市干路网密度（含快速路、主干路和次干路汇总长度），建议大城市选用 4 ~ 6km/km²，中小城市选用 5 ~ 6km/km²；城市道路路网密度，建议一般选用 7 ~ 8km/km² 左右。城市各级道路间距按表 7-1 推荐值选用，小城市干路间距可在 500m 左右。

城市中心地区的支路网间距宜取下限值，也可采用 120m×220m 左右的长方形街区肌理。工业园区、物流园区应根据不同类别、规模的企业用地需求和货运需求，确定地块大小和路网间距与形态。

城市各级道路间距和红线宽度推荐值 表 7-1

道路等级	快速路	主干路	次干路	支路
路网间距（m）	—	700 ~ 1200	350 ~ 500	150 ~ 250
红线宽度（m）	35 ~ 50	36 ~ 60	30 ~ 40	16 ~ 30

道路红线是指规划城市道路的路幅边界线，是划分道路用地和两侧城市建设用地的分界控制线。道路红线宽度包括：通行机动车或非机动车、行人交通所需的道路宽度，敷设地下、地上工程管线等公用设施所需增加的宽度，种植行道树和设置分隔带所需的宽度。城市各级道路红线宽度按表 7-1 推荐值，结合道路交通组织、城市用地条件、空间景观需求和现状地形地物等因素选用。

城市道路建筑限界内，还应满足最小净高要求，见表 7-2。

道路最小净高 表 7-2

车行道种类	机动车道				非机动车道、人行道
行驶车辆种类	各种汽车	小型车	无轨电车	有轨电车	自行车、行人
最小净高（m）	4.5	3.5	5.0	5.5	2.5

资料来源：《城市道路工程设计规范》CJJ 37—2012。

注：高速公路、一级、二级公路最小净高 5.5m。

3. 绿色交通体系

绿色交通体系（Green Transportation Hierarchy）在城市中的体现，主要包括城市交通方式的选择中鼓励步行、自行车、常规公交和轨道交通等有利于生态建设和环境保护的绿色交通方式，在交通工具上使用包括有轨电车、双能源汽车、天然气汽车、电动汽车等各种低污染车辆，在信息技术方面注重提高人、路、车之间有机联系的智能交通系统建设。

绿色交通与解决环境污染问题的可持续性发展概念一脉相承，其本质是建立维持城市永续发展的交通体系，在满足交通需求的前提下，以最少的社会成本（时间、距离、费用等）实现最大的交通效率。研究城市的开发强度与交通容量和环境容量的关系，使土地使用和道路交通系统两者协调发展，优化交通网络规划决策。

1）交通与土地利用的整合规划

强化土地与交通系统的互动、推动城市资源的高度融合，交通系统要成为引导城市功能和空间发展战略的有效支撑和机制。与周边用地的协调，建立完整、合理、有效的道路交通网络，包括城市快速路系统、城市干路与支路系统、轨道交通系统、自行车道路系统和步行系统等。以城市交通减量为目的，实现交通系统总出行成本的最低化。

TOD 模式的核心主张是紧凑布局、混合使用的用地形态；提供良好的公共交通服务设施，提倡高强度开发，鼓励公共交通的使用；以公交站点为地区性枢纽，公共设施及公共空间临近公交车站；为步行及自行车交通提供良好的环境。

2）推进城市公交、自行车和步行的城市交通模式

强化以公共交通为主导的城市综合交通体系，完善与公交无缝衔接、一体化的慢行交通系统（自行车与步行）。长距离、高强度的出行需求由公共交通承担，衔接交通、短途出行由自行车、步行交通方式解决，形成可持续发展的绿色交通模式。

方便快捷、无污染的自行车交通是发展绿色交通最经济、最直接的方式之

一。在地势较为平坦地区，出行范围较小时，自行车与汽车交通相比，更为方便、灵活并节约出行时间，其行驶与停放所占用空间较小，节约投资并保持较高的路面使用效率，利于普及且交通危害性相对较低。步行是城市居民重要的出行方式，大多数城市步行交通分担比例均在20%以上，有的小城市甚至高达50%以上。在空气质量较好的城市中，慢行交通方式更有利于健康和休闲。

此外，城市中心地段对小汽车进行限行、限速，或通过路网规划和交通管制，可以使小汽车在一定范围内产生绕行，不保证其线路的便捷性以达到限制使用的目的。

3）建立多层次、多结构的城乡一体化公共交通系统

在城市公共交通结构中一般主要包括公共汽车、无轨电车、有轨电车、轻轨、出租汽车和公共自行车等客运营业系统。随着城市的发展，城际铁路、市郊铁路亦成为重要组成部分。此外，在沿河滨湖城市的公共交通系统中还可能包括轮渡，在山区城市包括索道和缆车运输系统。

大城市应建立以城市轨道和城际轨道相衔接的交通体系，形成区域轨道客运链，强化城市各级中心的集聚能力和辐射能力，实现交通引导地区发展的目标。小半径、大运量的轻轨成为城区轴向交通支柱，保障组团间快速联系。市郊铁路、城际铁路逐级增大公共交通覆盖范围，增强公共交通的吸引力；在条件允许的情况下，城际铁路客站保留在大城市中心区边缘，可以最大程度地方便城市对外交通，兼顾城市与城区间通勤出行。

同时，以轨道线网骨架为基础，利用规划区内城市干路系统，开辟无缝衔接、换乘距离小的快速公交系统及城乡大站快车线路，扩大常规公交站点覆盖率，提高公共交通服务水平。

7.1.2 城市道路工程规划

1. 城市道路路线设计

1）平面设计

道路平面位置应按详细规划或综合交通规划要求布设，道路平面设计应结合道路横断面设计、纵断面设计、交叉口设计、市政工程以及桥涵隧道等进行。

（1）弯曲半径选定

道路平面线形宜由直线、平曲线组成，平曲线宜由圆曲线、缓和曲线组成。曲线形和非直线形道路，在拐点采用的圆曲线弯道半径是考虑汽车在横向离心力作用下抗倾覆的最小半径（表7-3）。

城市道路圆曲线半径建议值 表7-3

道路等级	快速路	主干路	次干路	支路与通路
设超高或限速的最小半径	300～650m	150～300m	85～200m	50～150m
不设超高的最小半径	600～1600m	300～600m	150～400m	100～300m

资料来源：《城市道路工程设计规范》CJJ 37—2012。
注：半径值根据数值大小，分别为5、10、50、100的倍数。

（2）超高和加宽

当平面弯道设计受地形条件限制时，可采用设超高的曲线半径。一般是将

道路外侧抬高,道路横坡为向内侧倾斜的单坡。车辆在曲线上行驶的行车宽度比直线上所占的宽度大,对圆曲线半径不大于250m的城市道路曲线路段可以考虑加宽,道路设超高和加宽时,需要设置超高(加宽)缓和段。

一般城市道路尽可能选用不设超高的平曲线半径,也不需加宽。超高和加宽常用于城市快速路、山城道路和景区道路。

2)横断面设计

道路横断面是指垂直于道路中心线的剖面,由车行道、人行道、绿带和分隔带四部分组成。道路横断面的规划宽度即道路红线宽度,横断面设计则是根据规划确定的道路性质、功能和流量,合理确定道路各组成部分的宽度、相互位置和高差。一条道路宜采用相同形式的断面,但在道路不同地段的断面宽度会有不同要求,如道路交叉口处转角步行道的加宽、交通性干道的车行道渠化、公交停靠站段的展宽或港湾式设计等。道路实际需要的宽度有可能是变化的,红线不一定是一组等宽线,在特殊地段还要结合平面和纵断面进行优化和调整。

(1)机动车道设计

各类机动车分道行驶时,小型车车道宽度3.5m,大型车或混行车道设计速度大于60km/h时(交通性次干道及主干道以上等级道路),车道宽度3.75m;小型车车道设计速度大于60km/h时,车道宽度3.25m。机动车车行道的宽度理论上是不小于满足道路交通量的车道数乘以一条车道标准宽度。在实际应用中,结合规范给出的指标和参考数值,不同等级道路的车道数采用表7-4、红线宽度采用表7-1推荐值。

不同等级道路的车道数推荐值　　　　表7-4

道路等级	快速路	主干路	次干路	支路
设计速度(km/h)	≥80	40~60	30~40	≤30
车道数(双行)	4~8	4~6	4	2~4

通常城市道路机动车道的行驶车道不宜大于(双行)6车道,如果一条道路的交通量需求很大,采用调整交通组织、加大路网密度、疏通平行道路的方法分散交通量更为合理。在城市快速路和主要交通性干路上,常在机动车道边侧设应急车道,宽度2m左右。

(2)非机动车道设计

非机动车在城市中可以按照自行车道的标准进行设计。每股自行车道道宽1.0m,单向自行车道宽度为车道总道宽加上共0.5m路缘带宽。非机动车道宽度理论上不应小于4.5m,但旧城改造确有困难的平原地区城市,在道路网线密度较大的情况下,参考国内各城市实践,次干路以下等级道路的非机动车道最小宽度可减至2.5m。

(3)人行道与绿化带设计

人行道应在考虑无障碍通行的前提下,根据步行交通量和步行空间需求确定宽度。国内许多城市在旧城改造的道路拓宽和断面调整中,面临较难解决的交通拥堵和停车等问题时,往往会忽视人行路权,简单地采取减少人行道宽度

的做法，导致城市步行系统不完整，促使人、车矛盾产生，规范规定的人行道宽度不小于表7-5所列数值。

人行道最小宽度表（m）   表7-5

	各级道路	商业或公共场所集中路段	火车站、码头附近路段	长途客运站附近路段
一般值	3.0	5.0	5.0	4.0
最小值	2.0	4.0	4.0	3.0

注：如设置行人护栏，需增加设施带宽度0.25~0.5m。
资料来源：《城市道路工程设计规范》CJJ 37—2012。

绿化带常与人行道组合布置。道路绿化带既是城市绿地系统的重要组成，也是创造良好车行、步行环境和安全防护的重要设施。人行道与绿化带的宽度还应满足市政地下管线敷设的宽度要求。道路绿化带可分为行道树、分隔绿带和边侧绿地（道路红线范围内）三种形式，道路绿化率一般为道路总宽度的15%~30%。人行道上绿地或树穴最小尺寸为1.25m（表7-6）。

各类绿化带净宽表   表7-6

绿植种类	灌木丛	单行乔木	双行乔木平列	双行乔木错列	草坪与花卉丛
绿化带净宽（m）	0.8~1.5	1.5~2.0	3.0	2.5~4.0	0.8~1.5

（4）分隔带设计

分隔带是分隔路权和导流的设施与用地。除活动式隔离设施（混凝土墩柱、金属柱链、栅栏等）外，分隔带通常结合绿化带布置，但应避免高大乔木或密植乔木对视线的遮蔽影响。分隔带宽度通常为1.5~2.5m，一般不宜大于6m。当道路设计车速大于50km/h时，必须设置中央分隔带。

机动车道与非机动车道间分隔带可布置公交停靠站。

（5）城市道路横断面类型

不用分隔带划分车行道的道路横断面称为一块板断面，用分隔带划分车行道为两个及其他数量的道路横断面称为两块板断面或相应数量块板断面。城市道路横断面一般是对称布置，在地形复杂或有特殊要求的路段也可因地制宜调整（表7-7）。

不同城市道路横断面类型比较   表7-7

类型	适用道路及特征	优点	缺点
一块板道路	机动车专用道、自行车专用道，以及机、非混合行驶的次干路及支路；设置于机动车交通量较小而自行车交通量较大，或机动车交通量较大而自行车交通量较小，或两种车流交通量都不大的状况下	占地小、投资省、通过交叉口时间短、通行效率高；适应"钟摆式"的交通流（即早、晚高峰分别为不同方向的交通量所占比例特别大），利用不同高峰时间的状况，调节横断面的使用宽度	对向机动车的相互影响
两块板道路	机动车行驶的车速高、交通量大的交通性干道和城市快速路；还用于有较高道路景观和绿化要求的生活性干路，以及地形起伏较大地段	解决对向机动车流的相互干扰；地形起伏变化较大地段，将两个方向的车行道布置在不同的平面上，减少土方量和道路造价	交通量大时影响机动车和自行车的行驶安全

续表

类型	适用道路及特征	优点	缺点
三块板道路	机动车交通量不很大、自行车交通较大，而又有一定的车速和车流畅通要求的生活性道路或客运交通干路； 不适用于交通性干路和城市快速路	提高机动车和自行车的行驶速度，保障交通安全；同时，在分隔带上布置多层次的绿化，可以取得较好的美化城市景观的效果	道路红线宽度至少不小于40m，占地大、投资高，通过交叉口时间较长、交叉口通行效率受到影响； 对向机动车相互影响，自行车行驶受分隔带限制，与街道对侧的联系不便
四块板道路	城市交通性主干路，并且其快车道进出口的设置十分重要，一般要结合交叉口设计，采取先出后进方式，把进出快车道车辆的交织路段设在慢车道上； 不适用于城市快速路	如采用机动车快车道与机、非混行慢车道的组合时，车道分隔带不间断布置，可以形成兼具疏通性和服务性的道路功能	占地和投资都很大，交叉口通行能力较低； 机动车快速车流与自行车低速车流不匹配，如分隔带设置短则自行车横穿车流影响机动车流的车速；分隔带设置过长则少数允许过街路口交通过于集中，恶化交叉口通行能力

3）纵断面设计

道路纵断面是指沿道路中心线方向的道路剖面，道路纵坡是指沿道路中心线方向的纵向坡度。城市道路纵断面设计是综合考虑地形地貌、水文、排水管线、路面材质等因素，确定道路中心线的竖向高程、坡度关系和立体交叉、桥涵等构筑物控制标高。设计要求道路起伏尽可能平顺，土方尽可能平衡，排水良好。

城市各级道路最大纵坡建议值和极限纵坡最大坡长限制如表7-8、表7-9所示。不同路面纵坡限制值如表7-10所示。

城市各级道路最大纵坡建议值 表7-8

	快速路	主干路	次干路	支路
设计车速（km/h）	60～100	40～60	30～40	20～25
最大纵坡（%）	3～5	4～5.5	5～6	7～8
最小坡长（m）	290	170	110	60

资料来源：《城市道路工程设计规范》（CJJ 37—2012）、《城市用地竖向规划规范》CJJ 83—1999。

城市道路极限纵坡最大坡长限制值 表7-9

设计车速（km/h）	100			80			60			50			40		
纵坡（%）	4	4.5	5	5	5.5	6	6	6.5	7	6	6.5	7	6.5	7	8
最大坡长（m）	700	600	500	600	500	400	400	350	300	350	300	250	300	250	200

资料来源：《城市道路交叉口设计规程》CJJ 152—2010。

不同路面纵坡限制值 表7-10

	高级路面	料石路面	块石路面	砂石路面
最小纵坡（%）	0.2～0.3	0.4	0.5	0.5
最大纵坡（%）	3.5	4.0	7.0	6.0

资料来源：《城市道路工程设计规范》CJJ 37—2012。

城市道路非机动车道的纵坡宜控制在2.5%以下，避免自行车行驶感到吃力。因此，一般城市道路的纵坡也应尽可能控制在2.5%以下，平原城市道路

的最大纵坡宜控制在5%以下。当纵坡大于2.5%时，对非机动车道的坡长应有所限制，如表7-11所示。

自行车道较大纵坡坡长限制值 表7-11

纵坡（%）	2.5	3.0	3.5
坡长（m）	300	200	150

资料来源：《城市道路工程设计规范》CJJ 37—2012、《城市用地竖向规划规范》CJJ 83—1999。

2. 城市道路交叉口设计

新建平面交叉口不得出现超过4叉的多路交叉口、错位交叉口、畸形交叉口以及交角小于70°（特别困难时为45°）的斜交交叉口。已有的错位交叉口、畸形交叉口应加强交通组织，并尽可能加以改造。

一般十字平面交叉常采用交通信号灯控制，交通量很小的小路交叉口可无交通管制。渠化交通，是使用交通岛或交通划线组织不同方向车流分道行驶，常用于交通量较小的次要交叉口、异形交叉口；在交建量较大的交叉口，配合信号灯组织渠化交通。

立体交叉，适用于有快速、连续交通要求的大交通量交叉口。

1) 平面交叉口设计

(1) 路缘石转角半径

交叉口转角的路缘石常按圆曲线布置。转弯半径一般根据车型、道路性质、横断面形式、车速来确定（表7-12）；设有非机动车道的道路，推荐半径可减去非机动车道及机非分隔带的宽度，非机动车专用路的交叉口路缘石转弯半径可取5~10m。不同等级道路相交时，可按低等级道路要求取值。

交叉口设计车速及路缘石转弯半径 表7-12

	主干路	次干路	支路
右转弯设计车速（km/h）	25~30	20~25	15~20
无非机动车道路缘石推荐半径（m）	20~25	15~20	10~15

资料来源：《城市道路交叉口设计规程》CJJ 152—2010。

(2) 交叉口拓宽

为提高交叉路口通行能力，需要对进、出交叉口路段进行拓宽。拓宽后车道宽度可缩至3.0m，改建与治理交叉口、用地条件受限时，最小宽度可缩至2.8m。交通流量不太大的城市道路可不拓宽出口段。

此外，进口道左转专用道还可以通过压缩中央分隔带（压缩后宽度：新建路口至少2m、改建路口至少1.5m）或将道路中线偏移的方法增加车道。

拓宽长度由增减速并转换车道的展宽渐变段和展宽段组成，最小长度按表7-13确定。

进口道、出口道最小长度　　　　　　　表 7-13

		主干路	次干路	支路
进口道最小长度（m）	渐变段	30～35	25	20
	展宽段*	70～90	50～70	30～40
出口道最小长度（m）	渐变段	20		
	展宽段	60	45	30

注：*值数据为无交通量资料时的取值。

资料来源：《城市道路交叉口设计规程》CJJ 152—2010、《城市道路交叉口规划规范》GB 50647—2011。

（3）平面交叉口改善

旧城改造过程中，交叉路口除了进行渠化、拓宽路口、组织环形交叉和立体交叉外，还可以通过调整局部路段来进行改善。常见的情况主要有：

相错开的两个丁字路口尽可能调整为一个十字交叉；斜角交叉改善为接近正交的交叉，路口处道路相交角度不宜小于 75°；多岔路口改为四岔路口，或组织部分路口采用单向交通形式，将多路交叉改善为十字交叉；保障主要交通道路的流畅，合并次要道路，再与主要交通道路连接。

2）平面环形交叉口设计

平面环形交叉口俗称转盘，车辆绕交叉口中央岛作逆时针单向行驶，不需要信号灯指挥，连续不断地通过交叉口。平面环交是一种渠化交通的方式，适用于多条道路（不宜超过 6 条）交汇或者左转交通量较大的交叉口。

平面环形交叉口的通行能力较低，一般不适用于快速路和主干路的交叉口。如城市主干路上有环形交叉口现状，可采用信号灯控制加渠化等交通管理方法提高通行能力。

平面环交所需用地较大，约 0.5～2.0hm²。相交道路越多，或道路相交角不均匀时，为了满足交织的要求，中心岛就需要变大以增加环道长度。

（1）中心岛

中心岛半径取决于环道上行车速度和交织段长度（表 7-14）。

平面环形交叉口中心岛最小半径　　　　　　　表 7-14

环道设计车速（km/h）		40	35	30	25	20
中心岛最小半径（m）		65	50	35	25	20
最小交织段长度（m）		45	40	35	30	25
每条车道加宽建议值（m）	小型车	0.4	0.4	0.5	0.6	0.7
	大型车	0.9	1.0	1.3	1.8	2.4

资料来源：《城市道路交叉口设计规程》CJJ 152—2010。

（2）环道

进出交叉口的车辆在环道上有一次交织，交织段长度取决于环道设计车速和车辆长度。

环道的宽度一般考虑设置三条机动车道，即左转道、交织道和右转道，以

及专用的非机动车道。机动车道按弯道加宽设计，加宽值按表7-14选用。非机动车道宽度依据自行车交通量确定，一般为5m以上，不宜超过8m。

环道外缘线应选用直线，出口转角缘石半径大于进口转角缘石半径。

3）立体交叉设计

立体交叉设置主要目的是保障快速道路交通，以及高等级道路之间和其与相对低等级道路的衔接。立体交叉口有两种形式，分离式立交主要用于城市道路与铁路线的交叉和城市一般道路与高速公路、快速路的交叉；互通式立交是在前者的基础上通过匝道设置（含加速道、减速道和集散道在内）满足车流交换和连通。

（1）设置要素

相交道路除受现状建设、地形条件等因素确定的上下行道路位置外，一般而言，等级高、速度快的道路在下面，等级低速度慢的道路在上面。

相邻互通式立交间距需满足车辆在内侧车道与外侧车道间变速车道和交织段长度之和以及满足必要交通标志设置和观察的要求。互通式立交设置间距（中心点距离）不宜小于1.5km，当立交出入口间距不足时，应设置集散车道。

城市快速路主线上相邻出入口匝道最小间距应符合表7-15的规定。

快速路主线相邻出入口匝道最小间距　　表7-15

主线设计速度（km/h）	不同出入口布设形式时的最小间距（m）			
	出口－出口	入口－入口	出口－入口	入口－出口
100	760		260	1270
80	610		210	1020
60	460		160	760

资料来源：《城市道路交叉口规划规范》GB 50647—2011。

（2）互通式立交车道设计要求

道路主线机动车道双向不少于4条，中央设分隔带。如在常速道路布置自行车道，每侧车道宽度6～8m。

匝道快慢车混行时，取单向7m，双向12～14m；快慢车分行时，机动车取单向7m，双向10.5m。机动车由匝道进出主线车道，应设变速车道，变速车道长度由主线和匝道设计车速而定，分别包括加（减）速段和过渡段。

立体交叉各类车道的最小纵坡为0.2%，混行方式和自行车道最大纵坡为2.5%，机动车道最大纵坡设计要求按表7-16确定。

立体交叉部位车道最大纵坡值　　表7-16

部位	跨线桥、引道	匝道	回头弯道内侧边缘
机动车道最大纵坡	3.5%	4.0%	2.5%

资料来源：文国玮.城市交通与道路系统规划（新版）[M].北京：清华大学出版社，2007.

合理的交通组织应避免自行车和步行交通对快速交通的干扰，自行车交通尽可能与机动车立交分离考虑。

(3) 互通式立交形式

城市道路中常用的多为非定向式立交形式，包括满足主要干道直行优先的直通式立交；保证主要干道直行通畅，左右转车流分离至次要道路上形成两处交叉的菱形立交；完全互通、占地大的苜蓿叶式立交，以及相交道路不对等时形成的长苜蓿叶形和受地形地物限制布置的部分苜蓿叶形立交；丁字路口的喇叭形立交和受地形地物限制布置的双喇叭形组合立交。

除此之外，非定向式立交形式还有梨形立交和环形立交。定向式立交形式是在非定向式立交的基础上，对于交通流量较大、速度较高的转弯方向的车流，设置专用定向匝道。

实际选用立交形式时，在满足各种设计要求的前提下，尽可能采用常见的、简单明了的基本形式，易于识别以提高通行安全性和效率。

7.1.3 城市道路附属设施设计

1. 城市公共停车设施

社会公共停车设施是城市道路系统的组成部分之一，是指主要为社会车辆提供服务的各种机动车和非机动车停放的露天或室内场所。控制性详细规划除对城市各类用地规定配建停车要求外，依据上位规划确定的公共停车设施规模、用地等要求，落实规划布局和控制。

1) 布局原则与依据

随着城市汽车保有量的不断增加和城市土地价值的攀升，集约化的土地利用促使城市停车设施转向地下空间开发，旧城改造地区则采用停车楼或改建为机械式停车库。倡导专用停车场错时对外开放，兼有社会停车功能。

按规范要求，城市中的公共停车设施的总用地面积（包括自行车公共停车场）按规划城市人口 $0.8 \sim 1.0 m^2 /$ 人指标安排。其中，机动车停车场的用地规模宜占 $80\% \sim 90\%$，自行车停车场的用地规模宜占 $10\% \sim 20\%$。城市各级中心的机动车停车位应占全部机动车停车位数的 $50\% \sim 70\%$，城市对外道路主要出入口的停车场的机动车停车位数占总数的 $5\% \sim 10\%$。

机动车停车场库面积和规模，按小型汽车为当量估算。露天停车场为 $25 \sim 30 m^2 /$ 车位，室内停车库为 $30 \sim 35 m^2 /$ 车位。如采用两层式机械提升装置，停车数量按增加一半计算，即室内立体车库为 $20 \sim 25 m^2 /$ 车位。自行车停车场按每辆车占地 $1.4 \sim 1.8 m^2$ 估算。

停车设施的交通流线组织应尽可能遵循"单向右行"原则，停车方式应以占地面积小、疏散方便、保证安全为原则，并有必要的附属设施。

2) 机动车停车场库设计

停车数量大于 50 辆的停车场库，车辆出入口不得少于 2 个；大于 500 辆的停车场库，车辆出入口不得少于 3 个，停车库还应设置人流专用出入口。各汽车出入口之间的净距，停车场的不小于 7m，停车库的不小于 15m。

车辆出入口应有良好的视野，出入口距离人行过街天桥、地道和桥梁、隧道引道口应大于 50m；距离道路交叉口应大于 80m。停车数量大于 50 辆的场库，

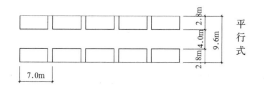

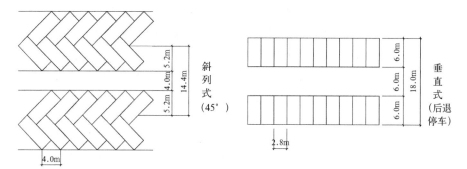

图 7-1 机动车停车场内主要停车方式

出入口不应直接与主干道连接。当需设置办理车辆出入手续的出入口时应设候车道，候车道的宽度不应小于 3m，长度不应小于 10m。

（1）停车场

车辆停放最常用的是垂直停车方式，后退停车、前进发车，平均占地面积较少。通路边停车带常采用平行停车方式，狭长场地根据最大化原则可采用平行停车方式或斜向停车方式。停车场内的主要通道宽度不小于 6m。

大型车辆采用斜向停车方式时，进出较为便利，且平均占地面积与垂直停车方式的相若。

停车场的汽车宜分组停放，每组停车的数量不宜超过 50 辆，组与组之间的防火间距不应小于 6m。停车场与其他场地和建筑物的防火间距不小于 6m。

机动车停车场内的主要停车方式见图 7-1。

（2）停车库（楼）

按停车方式分为自走式、机械式和混合式，按场库位置分为地下停车库、地上停车楼以及屋顶式停车场等。

停车库汽车疏散出口设置的数量除按前文要求外，停车数不大于 150 辆的地上停车楼和少于 100 辆的地下车库，可设一个双车道疏散坡道；停车数大于 150 辆的地上停车楼和大于 100 辆的地下车库，当采用错层或斜楼板式，且车道和坡道为双车道时，其首层或地下一层至室外的汽车疏散出口不应少于两个，库内的其他楼层汽车疏散坡道可设一个。

汽车疏散坡道的宽度不应小于 4m，双车道不宜小于 7m。汽车库内通车道的最大纵向坡度，直线坡道一般为 12%～15%，曲线坡道一般为 10%～12%，小行车、轻型车车库最小净高为 2.2～2.8m。因此，进出地下车库坡

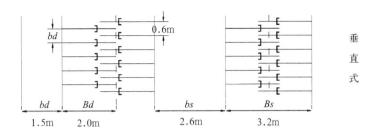

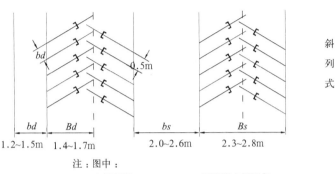

注：图中：
db：车辆间隔；　　　　　bs：两侧停车通道宽；
bd：一侧停车通道宽；　　Bs：双排停车带宽；
Bd：单排停车带。

图7-2　非机动车停车场内主要停车方式

道的长度一般为30m左右，如下口至建筑外边缘且利用室内外高差，坡道露天部分最小长度一般为20m左右。

停车楼地块的绿化率应大于30%，并设置绿带等隔声设施。停车库不应与托儿所、幼儿园、养老院以及甲、乙类生产厂房、库房组合建造；独立建造的停车楼与其他建筑物间距一般在10m以上。

3）自行车停车设施设计

主要服务和布置包括地铁等公交站点的换乘交通、大型公建和公园景区的到达交通以及公共设施附近的分散停放点和城市公共自行车租赁站点等，原则上不设在交叉路口附近。

自行车公共停车场地宜分成15～20m长停车带，末段设一个出入口，宽度不小于3m；500个车位以上的停车场出入口不得少于两个，出入口宽度2.5～3.5m，通道宽度约2.0～2.6m。停放方式有垂直式、斜放式两种，建议辅以支架停放（图7-2）。

4）案例类型

根据城市交通的停车需求，常见的公共停车设施有以下四种类型。

（1）各级商业、文娱中心的公共停车场（库）

一般这类停车场应布置在商业、文化娱乐中心或公共设施集中地段的周边，步行距离以100～150m为宜，不宜超过300m。自行车停放场地可以集中布置，也可以分散布置，步行距离以不超过50～100m为宜。为缓解城市中心地段的交通，实现城市中心地段对机动车的交通管制，规划可以考虑在

城市中心地段交通限制区边缘干路附近设置截流性的停车设施，有条件的情况下，结合公共交通换乘枢纽一并设置，引导社会车辆与中心地段公共交通的换乘。

大城市中心地段应充分利用和开发地下空间，采取以地下停车为主的方式，将公共停车场设置在地下一层，公共交通换乘枢纽设置在地下或地面架空层，少量设置地面社会车辆停车位。旧城区空间受限且地下空间难于开发，可建设多层公共停车楼。

（2）城市枢纽性公共停车设施

主要是在城市对外客运交通枢纽和城市客运交通换乘枢纽所需配备的停车设施，是为疏散交通枢纽的客流、完成客运转换而服务的。

（3）大型公共活动场所及步行街区停车设施

包括大型超市卖场、大型公共绿地游园、体育场馆等设施配套的停车设施，这类设施的停车量大且高峰期明显。城市规划既要处理好停车设施与城市干路的交通迅速集散，又要考虑到停车后的步行距离。停车场多布置在大型公共活动场所的出入口附近，也可以就近公交首末站进行布置。

（4）城市道路临时停车设施

是指道路用地内的路边停车带，作为城市公共停车设施，在不影响道路通行的情况下，一般为短时临时停车和夜间分时停车考虑。

城市主干路不允许路边临时停车；城市次干路一般也不允许路边临时停车，确有需求可以设置少量单排港湾式或用分隔带划分出的路边临时停车带；城市支路应结合道路两侧用地的实际情况和允许路边停车的道路横断面设计，在适当位置布置路边停车带。停车带一般按 7.5m/ 车位估算。

2. 公交场站

公交场站主要包括公交首末站、公交枢纽站和公交停车保养场三类。公交首末站是常规公交线路的始发站和终点站，部分还是司乘人员后勤服务、检修清洗和夜间驻车的主要场所。公交枢纽站是乘客集散、转换交通方式和线路的节点站，可视为多条公交线路汇集、换乘功能较强并具有一定用地规模的公交首末站，提供上下客、集中换乘、到发及运营调度和公交车辆停车服务。

1）布局原则

首末站的设置应根据综合交通体系的道路网系统和用地布局，按以下原则确定：

（1）首末站应选择在紧靠客流集散点的同侧，临近城市公共客运交通走廊且便于与其他客运交通方式换乘。

（2）首末站宜设置在居住区、商业区、文体中心或城市轨道交通站点等主要客流集散点附近；其中，每 2 万～3 万人的居住小区宜设置一处首末站。在大型商业区、分区中心、公园、体育馆、剧院等活动集聚地或在火车站、长途客运站、客运码头等多种交通方式的衔接点上宜设置多条线路共用的首末站或公共交通枢纽站；其中，火车站、长途客运站、客运码头地区应设置在主要出入口 100m 范围内。

（3）在大城市的核心地段或老城区用地受限的情况下，鼓励设置非独立占地的公共交通首末站，但与居民住宅、学校、医院等建筑临近时，应通过绿化、隔声板等设施隔断。

2）用地规模

首末站的规模应按线路所配营运的车辆总数确定，并宜考虑线路发展的需要，一般可分为三类：Ⅰ型站规模大于 50 辆标准车、5 条线以上；Ⅱ型站规模 21～50 辆标准车、3～5 条线；Ⅲ型场规模不大于 20 辆标准车、1～2 条线。

场站规划用地面积按 100～120m^2／标准车计算，其中绿化用地面积不宜小于该站总用地面积的 20%。当场站用地狭长、不规则或地形起伏较大时，可乘以标准车当量 1.5 倍以上的用地系数。自行车、摩托车、社会车辆换乘停车场应另外附加用地面积。

首末站在不用作夜间停车时，用地面积应按该线路全部营运车辆的 60% 计算；如用作夜间停车时，应按该线路全部营运车辆计算。一般情况下，一条线路需要配备公交车数为 10～15 辆，首末站用地不宜小于 1000m^2。

3）场站设计

公交首末站车辆出入口宜设置在次干道或支路上，不宜直接设在主干道或快速路上；车辆出入口与人行过街天桥、地道、桥梁或隧道、轨道交通出入口等引道口的距离宜不小于 50m。公交枢纽站应与城市道路系统、轨道交通和对外交通有便捷的通道连接。

首末站宜将出口和入口分开设置，且布置在不同路段上；如在同一路段上，出口和入口中心线之间的距离应不小于 30m。出入口宽度应为 7.5～10m，当站外道路的车行道宽度小于 14m 时，出入口宽度应增加 20%～25%，并保持视线通透。在车辆出入口的一侧须设置行人出入口，并通过人行道与下车站台或候车廊相连。

首末站应按最大铰接车辆的回转轨迹设置回车道，且道宽不应小于 7m。站台长不应小于 35m，宽度不应小于 2m，且应高出地面 0.2m。

3. 城市加油加气设施

1）布局原则

加油加气设施包括加油站、加气站、充（换）电站、油气合建站及油气电合建站。城区加油加气设施首先要以均衡分布为基础，设置半径不低于 1.5km，城区内沿一条道路布置的设施间距不低于 5km。加油加气站选址宜在较为空旷的地方，避开道路交叉口附近，远离重要公共建筑物、室外变配电站、轨道线等次生灾害隐患较大的用地和设施。考虑到加油加气站车辆出入对邻近地块可能造成的昼夜噪声影响，其选址还需避开名胜古迹、度假疗养、星级宾馆和居民住宅等区域。

城市建成区内不应建一级加油站、一级液化石油气加气站和一级加油加气合建站。

城市交通干线和快速路两侧的加油加气设施宜成对（沿线相距 200m 之内）布置。公交专用加气站可利用有条件的公交首末站、公交保养场等自有土地建

设。充电站可与现有的停车设施、加油站、加气站及变电站等市政和公共服务设施结合。鼓励加油站和加气站合建。

2）用地规模

旧城区建筑密度大、用地较为紧张，通常建设三级加油站，用地规模为1500～2000m²。城市其他地区加油站和加气站用地规模一般不大于3000m²，油气合建站用地规模一般不大于4500m²，油气电合建站用地规模一般不大于5500m²。

7.1.4　专用道路工程规划

1．步行街设计

步行系统是城市中最基本的一种交通行为空间，以路内的行人交通设施[1]为主要依托、地块内开敞空间和公共空间为辅助，形成深入和连通城市不同尺度、等级空间的载体。在城市大型公共设施集聚区、城市交通枢纽和广场、传统风貌以及沿山滨水游憩景区，往往需要专属的步行道路，限制机动车和自行车通行。

1）布局原则与依据

（1）步行街的规模应适应各重要吸引点的合理步行距离，步行距离不宜超过 1000m。

（2）新建步行街的宽度一般为 10～15m，其间可配置小型广场，步行道路和广场的面积，可按每平方米容纳 0.8～1.0 人计算。

（3）步行街与两侧道路的距离不宜大于 200m，步行街进出口距公共交通停靠站的距离不宜大于 100m。

（4）步行街附近应有相应规模的机动车和非机动车停车场，机动车停车场距步行街进出口的距离不宜大于 100m，非机动车停车场距步行街进出口的距离不宜大于 50m。

（5）步行街应满足消防车、救护车、送货车和清扫车等的通行要求。

2）案例类型

（1）城市中心步行街（区）

许多城市的老城商业中心，会形成在集市的基础上发展而来的以街道为轴线的商业步行街，甚至以庙会、节会或祀典广场为中心的步行街区。如北京前门外的鲜鱼口、大栅栏、南京的夫子庙、上海的城隍庙、昆明的金马碧鸡坊等。这些街区的车行交通被疏解至周边城市道路。在城市建设中，这种模式被大量应用于旧城中心改造和新区商务商业、文化休闲等中心地段的实践。

在城市中心区周边和片区级中心位置的交通性干路路侧，由于受到车行交通的干扰，有些与之相接的巷弄或贴近且与之平行的背街，商业活力充沛并逐渐发展成形，形成了对当代城市社区商业开发具有广泛影响力的商业内街模式。

此外，一般常在有条件允许部分机动车（主要是公交车）或自行车通行的地段，采用限时、限速、限车种的管理办法组织人车交通，形成以步行为主、兼有其他车行交通的准步行环境，如北京的西单商业街、上海的南京路商业街西段和苏州的观前街商业街等。

---

[1]　行人交通设施包括人行道、步行街以及人行横道、人行天桥和人行地道等过街设施。

（2）历史街区步行系统

传统街巷的宽度往往较为狭窄，街巷空间和交通方式被完整地保留或复原，成片保护并赋予新的功能和行为组织。梳理后的街区空间形态中，步行交通要合理安排出入口集散空间和通路流线，街巷格局和通道宽度要满足街区消防安全和市政管线敷设要求；同时，由于地下空间开发受限，步行区还面临着与到达性公交、社会车辆以及旅游大巴等的平面交通衔接和停车场地配套需求。

2. 城市自行车专用路设计

针对城市道路中汽车交通、步行交通与自行车交通相互干扰并危及交通安全、降低通行能力的矛盾，规划建立和完善自行车专用道路系统，实行交通分流并提供安全、舒适、高效的自行车通行环境，体现道路资源分配的公平合理。自行车道路交通路网规划由单独设置的自行车专用道、城市干道两侧的自行车道、城市支路和居住区的道路共同组成，并应具有良好的交通环境与交通连续性。

自行车专用路道路间距宜为 1000 ~ 1200m。

1）倡导"自行车＋公共交通"出行模式

传统的"步行＋公共交通"出行模式要求公共交通线路网和站点相对密集。由自行车取代部分步行交通，尤其是配合大城市轨道交通等大容量公交，实施自行车交通与轨道站点、公交站点之间的换乘，在解决通勤出行需求、节省时间方面具有无可替代的优势。

生活通勤类自行车交通应充分利用现有道路，考虑各种类型自行车道的衔接性，选择与住区、学校、商业、车站等串联；应避开有大型车辆、交通量大、车速快的路线，与其他路网系统相互协调、互不干扰，确保了自行车道的高安全性和畅通无阻；在 CBD 地区和商业区局部路口和路段的通行组织上，可以考虑自行车优先。

2）构建城乡休闲、运动健康绿道

城市市郊以及通往旅游区的道路中，建设完善专门供自行车行驶的道路。以此为基础，在空间广度上进行城市间的区域连接，在空间内涵上深入至城区、社区的生活休憩，形成一个链接公园、自然保护地、风景名胜区、历史古迹等和城乡社区的交通绿道网络。

有别于保护和修复自然状态的线性生态绿廊，绿道网是专供行人和骑车者进入的绿色空间通道，从城区内公共绿地等开放空间到郊野绿地，并延伸至市域山水环境的集合生态、景观、休闲、文化、运动、通行等于一体的综合性功能网络。

休闲运动类自行车专用路依托地貌设置，包括利用农路、塘坝等串联公园绿地和乡村聚落的田野型；结合江河湖海堤防、满足防汛防风要求并在环境敏感区设置栈桥和护栏的滨水型；沿地形起伏、穿丘越岭并需设置紧急救援设施的山地型等。

3）完善自行车专用道设施建设

道路内自行车道设计见本章第 7.1.2 中非机动车道设计部分内容。

自行车专用路应按设计速度 20km/h 要求进行线型设计。郊野运动类自行车道可按 40km/h 要求设计。平曲线最小半径参考表 7-17 确定。

自行车专用道平曲线最小半径　　　　　　　　表 7-17

设计车速（km/h）	10	20	30	40
平曲线最小半径（m）	3	10	30	50

资料来源：（中国台湾交通部门）自行车道系统规划设计参考手册［M］，2010.

车道宽度：双向主干线一般推荐 3.5m，双向次要线一般推荐 2.7m，单向线一般推荐 2.7m，城区内车流量大的地段双向线一般为 5 ～ 7m；侧向安全净宽：自行车道边缘与机动车道边缘相距宜大于 1.5m，与障碍物（如建（构）筑物、交通标志杆、行道树等）保持 0.5m 的净距，与停车位保持 0.75m 的净距；车道净高为 2.5m。

自行车道道口的转弯半径一般为 2m，如用地允许时可采用 5m。平交路口交通冲突点多，可根据路网的交通流情况渠化交通，限制部分转向车流。在事故多发地点，建议设置下穿式地道，地道总宽一般不大于 7m。

路拱宜为 2.0%；纵坡设置要求详见 7.1.2 城市道路工程规划的纵断面设计。

7.2 城市市政工程规划

7.2.1 城市供水排水系统及设施

1. 城市供水排水工程规划的基本内容

（1）城市公共供水系统由取水工程、净水工程、输配水工程构成。

由于生活用水、工业用水、消防用水对水质的要求差别较大、成本不一，近年来一些城市采用分区分质给水系统以节约资源，取水设施从同一水源或不同水源取水后，经过不同程度的净化过程（含再生水厂）、用不同的管道，将不同水质的水分别供给不同用户的系统。

控制性详细规划阶段，城市供水工程规划的内容主要有：根据人均综合用水指标和单位用地指标等计算规划范围内的用水量；落实总体规划确定的供水设施位置和用地；布置配水管网和设施，计算输配水管渠管径并选择供水管材。

（2）城市排水工程系统由雨水排放工程、污水处理与排放工程组成，宜采用完全分流制排水体制，在旧城区、降水量很小和地形起伏较大的城市可以近期保留不完全分流制。排放方式分为自排和强排。

控制性详细规划阶段，城市排水工程规划的内容主要有：根据暴雨强度公式和径流系数等参数确定一定设计重现期的雨水量；根据给水量估算规划范围内的污水排放量；落实总体规划确定的排水干管位置和设施用地；计算雨水管渠管径（断面）、坡度坡向、埋深和雨水泵站设计流量；计算污水管渠的坡度坡向和管径；布置雨水、污水支管和其他排水设施。

城市排水管网规划中，应充分利用和保护现有水系，并注重排水系统的景观和防灾功能，将城市排水与水资源利用、防洪涝灾害、生态与景观建设统筹协调。

2. 城市供水排水工程设施

1）城市级厂站设施

根据总体规划阶段和专项规划的成果，确定自来水厂和污水处理厂的规模、布置和用地（图 7-3 ～图 7-6）。

图 7-3　金华市金沙湾水厂（供水量 30 万 t/ 日）
（资料来源：金华晚报，2013-09-25（增版））

图 7-4　沙田滤水厂（滤水量 122.7 万 t/ 日）
（资料来源：中国香港水务署官网, http://www.wsd.gov.hk）

图 7-5　天津市咸阳路污水处理厂（用地面积 64hm²，设
　　　　计规模 63 万 t/ 日）
（资料来源：城建集团报，2014-05-28，http://cjjtb.cn/
　　　　index.asp）

图 7-6　成都市蛟龙港活水公园暨污水处理厂（用
　　　　地面积 2hm²，设计规模 3 万 t/ 日）
（资料来源：成都蛟龙港双流园区官网，http://
　　　　www.jiaolong.cn/）

2）泵站

泵站建设用地按建设规模、泵站性质确定，其用地指标宜按表 7-18 ～表 7-20 规定。❶

配水加压泵站规划用地指标（m² · d/m³）　　　　　　　　　　表 7-18

建设规模（万 m³/d）	5 ～ 10	10 ～ 30	30 ～ 50
用地指标（m² · d/m³）	0.20 ～ 0.25	0.10 ～ 0.20	0.03 ～ 0.10

建设规模大的用地指标取下限，建设规模小的取上限。加压泵站用地周围应设置宽度不小于 10m 的绿化地带，并宜与城市绿化用地相结合。

雨水泵站规划用地指标　　　　　　　　　　表 7-19

建设规模（雨水流量，m³/s）	20 以上	10 ～ 20	5 ～ 10	0.1 ～ 5
用地指标（hm² · s/m³）	0.04 ～ 0.06	0.05 ～ 0.07	0.06 ～ 0.08	0.08 ～ 0.11

污水泵站规划用地指标　　　　　　　　　　表 7-20

建设规模（污水流量，m³/s）	2 以上	1 ～ 2	0.3 ～ 0.6	0.1 ～ 0.3
用地指标（hm² · s/m³）	0.15 ～ 0.3	0.2 ～ 0.4	0.25 ～ 0.5	0.4 ～ 0.7

❶　参考《城市排水工程规划规范》（GB 50318—2000）。

泵站规模按最大秒流量计，合流泵站可参考雨水泵站指标。本指标确定生产必须的用地面积，未包括站区周围绿化带用地。排水泵站与居住、公共建筑的距离一般不小于25m（图7-7～图7-10）。

7.2.2 城市公共能源供应系统及设施

1. 城市供电、燃气、供热工程规划的基本内容

城市能源系统也称城市公共能源供应系统，主要包括城市供电工程系统、城市燃气工程系统以及城市集中供热工程系统等。

（1）城市供电系统由城市电源工程、输送电网、配电网构成。

控制性详细规划阶段，城市供电工程规划的内容主要有：根据单位建筑面积、用地负荷指标等方法预测规划范围内的用电负荷；落实总体规划确定的供电电源的容量、数量、位置和用地以及高压走廊控制；布局和规划配电网，确定变电站和开关站容量、数量、位置和用地。

图7-7 南京市外港河三号雨水泵站（设计流量 6m³/s，用地面积4120m²，建筑面积657m²）

（资料来源：南京润华市政建设有限公司官网，http://www.rhsz.com/）

图7-8 合肥市包河区张生圩排涝泵站（设计流量近期 8m³/s，远期34m³/s，用地面积约1.2hm²）

（资料来源：合肥排水管理网，http://www.hfjs.gov.cn/psb/）

图7-9 天津市北洋园雨污水泵站
（3号雨水泵站设计规模6m³/s，1号污水泵站设计规模0.35m³/s，用地面积5250m²）

（资料来源：天津市华水自来水建设有限公司网站，http://www.tjhuashui.com/）

图7-10 The Booster pump station, Zeeburgereiland
（阿姆斯特丹某污水泵站，Bekkering Adams 主持设计，建筑面积650m²）

（资料来源：都市世界网，http://www.cityup.org/）

（2）城市燃气系统由燃气气源、输配系统、储气工程等构成。燃气按气源分类有天然气、人工煤气、液化石油气等。天然气门站收集当地或远距离输送来的天然气，净化、调压、计量后进入城市燃气输配管网；煤气制气厂、煤气发生站大部分直接城市输配系统；液化石油气运输至小区气化站（混气站）直接减压输送至用户管道系统，液化石油气也采用瓶装送至用户。

控制性详细规划阶段，城市燃气工程规划的内容主要有：根据居民生活用气负荷和公共建筑用气负荷和工业企业用气量计算规划范围内的燃气用量；落实总体规划确定的燃气设施并布局燃气输配设施，确定其容量、位置和用地范围；规划布局燃气输配管网，计算燃气管网管径。

（3）城市（集中）供热工程系统由供热热源和供热管网组成。城市划分为多个供热分区，采用供热分区联网的形式，每个供热分区应保证有两个以上的热源：主热源和调峰热源。

控制性详细规划阶段，城市供热工程规划的内容主要有：根据建筑采暖面积热指标计算规划范围内的供热负荷；落实总体规划确定的供热设施位置和用地；确定规划范围内的锅炉房、热力站等供热设施数量、供热能力、位置和用地范围；布局供热管网，计算供热管道管径。

2．城市供电工程设施

1）城市变配电设施

变电所的用地面积应按其最终规模，参照表 7-21 的规定，结合所在城市的实际用地条件，因地制宜选定和规划预留。

35 ~ 500kV 变电所规划用地面积控制指标　　　　表 7-21

序号	变压等级 (kV)	变电所结构形式及用地面积 (m²)		
	一次电压／二次电压	全户外式	半户外式	户内式
1	500/220	90000 ~ 110000	—	—
2	330/220 及 330/110	45000 ~ 55000	—	—
3	330/110 及 330/10	40000 ~ 47000	—	—
4	220/110(35) 及 220/10	12000 ~ 30000	—	—
5	220/110(35)	8000 ~ 20000	5000 ~ 8000	2000 ~ 4500
6	110/10	3500 ~ 5500	1500 ~ 3000	800 ~ 1500
7	35/10	2000 ~ 3500	1000 ~ 2000	500 ~ 1000

高等级变电所宜位于城市、城区的边缘或外围，便于进出线，宜采用全户外式和半户外式结构；少量设置在城市中心区的变电所宜采用户内变电所或地下变电所形式，尽可能减少对周边地区环境和安全的影响。在主要街道路间绿地及建筑物密集的地区可采用电缆进出线的箱式配电所。

选址应满足防洪、抗震的要求：220 ~ 500V 变电所的所址标高，宜高于百年一遇洪水水位；35 ~ 110kV 变电所的所址标高，宜高于五十年一遇洪水水位。变电所所址应有良好的地质条件，避开不良地质构造；宜避开易燃易爆设施，避开大气严重污染地区及严重烟雾区（图 7-11 ~ 图 7-14）。

图 7-11　500kV 全户外式变电所

图 7-12　220kV 全户外式变电所

图 7-13　110kV 全户外式变电所

图 7-14　110kV 户内式变电所

2）高压线路及电力设施保护

市区内单杆单回水平排列或单杆多回垂直排列的 35 ~ 500kV 高压架空电力线路的规划走廊宽度，应结合表 7-22 的规定合理选定。

市区 35 ~ 500kV 高压架空电力线路规划走廊宽度　　表 7-22

线路电压等级（kV）	500	330	220	110	35
高压线走廊宽度（m）	60 ~ 75	35 ~ 45	30 ~ 40	20 ~ 25	20

规划新建的 110kV 及以上高压架空电力线路，不应穿越市中心地区或重要风景旅游区；规划新建的 35kV 及以下电力线路、大城市主城区内规划新建的 110kV 线路应采用地下电缆。地下电缆保护区的宽度为电力电缆线路地面标桩两侧各 0.75m。

3. 城市燃气工程设施

1）城市燃气气源及储气设施

天然气门站用地一般控制为 1000 ~ 5000m^2。

液化石油气气化站用地一般控制为 1000 ~ 3000m^2，供应半径 1 ~ 2km，供气户数 1 万 ~ 2 万户；液化石油气混气站用地一般控制为 3500 ~ 7000m^2；瓶装供应站用地一般控制为 500 ~ 600m^2，供应半径 0.5 ~ 1km，供气户数宜为 5000 ~ 7000 户。

液化石油气供应站用地面积控制指标			表 7-23
供应规模（t/ 年）	1000	5000	10000
供气户数（户）	5000 ～ 5500	25000 ～ 27000	50000 ～ 55000
用地面积（m²）	10000	14000	15000
储罐总容积（m³）	200	800	1600 ～ 2000

液化石油气气化站用地面积控制指标			表 7-24
供气户数（户）	450	1400	6000
用地面积（m²）	400	1500	2500

液化石油气混气站用地面积控制指标			表 7-25
混气能力（万 m³/ 日）	4.1	6	7.4
用地面积（m²）	3500	5400	7000

煤气储备站用地规模等控制要求同液化石油气储备站，一般与制气厂合设；煤气中低压调压站用地一般控制为 100 ～ 120m²，建筑面积 50m²，作用半径 0.5 ～ 1km（表 7-23 ～ 表 7-25、图 7-15 ～ 图 7-17）。

图 7-15　天然气门站

图 7-16　苏州工业园区唯亭基地 LNG 备用气源
站，LNG（液化天然气）储配站
（占地 2hm²，储存 72 万 m³，日最大供气量 15 万 m³）
（资料来源：苏州港华燃气有限公司，http://www.
sz-towngas.com.cn/）

图 7-17　液化石油气瓶装供应站

图 7-18　高中压燃气调压站

2）燃气输配气管网工程

燃气输配气管网工程包含燃气调压站、不同压力等级的燃气输送管网配气管道。燃气调压站具有升降管道燃气压力之功能，以便于远距离输送，或由高压燃气降至低压向用户供气。高中压调压站用地一般控制为 2000 ～ 3000m²，供气量 20000 ～ 40000Nm²/h（图 7-18）。

4. 城市供热工程设施

1）城市集中供热热源

主要包括热电厂和区域锅炉房，以及工业余热、地热水等。其中，热电厂多由发电厂改造而成，区域锅炉房也将逐步替代分散的小锅炉房，并合理确定热电厂和区域锅炉房的布局和联合供热方案（图 7-19 ～ 图 7-22）。区域锅炉房（供热厂）的建设用地参考表 7-26 的规定。

区域锅炉房（供热厂）建设用地指标　　　　　　　　表 7-26

燃料种类	燃煤				燃气		
供热厂类别	Ⅰ类	Ⅱ类	Ⅲ类	Ⅳ类	Ⅰ类	Ⅱ类	Ⅲ类
蒸汽锅炉总容量（t/h）	80	140	300	—	—	—	—
热水锅炉总容量（MW）	56	116	232/280	464	21	56	116
用地指标（hm²）	≤ 1.50	≤ 2.60	≤ 3.80	≤ 5.50	≤ 0.24	≤ 0.28	≤ 0.44

注：蒸汽锅炉可按对应的热水锅炉折算单位指标（1t/h=0.7MW）。
资料来源：《城镇供热厂工程项目建设标准》建标 112—2008。

2）热力站

一般情况下，将热网输送的蒸汽热介质加以调节、转换，向采用热水管网的用户系统分配。供热面积小于 5 万 m² 的热力站占地面积不小于 200m²；

图 7-19　天津热电厂
（资料来源：Shubert Ciencia 拍摄）

图 7-20　康奈尔大学综合供热电厂（CCHPP）
（资料来源：康奈尔大学校园网，energyandsustainability. fs.cornell.edu）

图 7-21 天津某供热厂
（资料来源：雷达拍摄，橡树摄影网，http://www.xiangshu.com）

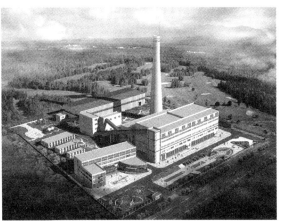

图 7-22 呼和浩特富泰热力集中供热项目（巴彦厂）
（占地面积 6.6hm²，建筑面积 2 万 m²，供暖面积 499 万 m²，
容量 4×70MW 热力锅炉房）
（资料来源：呼和浩特市富泰热力股份有限公司官网，
http://www.hhhtftrl.com/）

图 7-23 人民大会堂热力站工程（供热面积 30 万 m²）
（资料来源：北京市热力工程设计公司官网，http://www.bhpd.cn/）

供热面积 10 万 m² 的热力站的占地面积不小于 400m²；供热面积 20 万 m² 的热力站占地面积不小于 600m²。❶ 可布置在建筑的底层或地下室，节约用地（图 7-23）。

7.2.3 城市通信工程系统及设施

1. 城市通信工程规划的基本内容

城市通信工程系统由电信、广播电视、邮政等分系统组成。

（1）城市电信系统由电话局（所、站）和电话网构成。

控制性详细规划阶段，城市电信工程规划的内容主要有：根据单位建筑面积指标、分类用地综合指标等方法预测规划范围内的固定电话、移动电话和宽带用户需求量；落实总体规划和专项规划确定的电信设施位置和用地；布局电信局站等设施的具体位置、规模和用地；确定电信管道的线路、敷设方式、管孔数等；划定规划范围内电台、微波站、卫星通信设施控制保护界。

（2）城市广播电视系统有无线和有线两种发播方式，由广播电视台站工程和线路工程组成。

控制性详细规划阶段，广播电视工程规划的内容主要有：根据单位建筑面积指标预测规划范围内有线电视网络信号端口数量；落实总体规划和专项规划确定的无线、有线广播电视台站和有线电视网络主要设施的位置、用地；确定光缆、电缆以及光电缆管道的线路、敷设方式、管孔数等。

---

❶ 参考《城市供热热力站工程建设及验收规范》（KL 01-2013）。

(3) 城市邮政系统通常有邮政通信枢纽、邮政局所及邮亭等设施。

控制性详细规划阶段，邮政规划主要是落实总体规划和专项规划确定的邮件处理中心（邮政枢纽）位置和用地，布局邮政局所的数量、位置和用地。

2. 城市电信工程设施

1）电信局站

电信局站具有收发、交换、中继等功能，位于城域网接入层的小型电信机房为一类局站，包括小区电信接入机房、移动通信基站等；位于城域网汇聚层及以上的大中型电信机房为二类局站，包括电信枢纽楼、电信生产楼等。

电信二类局站选址应接近线路网中心，避开110kV以上电力设施和线路，综合考虑覆盖面积、用户密度、共建共享等因素确定其布局。用户密集区的二类局站的覆盖半径不宜超过3km，非密集区的覆盖半径不宜超过5km。局站规划用地应符合表7-27的规定。单局制局一般宜在城市中心附近，营业服务点设置在临街建筑首层，便于为市民服务并鼓励与其他公共设施合建。

城市主要二类局站规划用地面积　　　　　　　　　　　　　　表7-27

电信用户规模（万户）	1.0～2.0	2.0～4.0	4.0～6.0	6.0～10.0	10.0～30.0
预留用地面积（m²）	2000～3500	3000～5500	5000～6500	6000～8500	8000～12000

注：局站用地面积含同时设置营业服务点；电信用户规模为固定电话用户、移动电话用户和宽度用户之和。
资料来源：《城市通信工程规划规范》GB/T 50853—2013。

图7-24　丽水市陈寮山微波站
（资料来源：蚂蜂窝网，http://www.mafengwo.cn/）

小区通信综合接入设施用房建筑面积应按小区户数规模确定，一般为100～300m²。城市移动通信基站布局应符合电磁辐射防护标准的规定，避开幼儿园、医院等场所。

2）微波站与微波空中通道

微波通信规划除了微波站址选择外，重点在于微波天线近场区❶（净空区）保护和通道路由宽度及附加余隙的控制。在三维空间上对城市上空有障碍物、建筑物限高和E（电场强度）、H（磁场强度）、S（功率密度）值❷的限制要求（图7-24）。

3. 城市广播电视工程设施

有线电视网络前端：

城市有线广播电视网络主要设施可分为总前端、分前端、一级机房和二级机房。总前端、分前端规划用地面积和建筑面积可参考表7-28的规定，一级机房建筑面积宜为300～800m²，宜设置在公共建筑首层。

---

❶　传输方向的近场区，天线口面边的锥体张角20°，前方净空距离为天线口面直径10倍的范围。在此范围内不应有森林、较高的树木、建筑物、金属构筑物等。

❷　S、E、H值的计算满足卫生和环保部门的要求。

城市有线广播电视网络总前端、分前端规划用地面积和建筑面积　　　表 7-28

类别	总前端			分前端	
用户（万户）	≥ 100	10 ～ 100	8 ～ 10	≥ 8	<8
前端数（个）	2 ～ 3	2	1	2 ～ 3	1 ～ 2
用地面积（hm²/ 个）	1.1 ～ 1.25	0.8 ～ 1.1	0.6 ～ 0.8	0.45 ～ 0.6	0.25 ～ 0.45
建筑面积（万 m²/ 个）	3.0 ～ 4.0	1.6 ～ 3.0	1.4 ～ 1.6	1.0 ～ 1.5	0.5 ～ 1.0

注：含呼叫中心、数据中心，规划用地面积增加 1000m²。
资料来源：《城市通信工程规划规范》GB/T 50853—2013。

4．城市邮政设施

1）邮件处理中心

邮政通信枢纽起收发、分拣各种邮件之作用。选址优先考虑靠近铁路客运站、机场、高速公路连接线等城市主要交通运输枢纽附近，有方便大型车辆进出的邮运通道。

综合邮件处理中心建设用地指标不应超过表 7-29 的规定。大中城市的邮件交换量较大或受到局址条件限制，可单独设置的重件处理中心、轻件处理中心和国际邮件处理中心，单项邮件处理中心建设用地指标不应超过表 7-30 的规定。新建邮件处理中心宜为多层建筑，建筑密度为 25%～35%（图 7-25）。

综合邮件处理中心建设用地指标　　　表 7-29

项目名称	特类中心	一类中心	二类中心	三类中心	四类中心
规模（万袋（捆）/d）	4.6 以上	2.1 ～ 4.6	1.5 ～ 2.1	0.9 ～ 1.5	0.9 以下
用地面积（m²）	52500	39300	27000	21000	14200

单项邮件处理中心建设用地指标　　　表 7-30

项目名称	重件处理中心			轻件处理中心			国际邮件处理中心		
规模（万袋 /d）	>3	>2	≤ 2	>200	>100	≤ 100	>1.5	<1	≤ 1
用地面积（m²）	38200	31500	23100	40600	30300	18700	22200	17800	13400

图 7-25　上海浦东邮件处理中心
（国家级一级邮政枢纽，占地约 10hm² 亩，总建筑面积 58000m²，主要为进出口邮件处理）
（资料来源：建筑文化艺术网，www.jzwhys.com）

2）邮政营业场所

邮政普遍服务的营业场所分为邮政支局和邮政所等，经营邮件传递、报刊发行、电报及邮政储蓄等业务，根据人口的密集程度和地理条件所确定的不同的服务人口、服务半径、业务收入等因素确定其布局。局所选址应在人流集聚地区、公共活动场所和大型厂矿学校等处，交通便利且易于运输邮件车辆进入。由于点对点快递业务的发展，邮政局所、服务网点的服务半径宜选取较大值，具体要求参看表7-31、表7-32。

邮政局所服务半径和服务人口 表7-31

类别	大城市、省会城市	一般城市	县级城市
每邮政局所服务半径（km）	1～1.5	1.5～2	2～5
每邮政局所服务人口（万人）	3～5	1.5～3	2

邮政局所规划用地面积和建筑面积 表7-32

类别	邮政支局	邮政所
用地面积（m²）	1500～2200	200～500
建筑面积（m²）	1200～2000	150～400

资料来源：《城市通信工程规划规范》GB/T 50853—2013。

邮政支局和邮政所应设置在临街建筑首层，鼓励与其他公共设施合建，邮政支局配套停车位不小于20辆。

7.2.4 城市环境卫生系统及设施

1. 城市环境卫生设施规划的基本内容

城市环境卫生工程系统由城市垃圾处理厂（场）、垃圾填埋场、垃圾收集站和转运站、车辆清洗场、环卫车辆场、公共厕所及城市环境卫生管理设施组成。城市环境卫生工程系统的功能是收集与处理城市各种废弃物及综合利用，净化城市环境。

控制性详细规划阶段，城市环境卫生设施规划的内容主要有：估算规划范围内的固体垃圾总产量；提出规划区环境卫生控制要求和垃圾回收利用的对策与措施；确定垃圾收集运送方式；落实总体规划和专项规划确定的环境卫生设施位置、用地和防护隔离措施；布局垃圾转运站、环境卫生管理机构等设施的位置、规模和用地；确定公共厕所、垃圾收集点、废物箱等服务半径和设置原则。

2. 城市环境卫生设施

1）环卫工程设施

垃圾转运站宜设置在交通运输方便且对居民影响较小的地段。小型转运站每2～3km²设置一座。采用小型机动车辆进行垃圾收集时，收集服务半径宜为3.0km以内，最大不应超过5.0km。当垃圾处理设施距垃圾收集服务区平均运距大于30km且垃圾收集量足够时，应设置大型转运站，必要时设置二级转运站。转运站用地面积应符合表7-33的规定。转运站绿化率不应大于30%（图7-26～图7-30）。

垃圾转运站用地标准　　　　　　　　　　表7-33

日转运量（t）	用地面积（m²）	与相邻建筑间距（m）	绿化隔离带宽度（m）
小型转运站，≤150	800～3000	≥10	≥5
中型转运站，150～450	2500～10000	≥15	≥8
大型转运站，>450	>8000	≥30	≥15

注：用地面积中包含沿周边设置的绿化隔离带用地，二次转运站宜偏上限取值。

图7-26　小型转运站

图7-27　大型转运站，沙田废物转运站，日转运量1200t
（资料来源：中国香港环境保护署官网，http://www.epd.gov.hk）

图7-28　北大屿山废物转运站，设计日转运量1200t
（资料来源：（左图）项目经理网，http://darrylhennig.synthasite.com/；（右图）中国香港环境保护署官网，http://www.epd.gov.hk）

图7-29　上海黄浦区大型垃圾中转站，日转运量500t
（资料来源：中国新闻网，http://finance.chinanews.com/ny/2012/10-09/4234154.shtml）

图7-30　地埋式垃圾站，日转运量100～160t
（资料来源：某环保机电设备有限公司产品介绍）

2）环卫公共设施

公共厕所应在居住区、商业街区、市场、交通枢纽、城市干道、大型社会停车场（库）、大型公共设施、公园、景区等人流集散场所附近设置，设置数量应采用表 7-34 的指标。

公共厕所设置数量指标   表 7-34

类别	设置间距（m）	设置密度（座/km²）	建筑面积（m²/座）	独立占地面积（m²/座）
居住区	500～800	3～5	30～60	60～100
公共设施区	300～500	4～11	50～120	80～170
工业仓储区	800～1000	1～2	30	60

其他地区公共厕所可结合城市道路，按下列要求设置：主次干路、有辅道的快速路按 500～800m 间距设置；支路、有人行道的快速路按 800～1000m 间距设置。独立式的公共厕所外墙与相邻建筑物距离一般不应小于 5m，周围应设置不小于 3m 的绿化带。

7.2.5 城市防灾系统及设施

1. 城市防灾工程规划的基本内容

城市防灾系统主要由城市消防、防洪（潮汛）、抗震、防空袭等系统及救灾生命线系统等组成。城市防灾不仅仅指防御或防止灾害的发生，还应包括对城市灾害的监测、预报、抗御、救援和灾后恢复重建等工作，即减灾和减少次生灾害和影响。

（1）城市消防系统有消防站（队）、消防给水管网、消火栓等设施。

（2）城市防洪（潮、汛）系统有防洪（潮、汛）堤、截洪沟、泄洪沟、分洪闸、防洪闸、排涝泵站等设施，采用避、拦、堵、截、导等方法，抗御洪水和潮汛，排除城区涝渍。

（3）城市抗震系统主要是明确建、构筑物等抗震强度，合理设置避灾疏散场地和道路。

（4）城市人民防空袭系统（简称人防系统）有防空袭指挥中心、专业防空设施、防空掩体工事、地下建筑、地下通道以及战时所需的地下仓库、水厂、变电站、医院等设施。人防设施在确保其安全要求的前提下尽可能为城市日常活动使用。

（5）城市救灾生命线系统由城市急救中心、疏运通道以及给水、供电、燃气、通信等设施组成。城市救灾生命线系统的功能是在发生各种城市灾害时提供医疗救护、运输以及供水、电、通信调度等物质条件。

控制性详细规划阶段，城市防灾工程规划的内容主要有：依据总体规划、专项规划和城市各项防灾标准，在规划范围内，确定各种消防设施的位置和用地，确定防洪堤（闸）的线位和标高、排涝泵站位置和用地等，确定疏散通道、疏散场地布局，确定人防系统中指挥、通信、中心医院及急救医院等设施的位置，确定生命线系统的布局和防护、维护措施。

2. 城市消防设施

普通消防站分为一级普通消防站和二级普通消防站。城市必须设立一级普通消防站，用地条件确有困难的区域，经论证可设二级普通消防站。

消防站的布局一般应在接警 5min 后消防队可到达辖区的边缘，普通消防站辖区的面积宜为 4～7km²，设在近郊区的不应大于 15km²。1.5 万～5 万人的小城镇可设 1 处消防站，5 万人以上的小城镇可设 1～2 处，沿海、内河港口城市应考虑设置水上消防站。

　　消防站应设于交通便利的地点，如城市干道一侧或十字路口附近；消防站执勤车辆出入口两侧宜设置交通信号灯、标志、标线等设施；距医院、学校、幼托、影剧院、商场、体育场馆、展览馆等公共建筑的主要疏散出口不应小于 50m；与生产、贮存危险化学品单位保持 200m 以上间距，且位于这些设施的常年主导风向的上风或侧风处。

　　消防站建设用地应包括房屋建筑用地、室外训练场、道路、绿地等。消防站的用地面积和建筑面积指标应符合表 7-35 的规定（图 7-31、图 7-32）。

消防站规划用地面积和建筑面积　　　　　　　　　表 7-35

类别	一级普通消防站	二级普通消防站	特勤消防站	战勤保障消防站
总用地面积（m²）	4500～6600	3000～4500	6600～8600	7400～9500
建设用地面积*（m²）	3900～5600	2300～3800	5600～7200	6200～7900
建筑面积（m²）	2700～4000	1800～2700	4000～5600	4600～6800

注：*值指标未包含站内消防车道、绿化用地的面积，在确定消防站总用地面积时，可按 0.5～0.6 的容积率进行测算。

资料来源：《城市消防站建设标准》建标 152—2011。

图 7-31　西班牙 Montjuic 消防站，Manuel Ruisánchez arquitecto，用地面积 3000m²，摄影：Ferran Mateo
（资料来源：中国建筑报道网，http://www.archreport.com.cn/）

图 7-32　荷兰 NBHW 消防站，LIAG Architects，建筑面积 11815m²
（资料来源：伯纳德伯图文像，http://bernardfaber.nl/）

3. 城市防洪（潮、汛）设施

1）城市防洪标准

防洪标准是指防洪对象应具备的防洪（或防潮）能力，一般用可防御洪水（或潮位）相应的重现期或出现频率表示。根据城市的社会经济地位重要程度和城（镇）区内城市人口数量分为四级防洪标准，按表 7-36 的规定确定。

城市的等级和防洪标准　　　　　　　　　　表 7-36

等级	重要程度	城市人口（万人）	防洪标准（重现期（年））		
			河（江）洪、海潮	山洪	泥石流
Ⅰ	特别重要城市	≥ 150	≥ 200	100 ~ 50	>100
Ⅱ	重要城市	150 ~ 50	200 ~ 100	50 ~ 20	100 ~ 50
Ⅲ	中等城市	50 ~ 20	100 ~ 50	20 ~ 10	50 ~ 20
Ⅳ	一般城镇	≤ 20	50 ~ 20	10 ~ 5	20

资料来源：《城市防洪工程设计规范》GB/T 50805—2012。

2）防洪堤

傍水而建、高程相对较低以及平原地区的城市，通常修建防洪堤，抵御河流洪水。

在城市中心区的堤防工程宜采用防洪墙，防洪墙可采用钢筋混凝土结构，也可采用混凝土和浆砌石防洪墙。堤顶和防洪墙顶标高一般为设计洪（潮）水位加上超高，当堤顶设防浪墙时，堤顶标高应高于洪（潮）水位 0.5m以上。

堤线选择与城市用地布局和河道情况有关。对于城市而言，堤防的走向应按被保护的范围确定；对河道而言，堤线是河道的治导线。堤线选择应注意以下几点：堤轴线应与洪水主流向大致平行并与中水位的水边线保持一定距离。堤的起点应设在水流较平顺的地段，堤端嵌入河岸 3 ～ 5m。设于河滩的防洪堤，首段可布置成"八"字形，避免水流从堤外漫流和发生淘刷。堤的转弯半径尽可能大一些，避免急弯和折弯，一般为 5 ～ 8 倍的设计水面宽。

4. 避震疏散通道和疏散场地

1）避震疏散场地

城市避震和震时疏散可分为就地疏散、中程疏散和远程疏散。就地疏散指城市居民临时疏散至居所或工作地点附近的公园、操场或其他旷地；中程疏散指居民疏散至约 1 ～ 2km 半径内的空旷地带；远程疏散指城市居民使用各种交通工具疏散至外地的过程。疏散场地可划分为以下类型。

（1）紧急避震疏散场所

供避震疏散人员临时或就近避震疏散的场所，也是人员集合并转移到固定避震疏散场所的过渡性场所。通常选择小公园、小广场、高层建筑避难层（间）等。用地不宜小于 0.1hm²，服务半径宜为 500m，步行大约 10min 之内可以到达。

（2）固定避震疏散场所

供避震疏散人员较长时间避震和进行集中性救援的场所。通常选择面积较大、人员容置较多的公园广场、体育场馆、大型人防工程、停车场、绿化隔离带以及抗震能力强的公共设施防灾据点等。用地不宜小于 1hm²，服务半径宜为 2 ～ 3km。

（3）中心避震疏散场所

规模较大、功能较全、起避难中心作用的固定避震疏散场所。场所内一般设抢险救灾部队、营地医疗抢救中心和重伤员转运中心等，用地不宜小于 50hm²。

避震疏散场所与周围易燃建筑等一般地震次生火灾源之间应设置不小于 30m 的防火安全带；距易燃易爆工厂仓库、供气厂、储气站等重大次生火灾或爆炸危险源距离应不小于 1000m。

2）疏散通道

城市内疏散通道的宽度不应小于 15m，一般为城市主干道，通向市内疏散场地、郊外旷地或通向长途交通设施。

紧急避震疏散场所内外的避震疏散通道有效宽度不宜低于 4m，固定避震疏散场所内外的避震疏散主通道有效宽度不宜低于 7m，与城市主入口、中心避震疏散场所、市政府抗震救灾指挥中心相连的救灾主干道不宜低于 15m。避震疏散主通道两侧的建筑应能保障疏散通道的安全畅通。

7.2.6 城市管线综合规划

1. 管线的种类

1）按工程管线性能和用途分类

（1）给水管道：包括工业给水、生活给水、消防给水等管道。

（2）排水沟道：包括工业污水（废水）、生活污水、雨水等管道和明沟。

(3) 电力线路：包括高压输电、高低压配电、生产用电、电车用电等线路。

(4) 电信线路：包括市内电话、长途电话、电报、有线广播、有线电视等线路。

(5) 热力管道：包括蒸汽、热水等管道。

(6) 可燃或助燃气体管道：包括燃气、乙炔、氧气等管道。

2）按工程管线输送方式分类

(1) 压力管线：通过加压设备使介质流动，给水、燃气、供热管道一般为压力输送。

(2) 重力自流管线：介质在重力作用下流动，污水、雨水管道一般为重力自流输送。有时需要设置中途提升设备或局部压力管，将流体介质提升至较高处。

(3) 光电流管线：输送介质为光电流。这类管线一般为电力和通信管线。

3）按工程管线敷设方式分类

(1) 架空敷设管线：如架空电力线、电话线以及架空供热管等。

(2) 地铺管线：指在地面铺设明沟或盖板明沟的工程管线，如雨水沟渠。

(3) 地下敷设管线：分为深埋和浅埋，埋设深度根据土壤冰冻层的深度和管线上面所承受荷载而定，如管道内介质是水或易冰冻液体，该管道应埋置在冰冻层下。

(4) 综合管沟。

4）按工程管线弯曲的难易程度分类

(1) 可弯曲管线：指通过某些加工措施易将其弯曲的工程管线。如电信电缆、电力电缆、自来水管道等。

(2) 不易弯曲管线：指通过加工措施不易将其弯曲的工程管线或强行弯曲会损坏的工程管线。如电力管道、电信管道、污水管道等。

2. 城市工程管线综合规划的主要任务

调整并确定各种工程管线在城市道路上的水平排列位置，确定规划范围内的道路横断面和管线排列位置。提出工程管线基本深埋和覆土要求。

1）管线交叉避让原则

道路下工程管线在路口交叉时或综合布置管线产生矛盾时，针对不同种类的管线，应按压力管让自流管、可弯曲管让不易弯曲管的避让原则；针对同一种管线，应按管径小的让管径大的、分支管线让主干管线的避让原则。

2）管线共沟敷设

在交通运输十分繁忙和管线设施繁多的主要干道以及配合兴建地铁或立交等工程地段、道路与铁路或河流的交叉处、路下需同时敷设两种以上管道以及多回路电力电缆的情况下、不允许随时挖掘路面的地段以及开挖后难以修复的路面下，应将工程管线采用综合管沟集中敷设。敷设主管道干线的综合管沟应在车行道下，敷设支管的综合管沟应在人行道下。

管线共沟敷设应符合下列规定：凡有可能产生相互影响的管线，不应共沟敷设。排水管道应布置在沟底。当沟内有腐蚀性介质管道时，腐蚀性介质管道的标高应低于沟内其他管线。具有火灾危险性介质、毒性气体和液体以及腐蚀性介质管道不应共沟敷设，并严禁与消防水管共沟敷设（图7-33、图7-34）。

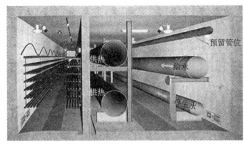

图 7-33　济宁市太白湖新区综合管沟

（资料来源：济宁日报，2013-10-30，3 版）

图 7-34　珠海横琴新区综合管沟

（资料来源：珠海十字门中央商务区建设控股有限公司官网，http://www.szmcbd.com/）

3）管线排列顺序

在进行管线竖向综合时，管线竖向排序自上而下宜为：电力和通信管线、热力管、燃气管、给水管、雨水管和污水管。交叉点各类管线的高程应根据排水管的高程确定。在进行管线平面综合时，管线的布置顺序是：

（1）在城市道路上，由道路红线至中心线管线排列的顺序宜为：电力电缆、通信电缆（或光缆）、燃气配气管、给水配水管、热力管、燃气输气管、雨水排水管、污水排水管。

电信线路与供电线路通常不合杆架设。同一性质的线路应尽可能合杆，如高低压供电线等。高压输电线路与电信线路平行架设时，要考虑干扰的影响。

（2）在建筑庭院中，由建筑边线向外，管线排列的顺序宜为：电力管线、通信管线、污水管、燃气管、给水管、供热管。

（3）在道路红线宽度大于等于 30m 时，宜双侧布置给水配水管和燃气配气管；道路红线宽度大于等于 50m 时，宜双侧设置排水管。

7.3　场地竖向规划设计

7.3.1　城市用地竖向工程规划原则与主要内容

1. 竖向规划主要内容

城市用地竖向规划是根据各层次规划编制要求，与城市用地选择及用地布局同时进行，结合规划范围内外的自然地形地貌、道路系统、用地功能和布局，

确定规划区内的道路标高、街坊地面标高、排水分区、以及相应的护坡、挡土墙等工程设施。具体应包括下列主要内容：

（1）制订利用与改造地形的方案；

（2）确定城市用地坡度、控制点高程、规划地面形式及场地高程；

（3）合理组织城市用地的土石方工程和防护工程；

（4）提出有利于保护和改善城市环境景观的规划要求。

首先，在城市用地评定分析时，就同时分析研究自然地貌特征，尽量做到利用和配合地形高差；研究工程地质及水文地质情况（如地下水位情况、河湖水位和洪水水位的高低等），确保城市建设用地安全，合理可靠地解决地面排水；科学合理筹划山区用地的土方平衡方案，避免高填深挖，或填挖方土运距过大。不要把改造地形和土地平整看做是主要目的，避免城市建设工程成本过大，而是要结合城市用地选择和立体空间环境的美观要求，充分合理地利用地形。

其次，在城市干道选线时，要对自然坡度及地形进行分析，使道路的纵坡既能满足交通的要求，又不致填挖土方太多；配合自然地形趋势，避免道路网的形式罔顾地形的起伏变化，也不追求道路线形的过分平直。地形坡度大时，道路一般可与等高线斜交；地形平坦时，亦要注意干道不能没有坡度或坡度太小，以免对路面排水或自流管线埋设不利。城市道路的标高宜低于两侧建设开发用地的标高。

此外，还应综合协调各项关键性控制标高，如防洪堤、排水口、桥梁和道路交叉口等。重要节点处须放大比例，进行方案必选研究。

2. 竖向工程规划原则

（1）坚持"安全、适用、经济、美观"基本方针，充分发挥土地潜力，节约用地；

（2）满足工程建设场地、管线敷设，及地面排水、防洪排涝、道路交通等技术要求；

（3）合理利用地形、地质等环境条件，减少土石方及防护工程量；

（4）保护城市生态环境，增强城市景观效果。

7.3.2 城市用地竖向工程规划方法

通常采用等高线和高程箭头法进行竖向规划。

1. 等高线法

（1）根据已确定的城市干道交叉口标高、变坡点标高等竖向条件，计算出规划道路与城市干道交叉点的设计标高。对规划范围内每一条道路做纵断面设计，从而求出道路中心线设计标高。道路两侧可以通过绿坡与建设地块衔接，不必强求平齐，以免土方工程量过大。与城市道路相接的内部通路，在出入口段应保持坡向外侧。

（2）坡地地块内布置建筑物时，在照顾朝向、通风等前提下，应采用多种布置方式尽量匹配原地形，与等高线走势平行，尽量不要作过大的地形调整。如建筑物的长边与较密的等高线垂直，可以错层布置或只改变建筑基底周边的自然等高线；场地设计中有平整室外场所需求的，可以通过低挡土墙形成连续台地。

（3）场地设计中，步行通道不一定设计成连续的坡面，在某些坡度大的路段可以增设台阶，台阶一侧做坡道以便推自行车上下。地面排水根据不同的地形条件采用不同方式。通过地形分析，划分排水区域，并分别向邻近的道路排水，坡度大时要用石砌以免冲刷，部分也可采用明沟或桥涵。

（4）将已初步确定了的规划区四周的红线标高、内部车行道路标高、建筑四角设计标高和场地设计标高，按递增或递减高程连接成线，就可以绘制大片地形的设计等高线。连接时要尽可能与同样高程的自然等高线相重复，以维持该部分用地的原地形；亦可以采用简化的局部等高线法或设计标高加纵横断面法来表达。

（5）检查竖向规划的经济合理性。通过网格法等或专业辅助软件计算，如土方量过大（指绝对数量大、差额大、运距远），要适当地调整或修改设计等高线（或设计标高），有时会推演多次，尽量做到土方量基本就地平衡。

2．高程箭头法

高程箭头法是根据竖向规划设计原则，确定规划范围内各种建、构筑物的地面标高，道路交叉点、变坡点的标高，以箭头表示规划区内各种类用地的排水方向。

高程箭头法的规划设计工作量较小，图纸制作较快且易于变动修改，确定标高数值时要有充分的经验，是竖向设计中一般使用的方法。有些部位的标高不明确、准确性差，因此在实际工作中，也常采用高程箭头法和局部剖面相结合的方法进行规划区竖向规划设计。

7.3.3　城市用地竖向工程规划的技术规定

1．场地平面竖向规划

1）规划地面形式

根据城市用地的性质、功能，结合自然地形，规划地面形式可分为平坡式、台阶式和混合式。用地自然坡度小于5%时，宜规划为平坡式；用地自然坡度大于8%时，宜规划为台阶式。

公共设施用地分台布置时，台地间高差宜与建筑层高成倍数关系；居地用地分台布置时，宜采用小台地形式。台地的长边应平行于等高线布置，台地的高度一般为1.5～3.0m。

防护工程宜与专用绿地结合设置。公共活动区内挡土墙高于1.5m、生活生产区内挡土墙高于2m时，宜作艺术处理或以绿化遮蔽。高度大于2m的挡土墙、护坡的上缘与建筑间水平距离不应小于3m，其下缘与建筑间的水平距离不应小于2m。

2）用地坡地适宜性

城市中心区应选择地质及防洪排涝条件较好且相对平坦完整的用地，自然坡度应小于15%；居住区应选择向阳、通风条件好的用地，自然坡度应小于30%；工业、仓储用地宜选择便于交通组织和生产工艺流程组织的用地，自然坡度宜小于15%；城市开敞空间用地宜利用填方较大的区域。城市主要建设用地地块的适宜规划坡度应符合表7-37的规定。

城市主要建设用地适宜规划坡度   表 7-37

用地名称	工业、仓储用地	公共设施用地	居住用地	城市道路	港口用地	铁路用地
最小坡度（%）	0.2	0.2	0.2	0.2	0.2	0
最大坡度（%）	10	20	25	5	5	2

资料来源：《城市用地竖向规划规范》CJJ 83—1999。

2. 道路广场竖向规划

道路规划纵坡和横坡的确定详见 7.1.2 城市道路工程规划的纵断面设计。广场竖向规划除满足自身功能要求外，尚应与相邻道路和建筑物相衔接。广场的最小坡度为 0.3%；最大坡度平原地区应为 1%，丘陵和山区应为 3%。

道路跨越江河、明渠、暗沟等过水设施时，路高应与过水设施的净空高度要求相协调；有通航条件的江河应保证通航河道的桥下净空高度要求（表 7-38）❶。

天然和渠化河流通航净空尺度（m）   表 7-38

航道等级	I	II	III	IV	V	VI	VII
净空高度（m）	24 或 18	18 或 10	*18 或 10	8	8 或 **5	4.5（6.0）	3.5（4.5）

注：*后的尺度仅适用于长江，**后的尺度仅适用于通航拖带船队的河流，（）内的尺度适用于要求通航货船的河流。

资料来源：《内河通航标准》GB 50139—2014。

3. 人行梯道竖向规划

人行梯道按其功能和规模可分为三级：一级梯道为交通枢纽地段梯道和城市景观性梯道，二级梯道为连接小区间步行交通的梯道，三级梯道为连接组闭间步行交通或连接入户台阶的梯道。梯道每升高 1.2~1.5m 宜设置休息平台；二、三级梯道连续升高超过 5.0m 时，除应设置休息平台外，还应设置转折平台，且转折平台的宽度不宜小于梯道宽度。各级梯道的规划指标宜符合表 7-39 的规定。

梯道的规划指标   表 7-39

人行梯道级别	宽度（m）	坡比值	休息平台宽度（m）
一	≥ 10.0	≤ 0.25	≥ 2.0
二	4.0~10.0	≤ 0.30	≥ 1.5
三	1.5~4.0	≤ 0.35	≥ 1.2

资料来源：《城市用地竖向规划规范》CJJ 83—1999。

---

❶ 通常指桥孔范围内，从设计通航水位（或设计洪水位）至桥跨结构最下缘的净空高度。

■ 思考题

1. 请简述在城市规划设计过程中需考虑的城市道路交通工程的重点内容。
2. 请结合实践案例谈谈慢行交通系统规划的基本原则。
3. 请简述城市用地竖向工程规划的原则与方法有哪些？
4. 如何处理好城市规划设计与城市市政工程规划的关系？

■ 主要参考书目

[1] 文国玮．城市交通与道路系统规划(新版)[M]．北京：清华大学出版社，2007．

[2] 全国城市规划执业制度管理委员会．全国注册城市规划师执业资格考试参考用书之二：城市规划相关知识（2011 年版）[M]．北京：中国计划出版社，2011．

8　详细规划教程与学生作业

　　导读:详细规划课程教学与一般的课程教学不同,具有课时长、涉及面广、实践性强、参与教师多和学生投入多的特点。因此,课程的性质与目的是什么? 有哪些具体的教学要求? 在课程中需要综合培养哪些设计能力? 如何选取设计地段? 如何精心组织课程? 又如何合理分配课时? 以及最后课程设计作业有哪些成果要求? 如何表达? 等等。这些问题都需要教师和学生对之有一个清楚的了解,以能够让师生共同围绕设计课程的主线,有机互动并且有效地开展教学。在这一章学习中,主要对控制性详细规划、住区规划设计、中心区规划设计以及历史街区保护规划与设计的教学作了简要介绍,并选取不同类型的优秀学生作业作为示范。

8 详细规划教程与学生作业

8.1 控制性详细规划

1. 课程的性质与目的

（1）掌握控制性详细规划的基本概念、理论及编制程序、内容和方法，了解控制性详细规划与其他法定规划之间的衔接、实施管理的技术方法以及与土地出让、项目建设的关系。

（2）提高对法定规划的理性编制技术的掌握，明晰容积率、建筑高度、出入口控制等核心控制指标的制定方法以及分图则的编制技术。

（3）培育对城市行政管理、产业经济、社区建设、社会和谐、交通组织等专项问题的分析研究能力，鼓励从社会学、经济学和交通学的角度入手提出综合解决方案。

2. 课程内容的教学要求

（1）注意把握规划地区和城市乃至区域的整体关系，从城市经济系统、环境系统、交通系统、公共服务系统等多元角度入手，正确处理好规划地区与周边用地之间的联系与整合。

（2）把握规划地区的用地结构和空间形态特征，结合专项分析制定合理的总体定位与主导功能，将总体用地结构模式贯彻到分图则，实现土地的集约利用和有序控制。

（3）掌握法定规划的理性编制技术，明晰容积率、建筑高度、出入口控制等核心控制指标的制定方法以及分图则的编制技术。

3. 能力培养的要求

（1）独立调研能力的培养：通过独立运用实地观察、访谈法、问卷法和文献查阅法，对规划地区及周边地区进行详细调研，对用地性质、建筑状况、交通组织、社区构成及市政基础设施等具有全面认识。

（2）理性分析能力的培养：总结分析规划地区及周边地区的主导功能、总体定位、形态特征、社区划分、交通组织，体会城市的各项物质空间要素。

（3）学科交叉研究能力的培养：培养学生围绕规划地区及周边地区特点，阅读城市经济学、城市社会学、城市地理学、城市交通学等多学科的参考书籍和技术资料，采用学科交叉的方法对本规划地区进行深入全面研究。

4．教学程序与学时分配（表 8—1）

控制性详细规划的教学程序与学时分配　　　　　　　　　　　　　表 8—1

时间段	进度安排	成果要求	备注
阶段一 （1.5 周）	基础研究	区域分析 现状研究 规划解读	要求 3~4 人合作。课堂教学以小组讨论形式进行，阶段成绩根据思考深度和参与讨论的表现评定，重点在对地形地貌、用地性质、公共设施、人口分布、建筑状况、交通组织与设施、绿化植被、景观视线、自然与历史人文资源的现状调研，对现状建筑质量、建筑层数、建筑风貌作综合评价，提出拆建、保护、保留及改造建筑等
阶段二 （2 周）	规划研究	定位与功能 专题研究 规划系统建构	专题研究以个人为单位，针对问题，独立开展。重点在基于多角度、多路径分析的总体定位，提取地区特色，完成土地利用、交通组织、开敞空间、社区规划等系统规划
阶段三 （2.5 周）	空间系统设计	总体空间布局 空间形态控制 开敞空间设计 交通空间设计 地下空间利用 景观控制	该阶段中将组织中期方案集体讨论，重点在于方案生成
阶段四 （2 周）	图则编制	分图图则	重点在于图则要素完整性和规范性

5. 学生作业成果

见图 8-1 ～图 8-6。

南京山西路—湖南路地段控制性详细规划
学生姓名：左为 纪叶
指导教师：孙世界

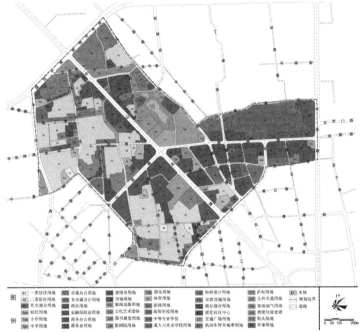

规划背景

本规划的重点是落实并完善《南京市城市总体规划（2010-2030）》、《南京市鼓楼区总体规划（2010-2030）》所确立的发展目标，整合与本地区规划相关规划成果，落实上位规划相关要求，为城市规划的实施提供管理依据，并为编制下层次规划提供技术依据。

规划范围西北至新模范马路，西南以水佐岗路、江苏路、西桥以及云南路中心线为界，东北以马台街以及童家巷中心线为界，东南至云南路，总面积为155.45hm²。

规划思路

发挥现有优势——商业聚集、区位优势

挖掘地区特色——老街巷、历史文化轴、历史资源点

提升城市功能——扩大公共设施承载力，土地使用多重兼容

控制城市衰退——提高中心区活力，提升居住档次，打通交通微循环

用地属性评价　　就业人口密度评价　　服务设施评价　　就业人口密度评价　　基准地价等级评价

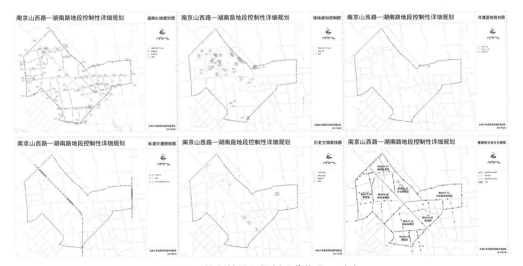

图 8-1　控制性详细规划示范作业一（1）

（资料来源：左为、纪叶，控制性详细规划，指导教师：孙世界）

287

南京山西路—湖南路地段控制性详细规划

学生姓名：左为 纪叶
指导教师：孙世界

道路交通

本规划区道路分为快速路、次干路、主干路、支路四个等级，形成"以变形的方格网为主，核心区密支路网"的路网格局。

规划区快速路有一条，红线宽度为48m，以隧道的形式通过规划去北部边界。主干路有两条，规划红线宽度30m。规划区次干路有七条，全部为一块板形式。支路规划宽度为6～12m。

道路交叉口及渠化设置：平面交叉口处道路红线、转弯半径，不同等级分别设置。有快速路、主干路及次干路的平面交叉口，应设置展宽段，并增加车道数。本次规划渠化段长度为80m，渐变段长度为50m；渠化车道宽度为3.5m。渠化部分作为街头绿地。

公共设施用地规划

规划公共设施用地62.88hm²，占城市建设用地的40.64%，主要以行政办公用地、商业服务业用地、商务办公用地、旅馆业用地、文化娱乐用地、教育科研用地、商办混合用地、体育用地以及居住社区中心用地构成。

绿地系统规划

见缝插绿的原则，增强共享性的原则。

规划绿地面积为9.31hm²，占城市建设用地面积的比例为6.01%，全部为公共绿地。

建设高度控制

湖南路—山西路地区内用地建设高度控制包括12m以下、12～24m以下、24～35m、35～50m、50～100m、100m以上6个控制标准。根据不同区块的功能要求采用相应的高度控制标准。

特定意图区

规划划定3处特色意图区作为本规划区的特色体现和环境景观控制的重点地区，分别是中山北路历史民国轴线、新模范马路科技创新街区以及湖南路休闲地下空间片区。

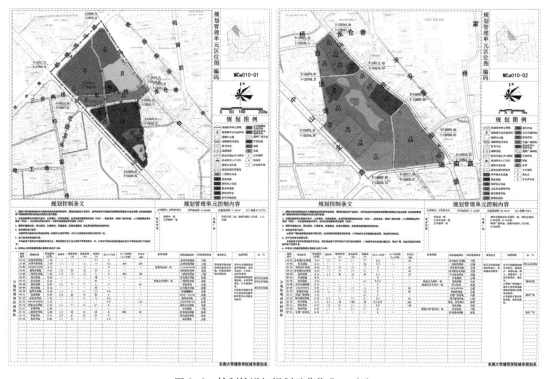

图8-2 控制性详细规划示范作业一（2）

（资料来源：左为、纪叶，控制性详细规划，指导教师：孙世界）

麒麟门地区控制性详细规划

学生姓名：诸嘉巍 祝颖盈
指导教师：高源

规划概况

2010 年南京进入转型发展的关键时期，南京市政府提出"三个发展"，战略要求麒麟门地区担当全市"创新发展"的先导区和示范区。

现麒麟门地区对于城市空间结构优化、人居环境改善以及中心城功能结构提升都有着亟待启动的意向，为了更好地强化该地区的主导职能，需要编制下一层次的控制性详细规划加以深化和落实，对各类发展要素进行统筹安排。

本次规划区范围：北接沪蓉高速，中间宁杭公路穿过，南至丹青路，东至开城路，西至宁芝路。基地总用地面积为 1.3km²。

规划思路

落实上位规划、深化概念规划所提出的规划理念与空间格局，应该从配套功能、交通组织、历史资源面入手。制定阶段适宜且具有前瞻性的规划控制措施，做到有效管制，是控制性详细规划需要考虑的重要问题。

注重于南部科技产业园区的规划衔接，完善将来对本镇内部以及对外的配套服务设施。

基于基地内部山水资源、历史文化资源，塑造集游玩与居住为一体的城市地区新形象。打造明外郭百里风光带的同时注重内部道路疏解，处理好交通组织，制定城市设计管理导则，有效引导麒麟门地区城市建设。

多方人员参与共同构建完善的规划管理平台，充分体现各方意愿，与规划管理有效衔接。

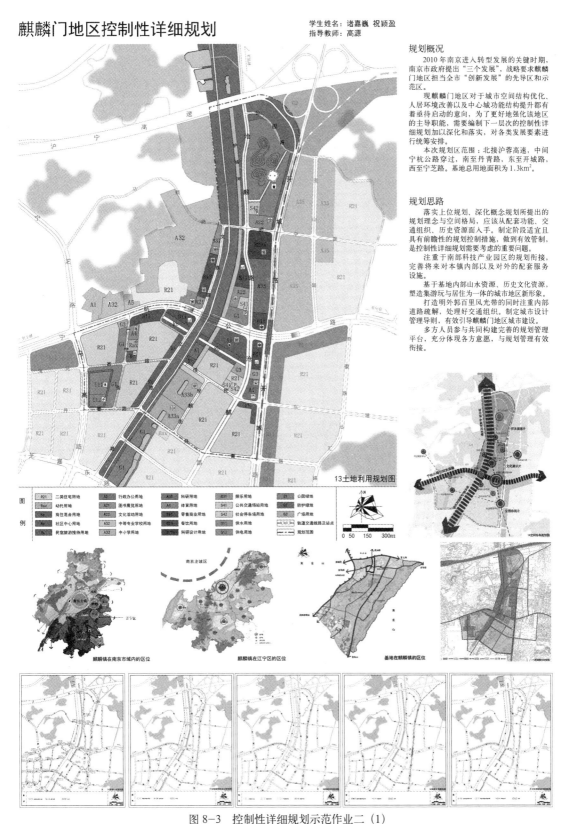

图 8-3　控制性详细规划示范作业二（1）
（资料来源：诸嘉巍、祝颖盈，控制性详细规划作业，指导教师，高源）

麒麟门地区控制性详细规划

学生姓名：诸嘉巍　祝颖盈
指导教师：高源

综合交通规划

规划区内道路与明外郭相交时，全部采用道路下穿明外郭的形式，与外部城市路网有效衔接的原则，与地区现状、工程实施充分结合的原则。本规划区内道路分为快速路、主干路、次干路、支路四个等级线，形成"串联城市道路、织补路网，沿明外郭走势因地制宜"的格局。

地区规划路网密度为7.97km/km²。其中，快速路的路网密度为1.82km/km²；主干路的路网密度为0.18km/km²；次干路的路网密度为1.69km/km²；支路的路网密度为4.28km/km²；道路面积率为22.7%。

道路断面

规划区内有两条快速路，分别为南北向的开城路和东西向的宁杭公路。规划区内有一条主干路，为马高路。规划区内有一条次干路，为沧麟路。平面交叉口处道路红线、转弯半径，主干路分别按20、25m控制，次干路分别按18、20m控制，支路分别按10、15m控制。

不同等级的道路相交，按等级高的道路控制。有快速路、主干路及次干路的平面交叉口，进出口应设置展宽段，并增加车道数。本次规划渠化段长度为80m，渐变段长度为50m，渠化车道宽度为3.5m。

公共设施规划

规划公共设施用地12.28hm²，占城市建设用地的9.61%，主要以行政办公用地、商业服务用地、娱乐用地、体育用地、教育科研用地、商办混合用地用地以及居住社区中心用地构成。

规划行政办公总用地1.4hm²，规划商业用地9.33hm²，占城市建设用地的7.3%；规划文化娱乐用地面积0.63hm²；占城市建设用地的0.5%；规划在广宁街与悦民西路交会处设置体育用地0.48hm²，布置体育场地，结合开敞空间布置户外活动用地；规划科研用地8.2hm²，占城市建设用地的6.42%；规划商住混合用地4.1hm²，沿土城头路东侧，麒麟商业步行街布置。

绿地系统规划

将规划区内绿地划分为公园绿地、防护绿地、广场用地。规划绿地与广场用地面积为36.7hm²，占城市建设用地面积的比例为28.72%。其中，防护绿地的比例较高，这是因为规划将明外郭两侧50～100m不等的绿带面积纳入了防护绿地的面积进行计算。

规划形成以明外郭两侧绿带和护城河相呼应的特色景观，重现当年城壕一体的风光。结合明外郭沿线以历史文化、休闲游憩为特色的初宁陵公园、麒麟关公园，加之生活片区的社区公园和市民广场，形成多层次、多服务对象的绿地景观系统。

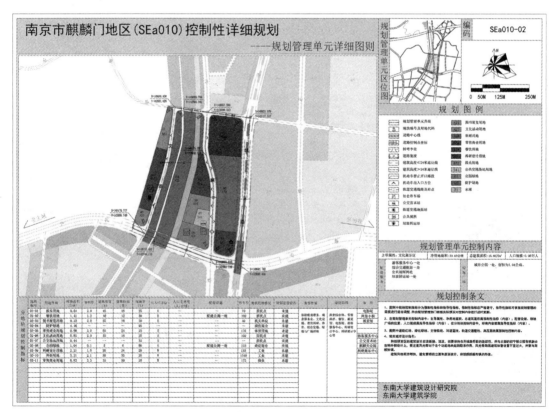

图8-4　控制性详细规划示范作业二（2）

（资料来源：诸嘉巍、祝颖盈，控制性详细规划作业，指导教师：高源）

南京下关-南京西站地区控制性详细规划

学生姓名：杨兵 张涵昱
指导教师：孙世界

规划概况：

规划地段位于南京市鼓楼区下关地带，是《南京市下关区总体规划（2010-2030）》确定的未来下关地区滨江服务业集聚区。

规划范围东至绣球公园及郑和北路中心线，南至金川河道中心线，西南以长江岸线为界，北至中山北路道路中心线，总面积为250hm²。

规划思路：

基于"江—河—城"的大尺度联系，直接面对南京滨江发展与优良生态环境的现实矛盾，统筹协调好滨江新风貌与自然人文景观的关系。

结合本次控制性规划，对中心地区土地使用模式与容量指标控制作进一步研究与落实。

结合下关地段滨江特色，将城市特色融入到本次控制性规划，制定城市设计管理导则，有效引导下关地段的空间形态。

全面开展交通、市政、竖向等专项规划，建构完善的规划支撑体系。多方人员参与共同建构完善的规划管理平台，与规划管理有效衔接。

图 8-5　控制性详细规划示范作业三（1）

（资料来源：杨兵、张涵昱，控制性详细规划作业，指导教师：孙世界）

南京下关-南京西站地区控制性详细规划

学生姓名：杨兵 张涵昱　指导教师：孙世界

综合交通规划

贯彻落实概念规划整合中道路交通规划理念；与外部城市路网有效衔接；与地区现状、工程实施充分结合。

本规划区道路分为快速路、主干路、次干路、支路四个等级，形成"以方格网为主、核心区密、南京西站地区延续环形肌理"的路网格局。

地区规划路网密度为6.46km/km²。其中：快速路的路网密度为0.77km/km²；主干路的路网密度为0.93km/km²；次干路的路网密度为1.56km/km²；支路的路网密度为3.2km/km²；道路面积率为23.5%。

道路断面

规划区快速路有两条，为规划区边界，规划区主干路有七条，为"四横三纵"形式，规划区次干路有九条，为"四横五纵"形式。支路规划宽度为16～24m。

道路交叉口及渠化设置：平面交叉口处道路红线、转弯半径，快速路分别按25、20m控制，主干路分别按25、20m控制，次干路分别按20、15m控制，支路分别按15、10m控制。不同等级的道路相交，按等级高的道路控制。有快速路、主干路及次干路的平面交叉口，进出口应设置展宽段，并增加车道数。

公共管理与公共服务设施用地规划

规划公共管理与公共服务设施用地15.76hm²，占城市建设用地的8.10%，主要以行政办公用地、商业服务用地、商务办公用地、旅馆业用地、文化娱乐用地、体育用地、教育科研用地、商办混合用地以及居住社区中心用地构成。

绿地系统规划

充分利用自然人文资源；改善人居环境；增强共享性。

将规划区内绿地划分为公共绿地、防护绿地。规划绿地面积为48.37hm²，其中：公共绿地面积29.88hm²，占城市建设用地面积的比例为15.36人%，人均公共绿地面积为22.71m²；生产防护绿地面积14.19hm²，占城市建设用地面积的比例为7.29%。另有郊野绿地总面积约7.76hm²。

规划形成以城市公园防护绿地为主体，沿河沿路绿地为框架，街头公园和社区公园为节点的绿地系统。

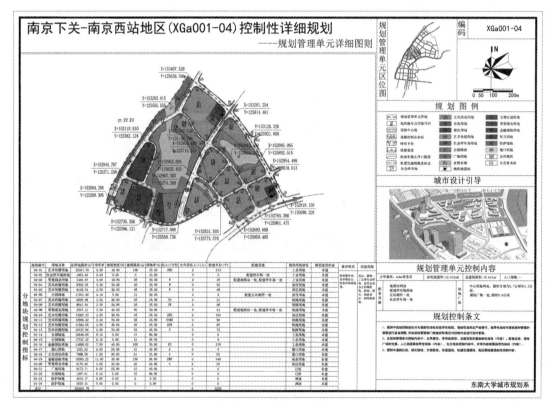

图8-6　控制性详细规划示范作业三（2）

（资料来源：杨兵、张涵昱，控制性详细规划作业，指导教师：孙世界）

8.2 住区规划

1. 课程的性质与目的

（1）学习和理解住区规划的基本原理、设计过程与设计方法，培养建筑与环境、住区与城市的整体观念与综合设计能力。体验和研究城市居民的生活状况、生活方式和生活需求，掌握满足这些需求的规划设计方法与技能。

（2）住区规划要求具备合理的功能结构、完整的建筑布局、有序的交通组织、合理的绿化系统、适宜的空间场所和优美的景观，营造真正适居的住区。掌握这些多维系统的规划方法。

（3）对住区规划所涉及的多方社会力量及其社会角色（包括政府、开发商、城市居民、规划设计师）有所了解。掌握相关设计规范，了解相关住房制度、管理技术规定。

2. 课程内容的教学要求

1）整体层面的结构性规划

基于控制性详细规划的基本要求，结合基地调研了解到的基地特征和周边用地功能，完成大范围的整体结构规划。内容包括地块划分、公共配套设施规模及布局、道路交通（车行、步行系统）、开发策划（运作方式、居住人群、住房类型等）、高度控制、片区特色等。

2）地块层面的详细规划

根据整体层面的结构规划，确定个人具体规划设计的地块，完成地块层面的详细规划。内容包括地块层面的结构（功能布局、绿地系统、空间组织、交通系统、景观体系）、建筑布局（住宅和公共建筑）、环境设计、竖向和管线综合设计。

3. 能力培养的要求

（1）调研分析和策划能力的培养：通过检索文献资料、各级政府政策，搜集房地产市场信息，调研住区案例、分析人群住房需求等方法完成市场调研，通过上位规划和相关规划解读、城市区位分析、基地及其周边社区考察等方法达到对基地的全方位认识，继而基于上述研究对住区进行发展定位和特色定位策划，统筹房地产运营的营利性要求和城市公共利益要求。

（2）协同合作和创新能力的培养：必须基于小组的合作完成大范围的住区整体结构规划，教学过程中不断引导学生从房地产开发商、城市政府、未来居住者、周边社区居民的角度思考问题，在协同工作中找到解决问题、突出方案特色的创新型路径。

（3）住区综合规划设计能力的培养：住区规划涉及道路交通系统、公共设施、绿地系统等设计，还涉及住宅建筑和公共建筑的布局，以及住宅和楼栋设计，并要求完成竖向设计和管线综合设计，是规划专业学生最早接触到的综合性规划。

4. 教学程序与学时分配（表8-2）

住区规划的教学程序与学时分配 表 8-2

时间段	进度安排	成果要求	备注
阶段一 (2 周)	讲课 基地考察、调查 研究、整体结构 规划	调研报告和 整体结构规划初步方案 (以电子文件上交)	要求 3 ～ 4 人合作。课堂教学以小组讨论形式进行。阶段成绩根据思考深度和参与讨论的表现评定，在最终成绩中占 10 分
			布置任务，专题课 1—住区与城市 专题课 2—住区结构规划 完成第一阶段成果
阶段二 (1.5 周)	讲课 地块详细规划结 构；并调整整体 结构规划	功能结构 绿地系统 空间组织 交通结构 景观体系	确定个人的设计范围，必须与整体结构协调。个人设计的推进，不应该和整体结构矛盾，但整体结构可以伴随地块设计进行调整
			专题课 3—住区详细规划；知名住区开发案例
阶段三 (2 周)	建筑布局 辅助模型	建筑布局 日照分析 住宅选型、设计 公建设计 模型制作	该阶段中将组织中期方案集体讨论。要求提交阶段模型和方案草图、小组拼合模型。个人不完成阶段成果者扣 5 分，小组不提交拼合成果者每人扣 3 分
			中期评图
阶段四 (1.5 周)	规划设计的推进 和深化	环境设计 整体设计深化 定稿图	进行全面的场地设计，完善景观环境设计。选取重点地段进行深入设计。在这一阶段也可对整体方案进行调整
阶段五 (1 周)	竖向、管线综合 设计	竖向设计图 管线综合设计图	该阶段由"城市工程系统规划"课程老师指导。在最终成绩中占 5 分
阶段六 (1.5 周)	讲课 综合表现	综合表现	终期评图成绩：小组整体结构为小组均分，三位同学均分为小组分
			专题课 4—综合表现 最后一周周末：终期评图

5. 学生作业成果

见图 8-7 ～ 图 8-14。

合作：01212119 李文玥 01212121 徐英洁 01212148钱鑫　指导教师：王承慧

技术指标

小区经济技术指数	
居住户数（户）	6559
总建筑面积（㎡）	891978.5
住宅面积（㎡）	772077.5
公共面积（㎡）	119901
容积率	1.62
建筑密度	0.34
绿地率	0.36
停车位	6559

用地平衡表		
	场地面积（㎡）	占地百分比
住宅	186821	0.34
公建	104461	0.19
道路	39116	0.07
绿地	196598	0.36
其他	23441	0.04

日照分析

设计说明

通过对交通、人群、场地及本条件的分析确定方案结构，小区尺度街区、养老社区以及占年创意街区的其余可以提高住区的多样性，增加住区的活力。

图 8-7　住区规划设计示范作业一（1）

（资料来源：李文玥、徐英洁、钱鑫，住区规划设计作业，指导教师：王承慧）

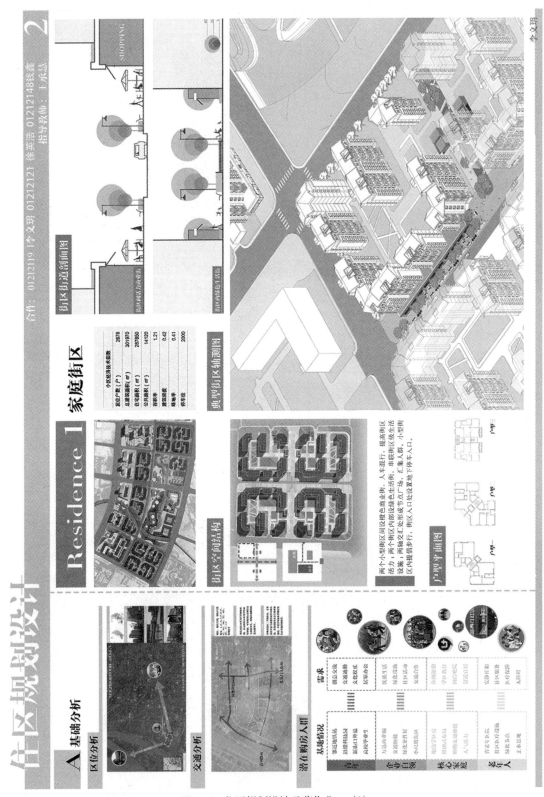

图8-8　住区规划设计示范作业一（2）

（资料来源：李文玥、徐英洁、钱鑫，住区规划设计作业，指导教师：王承慧）

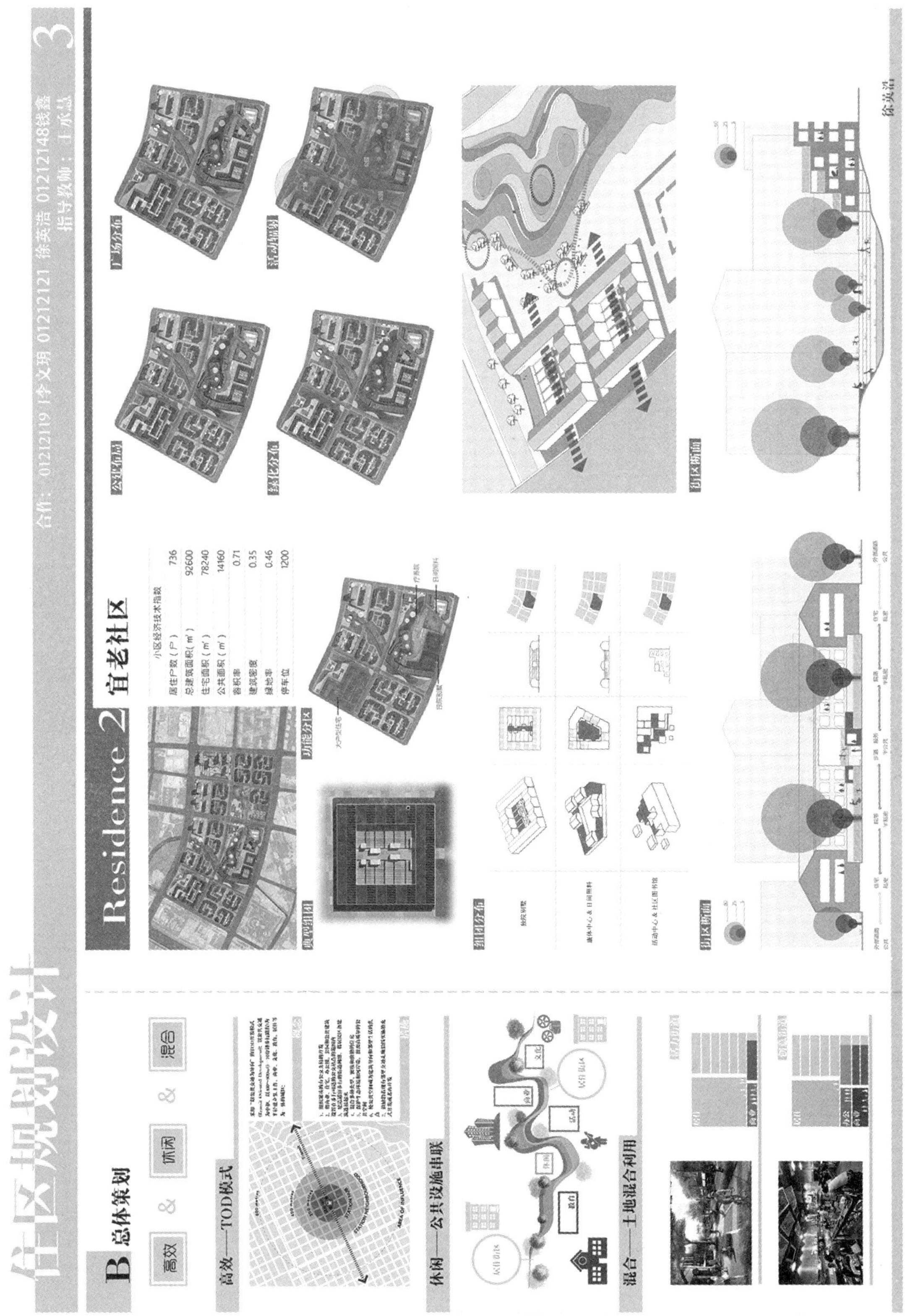

图 8-9　住区规划设计示范作业一（3）

（资料来源：李文玥、徐英洁、钱鑫，住区规划设计作业，指导教师：王承慧）

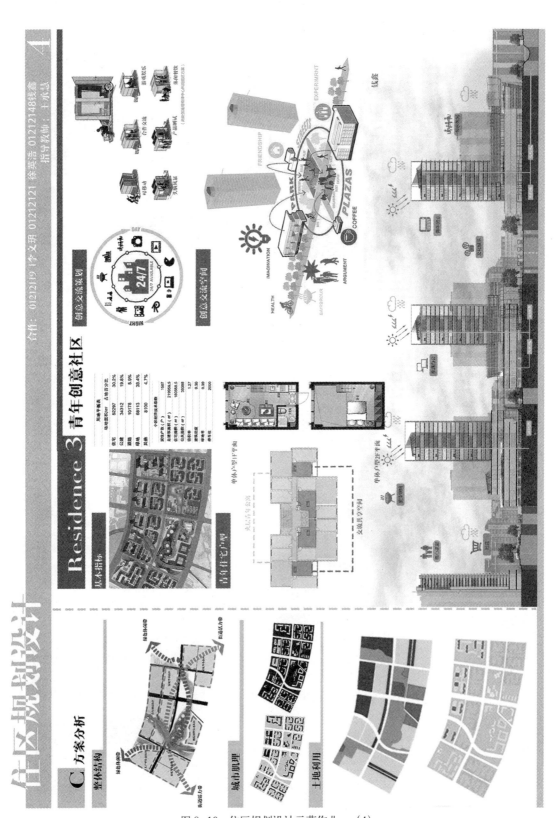

图8-10 住区规划设计示范作业一（4）

（资料来源：李文玥、徐英洁、钱鑫，住区规划设计作业，指导教师：王承慧）

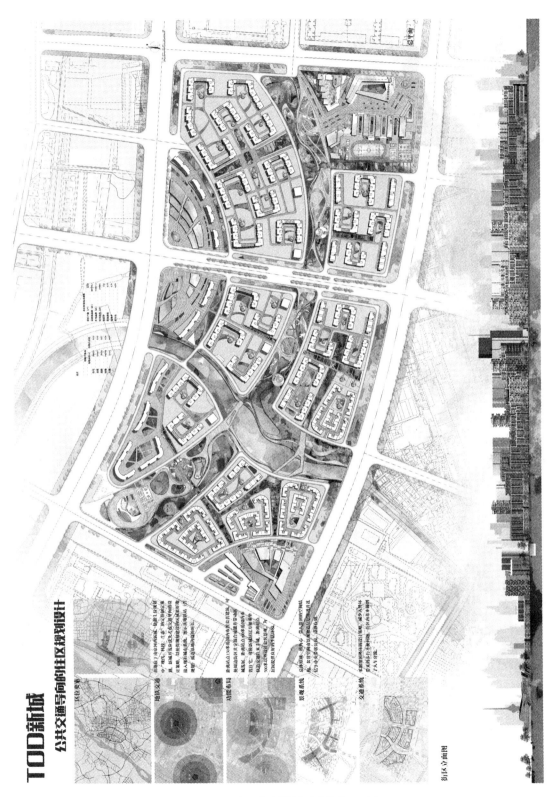

图 8-11　住区规划设计示范作业二（1）
（资料来源：王伟、王旋、梁国杰，住区规划设计作业，指导教师：吴晓）

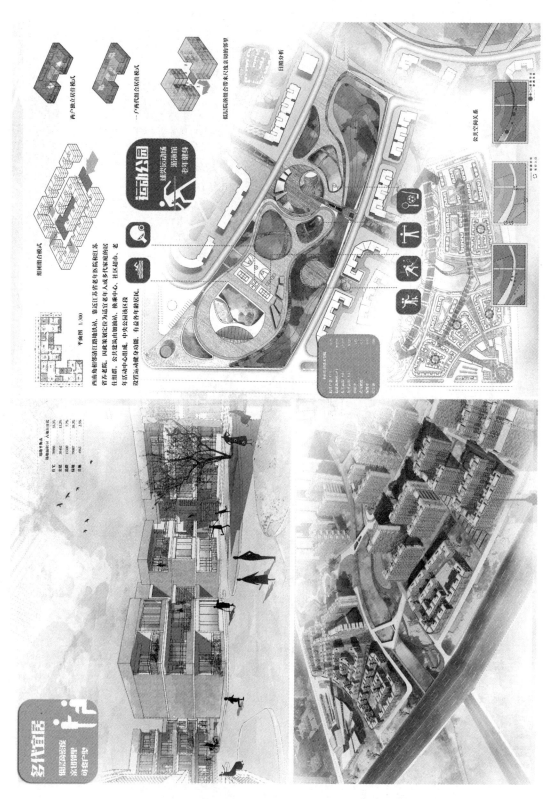

图8-12　住区规划设计示范作业二（2）
（资料来源：王伟、王旋、梁国杰，住区规划设计作业，指导教师：吴晓）

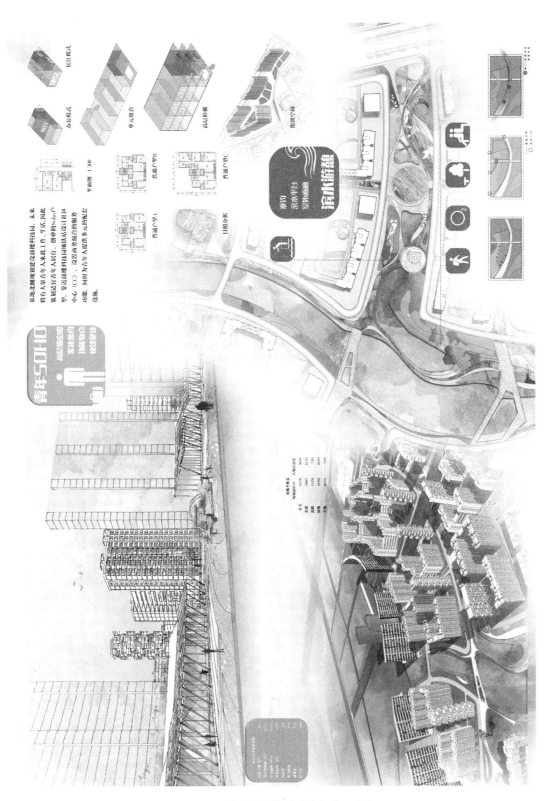

图 8-13　住区规划设计示范作业二（3）
（资料来源：王伟、王旋、梁国杰，住区规划设计作业，指导教师：吴晓）

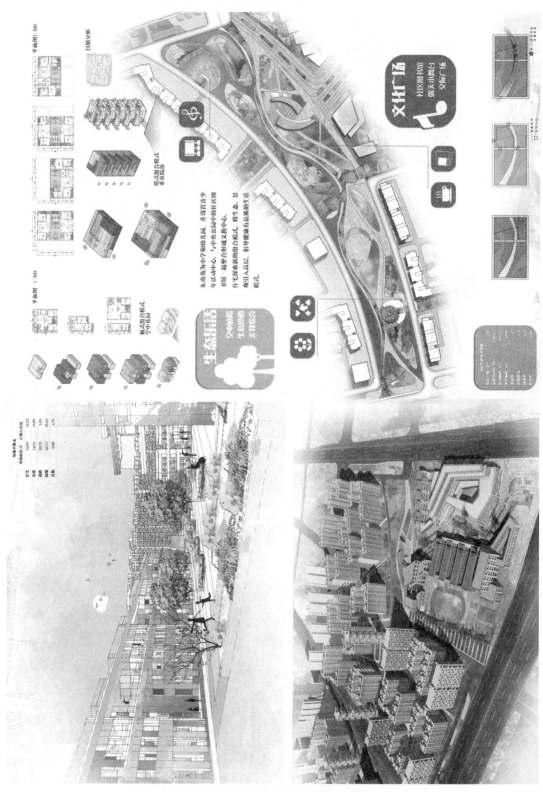

图 8-14 住区规划设计示范作业二 (4)
（资料来源：王伟、王旋、梁国杰，住区规划设计作业，指导教师：吴晓）

8.3 中心区规划

1. 课程的性质与目的

城市中心区详细规划教学主要依托城市设计课程，是城市设计课程教学的一个城市空间类型。教学周期为九周，教学形式是以教师工作室为基本单位，辅以若干专题讲座。每个工作室包括一名指导教师、一名助教（通常是硕士研究生）以及五个学生设计小组（每组两位同学）。专题讲座依课程进度展开，与教学阶段的重点结合，内容涵盖城市设计理论、调研与分析方法、特色空间设计、交通组织、导则编制、案例分析等，逐步推进城市设计教学的深入。教学目的包括：①培养学生了解和掌握城市中心区设计的基本概念、理论及一般编制程序、内容和方法。②使学生掌握对场地土地利用、公共设施、开敞空间、综合交通等系统的建构。③培养学生对中大尺度城市空间形态的综合把握能力。④提高学生对城市建筑群体空间的塑造和整体形态的把握能力。⑤培育学生对城市历史文脉、自然资源等问题的发掘、观察和分析能力，鼓励从人的活动角度入手提出解决方案。

2. 课程内容的教学要求

（1）注意把握整体与局部的关系，正确处理好城市公共空间设计以及城市公共空间体系、周边自然环境及城市原有空间结构之间的联系与整合；

（2）在综合考虑基地现状利用状况、资源环境的基础上，合理安排基地土地利用的性质、布局、开发或更新方式；

（3）结合土地利用性质、环境条件、以及其他开发和保护要求，合理控制土地开发的各项指标；

（4）把握人的行为模式和活动规律，展现公共空间场所精神和安全保障，从历史、环境、文化等角度入手，确定清晰合理的功能结构，塑造富有特色的建筑群整体空间形态；

（5）优化道路系统，组织基地内外有效的交通系统，尤其是慢行体系与机动车组织问题的解决；

（6）建构安全宜人的开放空间与绿地系统，营造有序活跃的景观界面。

3. 能力培养的要求

（1）理论和实践相结合的能力：能够将城乡规划专业理论应用于实践，具有编制城市设计的能力，并反馈到控制性详细规划的能力；

（2）发现问题、解决问题的能力：具有发现城乡发展中问题的能力，能够综合分析问题机制，设定技术路线、分析求解，进行规范研究论证的能力；

（3）创新能力：具有通过创新的思路和方法，协同各方共同探索，提出规划策略，解决问题与挑战的能力。

4．教学程序与学时分配（表 8-3）

中心区规划教学程序与学时分配   表 8-3

进度安排			课程内容	讲座	作业要求
城市中心区规划设计	步骤 1： 基础研究	1 周	基地调研； 文献研究； 规划解读； 专题切入	课程概述，任务书讲解； 讲座：规划调研	调研报告； 基地模型 （1：1000～1：2000）
		2 周		讲座：城市设计概论	
	步骤 2： 定位与系统方案	3 周	总体定位； 土地利用； 交通规划； 生态与开敞空间规划； 形态初步方案	讲座：城市设计的专题研究； 讲座：交通与土地利用；	系统规划方案； 专题研究； 中期模型 （1：1000～1：2000）； 中期答辩
		4 周		讲座：案例分析	
		5 周		讲座：详细规划的交通组织	
	步骤 3： 系统优化与形态控制	6 周	空间布局； 总体形态设计； 景观控制； 用地开发控制； 系统深化	讲座：详细规划概论	总平面； 高度、密度、强度控制； 空间形态设计； 模型（1：1000～1：2000）
		7 周		讲座：详细规划的导则编制	
		8 周		—	
	步骤 4： 阶段成果	9 周	优化与汇总	周四：答辩	城市设计文本； 专题报告； 模型（1：1000～1：2000）； 汇报 PPT

5. 学生作业成果

见图 8-15～图 8-22。

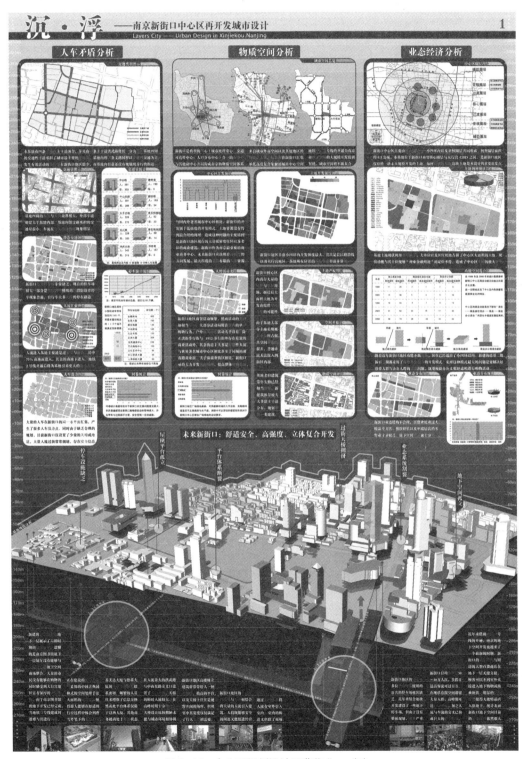

图 8-15　中心区规划设计示范作业一（1）

（资料来源：郑越、胥明明，中心区规划设计作业，指导教师：杨俊宴）

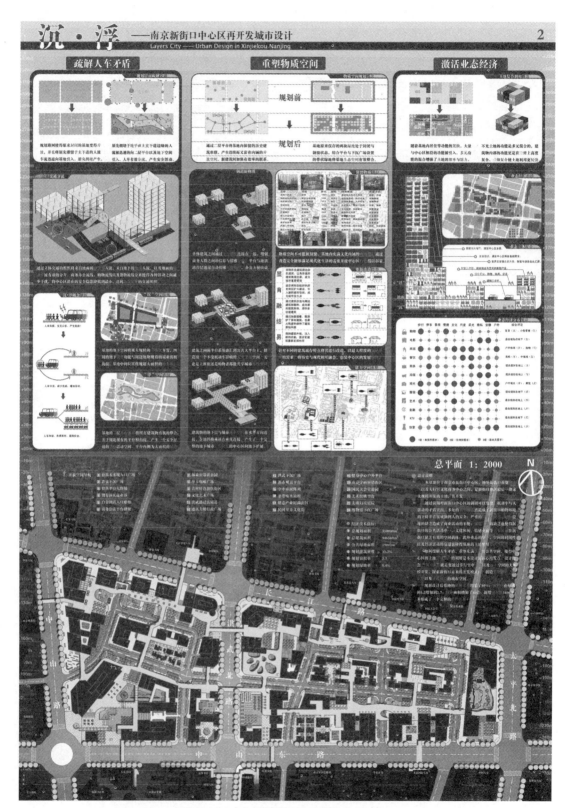

图 8-16 中心区规划设计示范作业一（2）
（资料来源：郑越、胥明明，中心区规划设计作业，指导教师：杨俊宴）

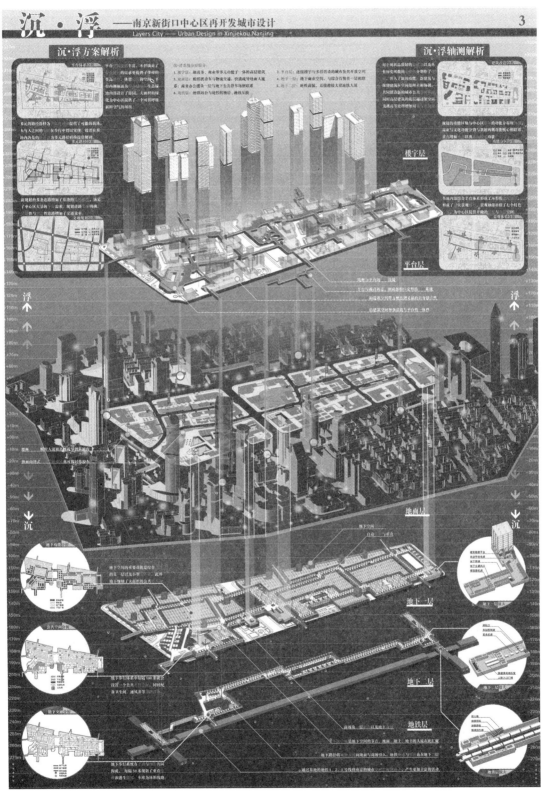

图 8-17　中心区规划设计示范作业一（3）
（资料来源：郑越、胥明明，中心区规划设计作业，指导教师：杨俊宴）

图 8-18　中心区规划设计示范作业一（4）
（资料来源：郑越、胥明明，中心区规划设计作业，指导教师：杨俊宴）

江城三脉
——下关特色空间体系城市设计

图 8-19 中心区规划设计示范作业二（1）
（资料来源：杨兵、张涵昱，中心区规划设计作业，指导教师：孙世界）

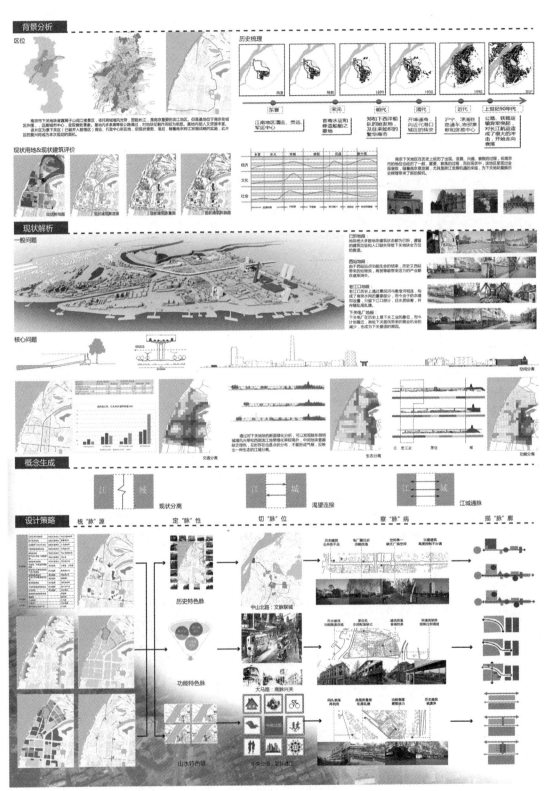

图 8-20　中心区规划设计示范作业二（2）

（资料来源：杨兵、张涵昱，中心区规划设计作业，指导教师：孙世界）

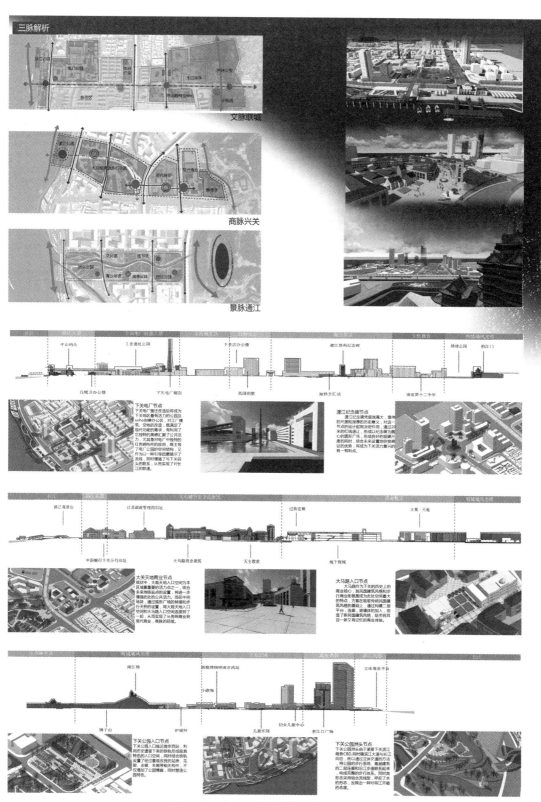

图 8-21　中心区规划设计示范作业二 (3)

（资料来源：杨兵、张涵昱，中心区规划设计作业，指导教师：孙世界）

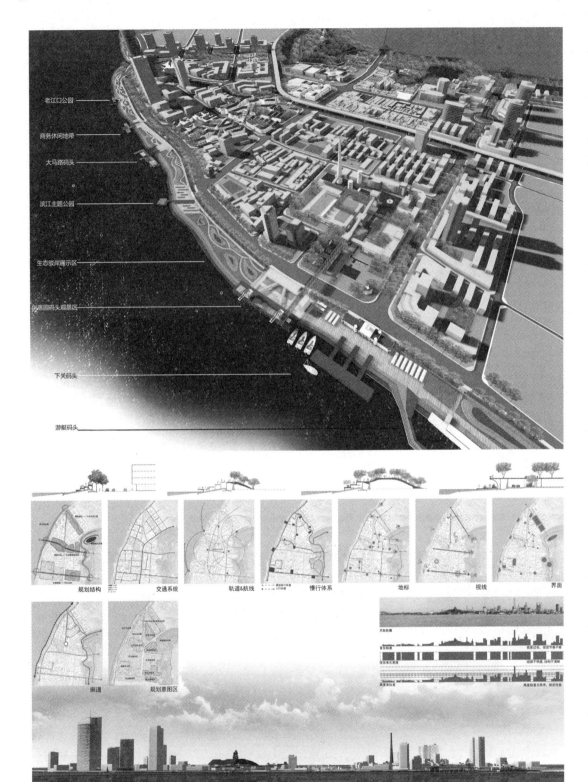

图 8-22　中心区规划设计示范作业二（4）
（资料来源：杨兵、张涵昱，中心区规划设计作业，指导教师：孙世界）

8.4 历史街区保护与规划设计

1. 课程的性质与目的

(1) 掌握历史街区保护规划的基本概念、理论及编制程序、内容和方法；

(2) 了解历史街区保护规划在城市规划体系中的地位与作用；

(3) 培养学生对历史环境的调查分析和研究能力；

(4) 掌握历史街区价值和特色评价、保护范围划定的基本方法；

(5) 提高学生对城市历史文化遗产保护的规划意识。

2. 课程内容的教学要求

(1) 对历史街区的形成与演变机制、各历史发展时期的整体空间进行研究，结合对历史街区的自然地理、历史沿革、民俗文化等自然和人文资源进行调查，把握历史街区的价值与特色；

(2) 评估历史街区的建筑质量、建筑风貌、建筑年代以及环境景观、传统格局、风貌特色等物质空间，找出历史街区保护现实面临的危机与挑战，明确历史街区的保护和发展利用重点；

(3) 制定历史街区的保护框架、重点和保护策略，提出有针对性的保留、整饰、拆除等整治方式，制定历史街区的用地、人口、道路交通、绿化景观以及安全防灾等相关规划；

(4) 进行历史街区保护区内重点地段和空间节点的详细城市设计；

(5) 提出历史街区保护规划实施措施和方法建议，实现历史街区保护的可持续发展。

3. 能力培养的要求

(1) 独立调研能力的培养：通过独立运用实地观察、访谈法、问卷法和文献查阅法，对历史街区及周边地区进行详细调研，对历史环境、用地性质、建筑状况、交通组织、社区构成及市政基础设施等具有全面认识。

(2) 分析研究能力的培养：研究历史街区的形成与演变机制，分析评价历史街区的价值与特色，总结历史街区在城市文脉中所扮演的角色和地位。

(3) 城市设计能力的培养：掌握对历史空间环境与肌理的分析手段，把握历史街区的空间格局和传统风貌，运用高超的城市设计技巧，处理好历史环境中新与旧之间的关系。

4. 教学程序与学时分配（表 8-4）

建议总学时为 64 学时，8 学时／周，教学任务载体在旧城区的历史街区中选 5 ~ 10hm² 适用用地。常见类型包括历史文化街区、历史风貌区或历史地段等。

历史街区保护与规划设计教学程序与学时分配   表 8—4

时间段	进度安排	成果要求	备注
阶段一 (2 周)	讲课 基地考察、调查研究、价值评定	开展历史研究和现状调查，价值特色、历史环境、空间分析、社会分析和经济分析，形成调研报告和现状评定图	以 2 ～ 4 人合作。课堂教学以小组讨论形式进行。阶段成绩根据思考深度和参与讨论的表现评定，在最终成绩中占 10 分
			布置任务： 专题课 1— 历史街区保护概论 专题课 2— 历史街区价值评价
阶段二 (1.5 周)	讲课 确定保护对象、提出初步保护规划设想	保护范围、保护结构、建筑保护与更新模式	确定个人的设计范围，必须与整体结构协调。个人设计的推进，不应该和整体结构矛盾，但整体结构可以伴随地块设计进行调整
			专题课 3— 历史街区保护规划编制方法
阶段三 (1.5 周)	提出初步保护与整治规划	街巷空间、公共活动、用地布局、交通组织和消防安全	该阶段中将组织中期方案集体讨论。要求提交阶段成果和方案草图
			中期评图
阶段四 (2 周)	讲课 重点地段详细规划设计的推进和深化	空间节点、空间界面、立面整治、建筑形式和景观设计	进行重点地段详细规划设计，完善历史地段和历史景观环境的设计。在这一阶段也可对整体方案进行调整
			专题课 4— 历史街区保护典型案例分析
阶段五 (1 周)	完成历史街区保护规划成果	文本、图件、说明书和透视图	终期评图成绩：个人平时成绩 + 小组成绩 + 个人成绩
			最后一周周末：终期评图

5. 学生作业成果

见图 8-23 ～图 8-30。

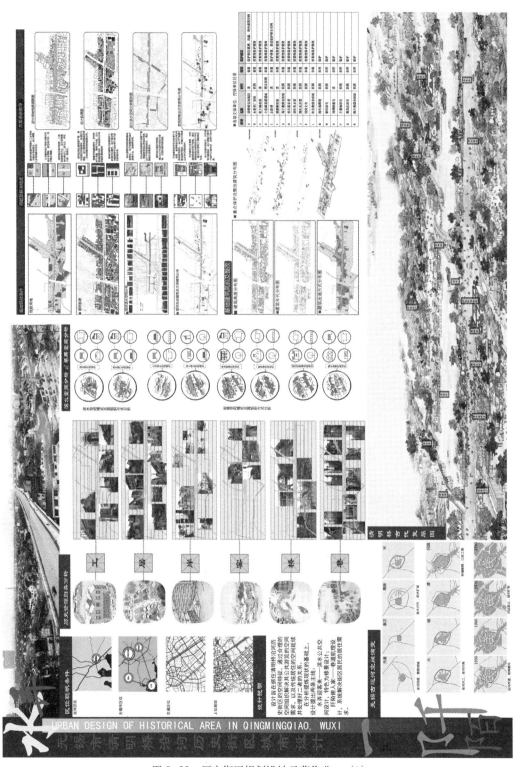

图 8-23　历史街区规划设计示范作业一（1）

（资料来源：张佳、蔡陶，历史街区规划设计作业，指导教师：阳建强）

图 8-24 历史街区规划设计示范作业一（2）
（资料来源：张佳、蔡陶，历史街区规划设计作业，指导教师：阳建强）

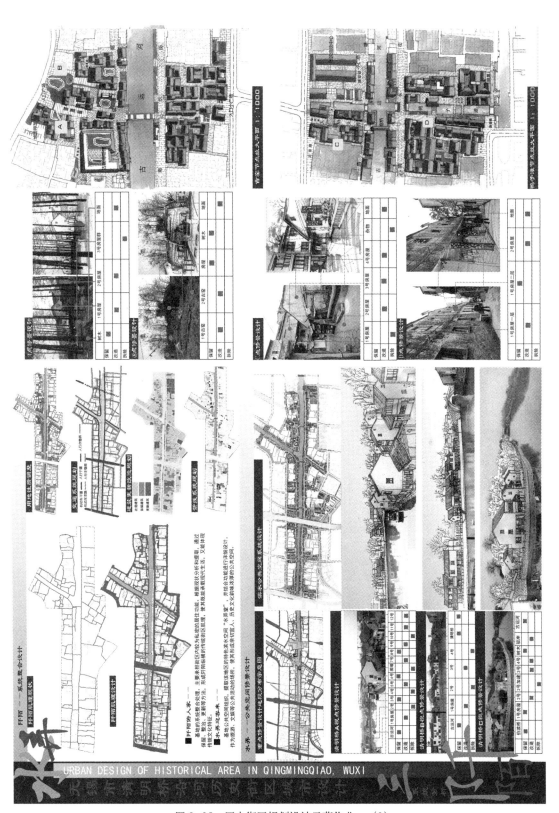

图 8-25　历史街区规划设计示范作业一（3）
（资料来源：张佳、蔡陶，历史街区规划设计作业，指导教师：阳建强）

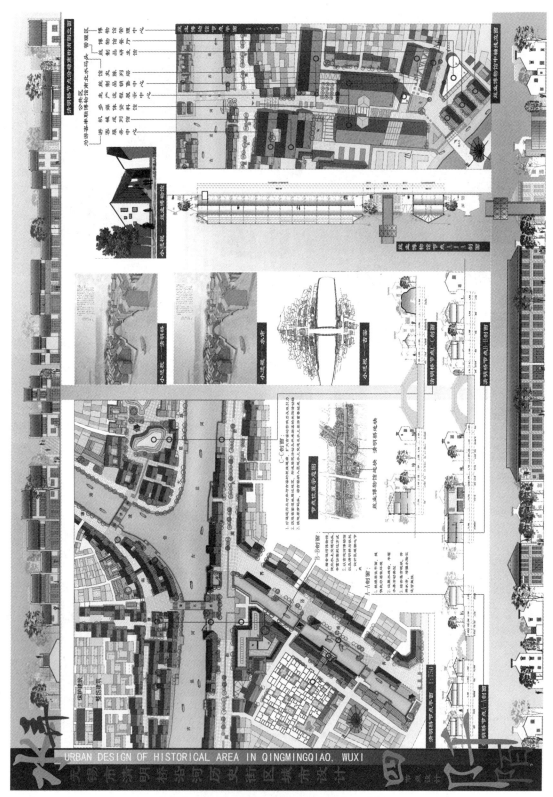

图 8-26 历史街区规划设计示范作业一（4）

（资料来源：张佳、蔡陶，历史街区规划设计作业，指导教师：阳建强）

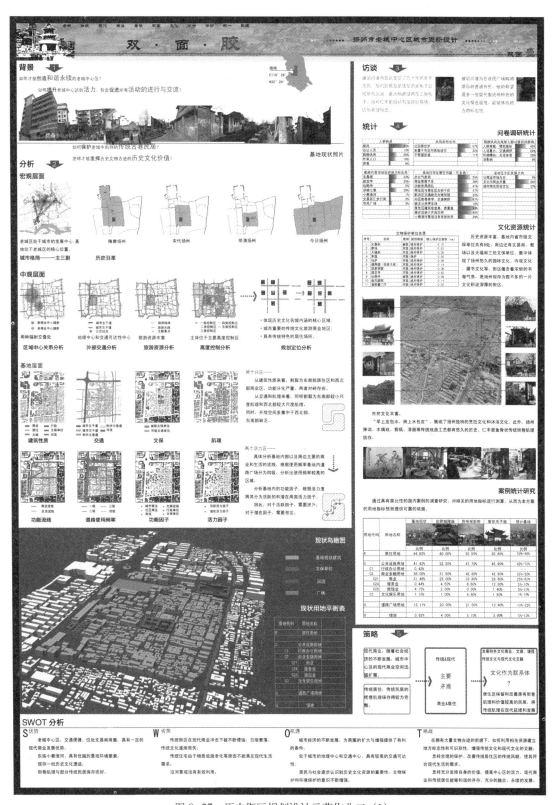

图8-27　历史街区规划设计示范作业二（1）

（资料来源：王敏、徐倩，历史街区规划设计作业，指导教师：高源）

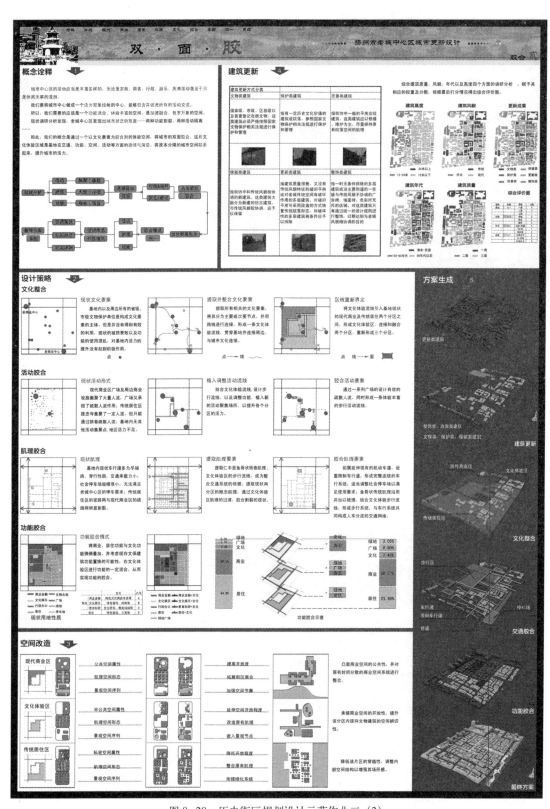

图 8-28　历史街区规划设计示范作业二（2）

（资料来源：王敏、徐倩，历史街区规划设计作业，指导教师：高源）

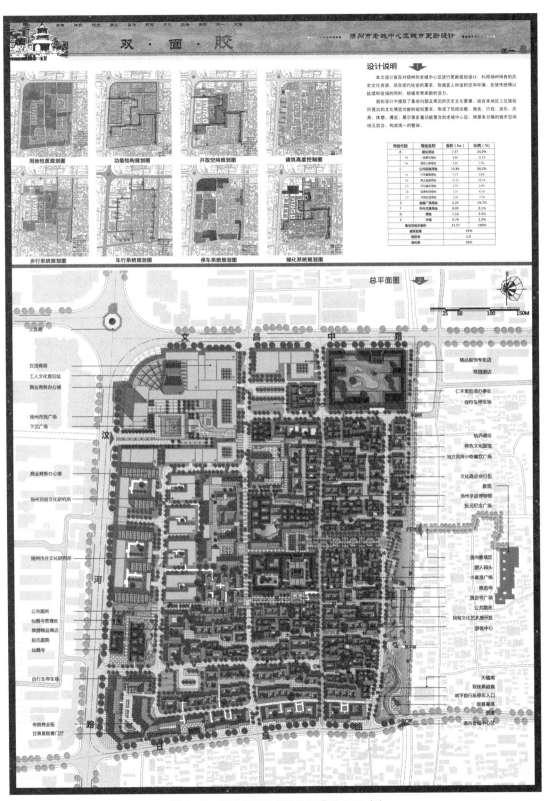

图8-29 历史街区规划设计示范作业二（3）
（资料来源：王敏、徐倩，历史街区规划设计作业，指导教师：高源）

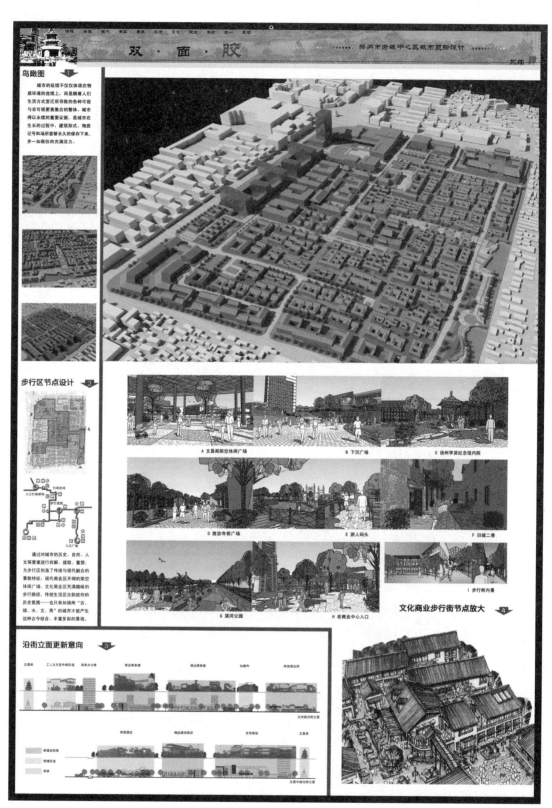

图 8-30　历史街区规划设计示范作业二（4）

（资料来源：王敏、徐倩，历史街区规划设计作业，指导教师：高源）